图像传感器基本原理

Essential Principles of Image Sensors

〔日〕高雄黑田 (Takao Kuroda) 著

李豫东 文 林 冯 婕 等 译

科学出版社

北 京

图字：01-2024-5200 号

内 容 简 介

本书从图像传感器成像的物理过程出发，全面介绍了图像传感器的构成、工作原理和技术特征。第 1 章介绍了图像信息的构成以及图像传感器的作用；第 2 章介绍了组成图像传感器的基本单元及电路结构；第 3 章分析了图像传感器中噪声的产生机制；第 4 章介绍了图像传感器的成像扫描模式；第 5 章描述了电荷耦合器件(CCD)和互补金属氧化物半导体(CMOS)图像传感器的基本原理、像素结构和制造工艺，并对两类图像传感器的特点进行了总结和比较；第 6 章介绍了图像传感器获取除光强外其他图像信息的方式；第 7 章总结了提高图像传感器成像质量的系列相关技术；第 8 章介绍了整个成像系统在成像时的作用。

本书作为图像传感器相关知识的入门书籍，适用于图像传感器领域的初学者、兴趣爱好者及科研人员。

Essential Principles of Image Sensors 1st Edition / by Takao Kuroda / ISBN:978-1-4822-2005-6

图书在版编目（CIP）数据
图像传感器基本原理 / (日) 高雄黑田著 ; 李豫东等译. -- 北京 : 科学出版社, 2024. 11. -- ISBN 978-7-03-080292-7
I. TP212
中国国家版本馆 CIP 数据核字第 2024JV7105 号

责任编辑：周　涵　田轶静 / 责任校对：彭珍珍
责任印制：赵　博 / 封面设计：无极书装

科学出版社 出版
北京东黄城根北街 16 号
邮政编码: 100717
http://www.sciencep.com
北京天宇星印刷厂印刷
科学出版社发行　各地新华书店经销
*
2024 年 11 月第　一　版　开本：720×1000　1/16
2025 年 1 月第二次印刷　印张：11 3/4
字数：236 000
定价：98.00 元
(如有印装质量问题, 我社负责调换)

原作者简介

高雄黑田 (Takao Kuroda) 分别于 1972 年、1974 年和 1978 年获得日本大阪大学材料物理学学士学位、硕士学位和博士学位。

他于 1978 年加入位于大阪的松下公司，并在松下电子实验室开始了图像传感器的研究和开发，最初研究电荷耦合器件。除了电荷耦合器件之外，他还将开发领域扩展到移位寄存器寻址型传感器。1981 年，他设计的传感器模型——固态单芯片彩色摄像系统，首次应用于日本航空公司的驾驶舱摄像头，向乘客展示了飞机起飞和降落时的景象。1985 年，他负责松下公司的单芯片消费级彩色摄像机第一款量产电荷耦合器件模型的开发评估。1986 年，他为具有电子快门功能的消费级摄像机开发了第一个电荷耦合器件模型。他还研制了一款具有新型光电二极管结构的极低漏电流的电荷耦合器件，并于 1986 年在国际固态电路会议上进行了报告。

1987 年，他调到松下京都研究实验室，建立了电荷耦合器件开发体系和生产线。1989 年，他偶然接触到高能离子注入技术，立即认识到该技术对于图像传感器尤其是电荷耦合器件的性能提升具有巨大的潜力。正如目前的情况所证明的那样，他清楚地认识到它们的绝对必要性。在确认原型带电耦合装置的性能改进后，他将该设备安装在实验室中。他曾任基础技术开发组经理。

考虑到成像的重要性以及未来与计算机和通信的集成，他工作期间一直在开发新的图像传感器。因此，他和团队开发了一项可以显著提高电荷耦合器件传输的最大电荷量的技术，并于 1996 年在国际固态电路会议上进行了报告。这使得所有松下电荷耦合器件性能有了显著的进步，相关技术已被应用于多家公司生产的便携式摄像机产品。

由于他认识到将互补金属氧化物半导体传感器与电荷耦合器件的像素技术相结合的潜力，尽管存在很多异议，但他还是于 1996 年在松下首次启动了该项目。

1998 年，他调到图像传感器事业部，制定了业务战略，同时解决了转移到砺波工厂的电荷耦合器件量产线的问题，并开发了互补金属氧化物半导体传感器。2001~2005 年，他负责强化开发体系和知识产权。

最初，他于 2005 年 12 月从松下退休，但在公司的要求下，于 2006 年 1 月出任图像传感器业务部门顾问，根据自己对技术和业务的看法制定了技术战略。

2011 年，他从松下彻底退休，并撰写了一本有关图像传感器技术的书。日文版于 2012 年由 Corona Publishing Co., Ltd. 出版。

黑田博士于 2006~2008 年担任国际固态电路会议成像器件、微机电系统以及医疗和显示设备小组委员会成员。他是日本图像信息和电视工程师研究所的研究员，拥有 70 项日本专利和 15 项美国专利。

译 者 序

视觉是人类感知外部世界最重要的手段，视觉信息占人类获取外部信息总量的 80%。以电荷耦合器件 (CCD)、互补金属氧化物半导体 (CMOS) 图像传感器为代表的固态成像器件是人类获取外部信息、认识世界、改造世界的重要发明，在工业机器视觉、手机数码、汽车、安防、医学、航天等领域获得了极其广泛的应用。与 CMOS 图像传感器相比，CCD 图像传感器具有低噪声、高灵敏度、全局曝光等优势，但随着集成电路技术的进步和 CMOS 图像传感器制造工艺的不断发展，CMOS 图像传感器在性能方面有全面赶超 CCD 图像传感器的趋势。随着人类对未知世界更高层次的探索、对智能装备更加极致的体验需求，如何最大限度地发挥固态成像器件的优异性能，已成为光电成像领域从业人员必须解决的重要问题。这就需要全面深入地了解 CCD、CMOS 图像传感器的物理模型和工作原理，在掌握器件的工作特性后，才能不断满足人类对于信息获取的更高需求。

本书作者高雄黑田 (Takao Kuroda) 是光电成像领域的知名专家，基于他在该领域具有超过 30 年的丰富经验，深入浅出地介绍了图像传感器的基本结构、物理模型、工作原理以及成像质量关键要素。全书配有丰富的图表数据和实拍图片，使读者对图像传感器有全面了解的同时，也构建起图像传感器内部特性与成像质量之间的关系，对图像传感器有更加具体、直观的感受。本书无论是对于学生还是专业研究人员，都是一本极具参考价值的指导书籍。

为了使本书能尽快和广大读者见面，中国科学院新疆理化技术研究所固体辐射物理研究室多名相关人员参与了本书的翻译工作。其中，李豫东研究员负责全书内容的统一汇总、编排；第 1 章和第 4 章由刘明宇翻译，第 2 章由王斌翻译，第 3 章由杨智康翻译，第 5 章由赵子韬和崔益豪翻译，第 6 章和第 7 章由李坤芳翻译，第 8 章由马云龙翻译；全书审校工作由文林、冯婕和刘炳凯共同完成；研究室主任郭旗研究员对全书翻译工作给予了大力支持。在此，对于上述人员的辛勤工作及努力付出表示衷心的感谢。鉴于译者水平有限，在翻译过程中难免有疏漏之处，恳请广大读者不吝赐教。

李豫东

2024 年 6 月于乌鲁木齐

英文版前言

令我最高兴的是这本关于图像传感器的书可供世界各地的人们阅读。

本书的日文版于 2012 年 12 月出版。本书的目的是通过定义“图像质量的要素”和理解“图像信息的结构”来解释“图像传感器不可或缺的功能和理想状态”。本书还讨论了图像传感器的发展历史，以及图像传感器在每个时代与现有技术的最佳组合来应对市场需求的方式。本书还试图展现图像传感器领域未来的发展方向。

虽然英文版是在日文版出版 5 个月后才开始出版的，但在这段很短的时间内图像传感器技术取得了重大的进展，这些进展在英文版中进行了描述。虽然这本书的内容是“基本原理”，但它也涉及关于外围电路的“最先进技术”。

英文版的出版要感谢奈良科学技术研究所的 Jun Ohta 教授，他热心地向我介绍了 CRC Press。在此真诚地向他表达感激之情。非常感谢 CRC Press 相关工作人员的衷心支持。

我希望这本书能让读者通过理解基本原理来了解图像传感器技术的整个世界。

最后，我非常感谢我的家人的支持。我的妻子俊子，35 年来不仅营造了一个让我能够全心投入工作的环境，还悉心审阅了整本书的英文内容。毫无疑问，如果没有她的支持，英文版和日文版是不会诞生的。我感谢我的两个女儿千崎和千弘，她们鼓励我、帮助我学习英语和一些海外的艺术作品。我也感谢我的狗辛巴，它是我们家的珍贵成员，并出现在这本书的许多图片中。它用温柔友好的天性、迷人可爱的微笑、优雅的外表和惊人的智慧治愈并鼓舞了我。

高雄黑田

日本大阪茨木市

日文版前言

我从事图像传感器技术领域已经三十多年了，在此期间，主要专注于如何理解图像传感器。这些年来，我终于找到了解决办法。从某种意义上来说，这本书也成为我整理未尽事宜的契机。因此，请允许我展示自己的许多独特的理解方式、解释、逻辑结构，甚至是个人倾向。

在大学期间我学的是物理学，它有助于我使用统一的视角观察问题。我认为理解一个现象，就是能够在头脑中勾勒出这个现象的形象。为了实现我的信念，我尝试用原始图形来可视化物理现象，以帮助读者直观理解。

第 1 章介绍图像信息的结构和图像传感器的作用，以明确什么是“成像”，是本书的基础内容。第 2 章讨论图像传感器所需的半导体元件和电路元件。第 3 章描述图像传感器中的噪声。第 4 章讨论扫描模式以结束准备阶段。第 5 章详细介绍 CCD、MOS 和 CMOS 图像传感器的原理、像素技术和进展，本章最后将对它们的现状进行比较。第 6 章解释如何获取光强度以外的信息。第 7 章描述改善构成图像的每个因素的信息质量的技术。第 8 章描述与图像信息质量有关的要素，不是单个传感器的而是整个成像系统的图像信息质量。

在出版这本书的过程中，我要感谢这个领域的许多人，包括我的长辈和前辈，其中一些人已经去世了。在办公室里，我很高兴有可敬的老板、友善的前辈、同事和小朋友，其中包括一些很低调的人。我要特别感谢堀井健树博士，他是我在办公室的第一位直接上司，从我进入公司第一天就开始指导我。如果没有遇见堀井博士，我的工作就不会持续到今天，我就不会找到让我真正喜爱的职业。还要特别感谢在办公室的最后几年坐在我旁边的松永义之先生。我们对如何成为优秀的图像传感器工程师和优秀的人进行了很多讨论。从他的言语和行为中我学到了很多东西。

当在家中写这本书时，我非常感谢我的妻子、两个女儿以及小狗辛巴的不断支持，辛巴经常出现在本书的示例图像中，它是那么温柔、大方、聪明。它总是给我加油打气，但遗憾的是，当我写这本书的最后一章时，它去世了。

在本书的出版过程中，我特别感谢东京理科大学浜本隆之教授博士和 Corona Publishing Co.，Ltd. 相关成员的帮助。我还要感谢我引用的论文和网站中的数据的作者。至于基础技术的相关文献，我尽量参考最原始的或者最早发表的作品。

如果这本书能够帮助那些像我年轻时一样想要了解图像传感器却又茫然不知所措的读者，我将不胜感激。

高雄黑田
日本大阪茨木市

目　录

第 1 章　成像任务及图像传感器的功能

伴随着数码相机 (digital still camera，DSC)、摄像机以及智能手机的普及，拍照已不再是职业摄影师的“专利”，而成为大众记录生活和展现自我的一种方式。此外，相机已成为广播电视、医疗等行业中不可缺少的重要工具，如高清相机之于电视行业、内窥镜之于医疗行业等。相机不仅可以对可见光成像，还可用于热成像、红外成像、紫外线成像以及 X 射线成像，此外，还可用于超高速拍摄或精准捕捉色彩。相机拍摄到的图像也不仅限于人眼观看，例如用于自动驾驶和机器视觉的相机，它们拍摄到的图像直接交由处理器进行下一步操作。正如前文所述，相机的应用早已遍及各行各业。

为什么如此多类型的成像系统中都使用相机呢？这是因为虽然这些成像系统的用处各不相同，但都需要高质量图像来实现其目的，高质量图像信息的获取由相机中的图像传感器实现。

本章首先对图像信息进行介绍，然后简要描述图像传感器输出功能的实现以及输出图像信息的结构。除非另有说明，本章中所介绍的图像传感器输出的图像信息的构成的解释是针对“几乎所有图像传感器”(见 1.2.3 节)。关于本书中使用的术语：“图像信息”即广义上的图像信息；“光学图像信息”专指光学图像中所包含的光学相关信息，即光照强度、空间、波长和时间等；“图像信号”是指图像传感器的输出信号。

1.1　图像信息的构成

图像信息是由什么构成的？简单起见，我们首先关注单色静态图像。在单色静态图像中，二维空间中存在黑白的“浓度”分布，这种“浓度”可以衡量光照强度，“浓度”越低则该处越亮 (此处为方便读者理解引入“浓度”一词，应与后文中的“灰度值”概念区分开)，也即“浓度”是二维空间中每个位置的光照强度分布，因此我们可以使用空间位置信息和该位置处的光照强度来描述图像。

现在考虑彩色静态图像。由于必须加入波长的信息，因此彩色图像信息由光照强度、空间和波长构成。此外，如果是彩色动态图像，还应该加入时间信息，此时图像信息由四个因素构成：光照强度、空间、波长和时间 [1]。

在这些因素中，空间信息是二维的；波长信息通常由红、绿、蓝三原色近似表示，因此色彩可以认为是三维的；时间是一维的。因此，如图 1.1 所示，这四个因素分布在七个维度上，即每个像素点的光照强度、空间、波长和时间信息的集合共同构成了图像信息。

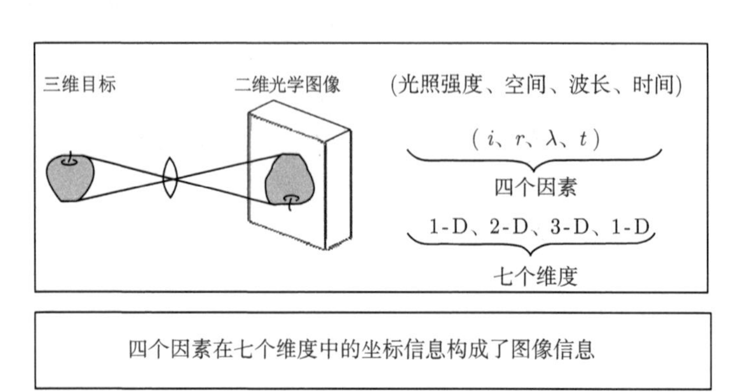

图 1.1　光学图像信息结构

图像信息质量的好坏由信息的精度和范围衡量，如图 1.2 所示。信息的精度是指分辨率，即信噪比 (signal-to-noise ratio，SNR)；而范围是指成像系统可以捕捉的信号范围。一张高质量的图像应当具有高的信息精度和宽的信号捕捉范围，以光照强度为例，信息质量由信噪比水平和动态范围决定，动态范围描述了成像系统可以捕获的最大和最小光照强度，如图 1.3 所示。

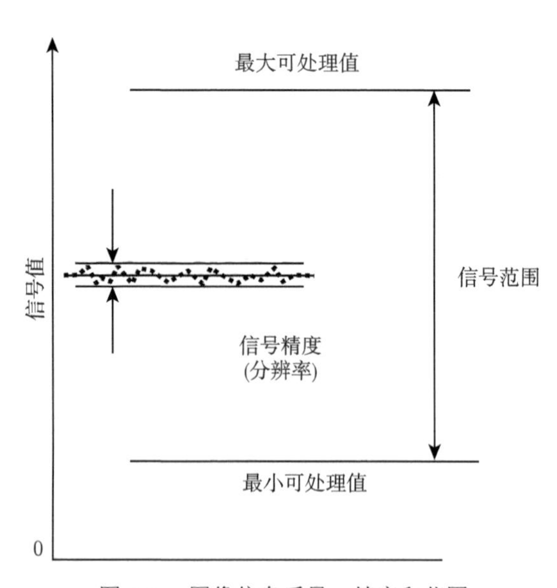

图 1.2　图像信息质量：精度和范围

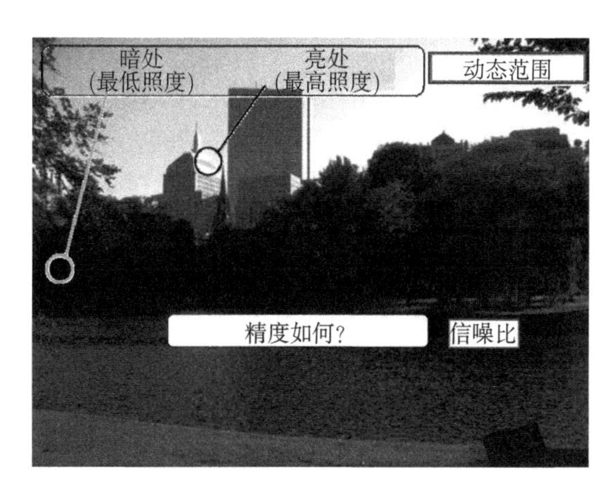

图 1.3 光照强度与图像信息质量之间关系的示例

构成图像信息的四个因素所对应的精度和范围如表 1.1 所示。空间信息的精度为空间分辨率，波长信息的精度为色彩复现性，时间信息的精度为时间分辨率。空间范围①、波长范围和时间范围分别对应捕获空间大小、色域/波长范围和储存时间范围②。

表 1.1 四个因素所对应的精度和范围

因素	精度 (分辨率)	范围
光照强度	信噪比 (灵敏度)	动态范围
空间	空间分辨率	捕获空间大小
波长	色彩复现性	色域/波长范围
时间	时间分辨率	储存时间范围

除了光照强度和波长，偏振和相位也是光照条件的一部分。尽管本书中没有讨论这些问题，但一些示例中包含了这些信息，例如有的传感器可以获得偏振信息以分析材料表面情况 [2]，此外，还存在使用相位差获得深度和距离信息的传感器 [3] 和系统 [4,5]；亦有传感器可以从入射光的角度信息中获取距离信息 [6]。基于目前许多应用对距离信息的迫切需求，具有相应功能的传感器将快速发展。

1.2 图像传感器输出和图像信号构成

本节将讨论由图像传感器捕获的图像信号结构。

1.2.1 单色静态图像

如 1.1 节所述，单色静态图像所需的图像信息是光照强度和空间位置。图像传感器的基本结构如图 1.4 所示。其具有一个图像区域，光学图像会聚焦在此区

① 虽然空间信息范围与传感器尺寸直接相关，但是其可以通过使用诸如鱼眼镜头的广角镜头获得扩展。

② 储存容量。

域内并被转化成可输出的图像信号。在图像区域中，称为像素的单元排列在平面矩阵中。每个像素都有一个传感器部分 (如光电二极管)，它吸收入射光并根据光照强度产生一定量的信号电荷，从而获得该像素处的光照强度信息。图 1.5(b) 为图 1.5(a) 部分放大的图像，图 1.5(c) 则展示了相同区域图像传感器捕捉到的图像信号。假设像素坐标点为 (x_i, y_j)，则对应的光照强度信息为 $S(x_i, y_j)$，若进一步用 r_k 表示 (x_i, y_j)，则信号可以写成 $S(r_\mathrm{k})$。图像区域中的全部 r_k 对应的 $S(r_\mathrm{k})$ 构成了一幅单色静态图像的信息。

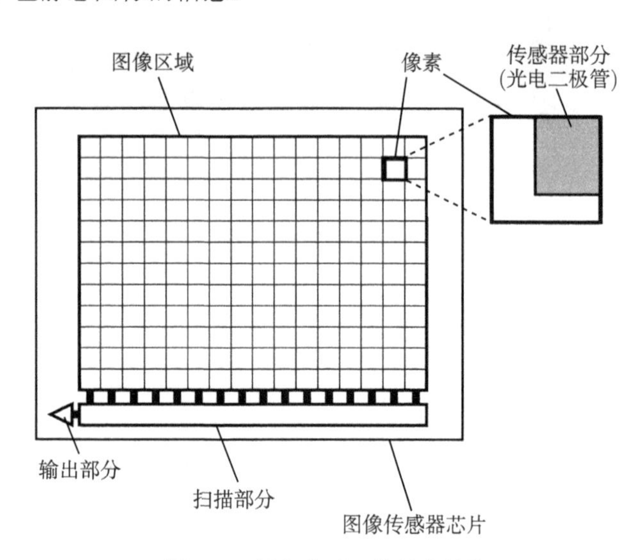

图 1.4　图像传感器的基本结构

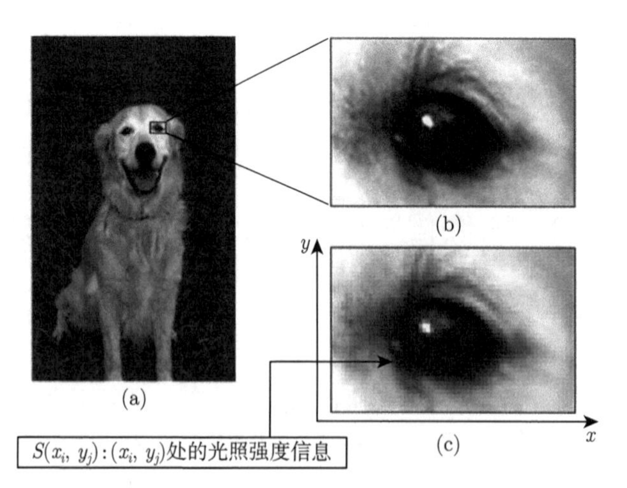

图 1.5　光学图像和由图像传感器获得的图像信号

(a) 光学图像；(b) 放大的光学图像；(c) 由传感器获得的图像信号

如图 1.6 所示，若将图像区域划分为面积有限的像素，则意味着确定了图像区域的大小，同时确定了捕获光照强度信息的坐标点。该图还显示，表示位置信息的连续模拟量被离散坐标点取代。也就是说，x_i 和 y_j 不能取任意值，而是成像系统中固定的内置坐标点，通过这种方式，空间坐标的数字化得以实现。在该系统中，由于二维空间信息已经作为确定的坐标点处理了，因此，只需获得光照强度信息将单色静止的三维信息压缩为一维。由于图像传感器的像素数量即是坐标点的总数量，因此更多的像素数量代表着更高的空间频率，即更高的空间分辨率。

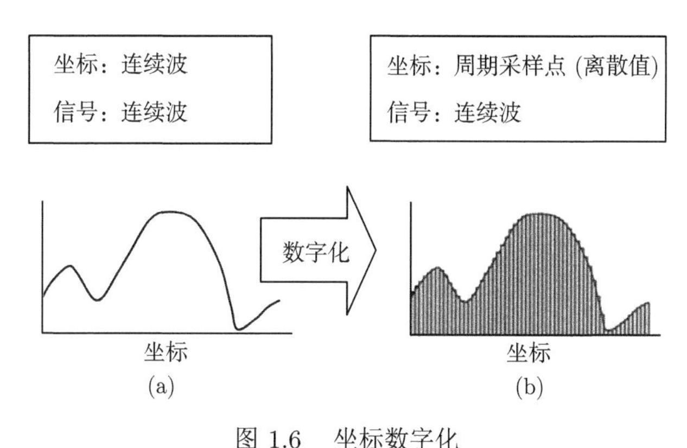

图 1.6 坐标数字化

(a) 光学图像的空间坐标；(b) 图像传感器中的空间坐标

图像传感器还具有读出功能，可以将每个像素的光照强度信息传递到输出部分，输出部分将光照强度信息作为电信号读出，如图 1.4 所示。

1.2.2 彩色静态图像

彩色静态图像的图像信息由光照强度、空间和波长构成，如 1.1 节所述。因此，除了单色静态图像信息之外，还需要获取波长信息。收集波长信息的方法很多，本节描述了最常见的方法，即仅使用单传感器色彩系统。在该系统中，彩色滤波阵列 (color filter array，CFA) 位于传感器上方。图 1.7 显示了拜耳彩色滤波阵列排列 [7]，拜耳阵列是目前最常用的彩色滤波阵列，其由 2×2 的像素构成，包含三原色 (红色 (R)、绿色 (G) 和蓝色 (B)) 对应的滤波片，在每个像素上，仅排列一个颜色部分。光经过各个颜色的滤波片，传递到下方的传感器上，最终输出对应颜色的光照强度。由于人眼对绿色的敏感度最高，所以绿色滤波片以棋盘图案交错排列①，以最大程度地提高空间分辨率。红色和蓝色排列在绿色之间。

通过这样的方式，每个像素的输出仅包含 R、G 和 B 中一种颜色的信息。通过将三维空间中 (R、G 或 B) 的坐标点表示为 c，像素 k 和颜色 l 的输出可以表

① 各种排列之间的关系将在 7.2 节中进行讨论。

示为 $S(r_k, c_l)$，图像中所有的 $S(r_k, c_l)$ 构成了静态彩色图像的信息。

在上述系统中，利用人眼和大脑对色彩的感知机制，物理量“波长”的信息被感知中的“色彩”所取代，这将在 6.4 节中详细讨论。

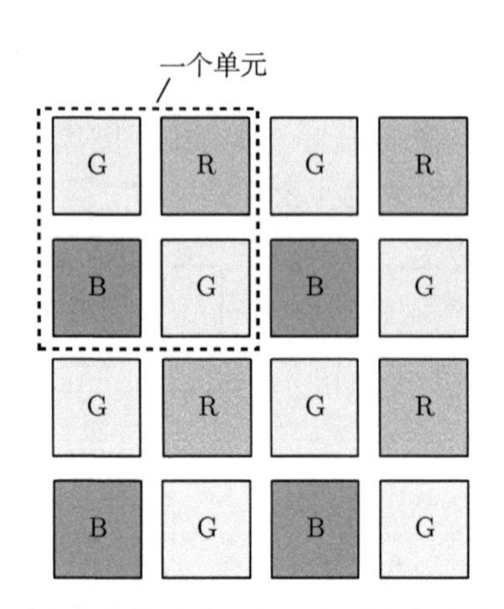

图 1.7　波长信息数字化示例：拜耳彩色滤波阵列排列

1.2.3　彩色动态图像

如前文所述，彩色动态图像的图像信息需要确定四个因素 (光照强度、空间、波长和时间)。如图 1.8 所示，几乎所有动态图像都是通过连续拍摄静态图像并将其组合再现而来，因此，动态图像的基础是静态图像。尽管叫做“静态”图像，但它们的光照强度信息对应的并不是无限小的时间长度，而是在一定曝光时间内收集的信息，即所谓的积分模式。这样，可以通过对整个曝光期间产生的信号电荷进行积分来增加信号量，使得灵敏度大幅提高，目前几乎所有的图像传感器都采用积分模式①。

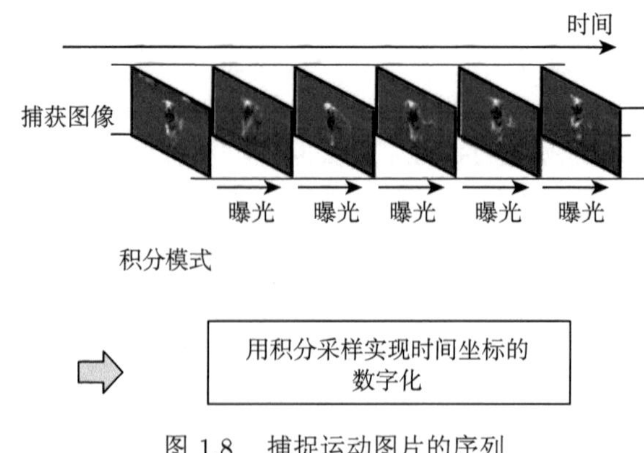

图 1.8　捕捉运动图片的序列

① “几乎所有的图像传感器”是指这些使用积分模式的图像传感器。

捕捉动态图像时会以固定的时间间隔拍摄静态图像，虽然物理量“时间”是连续的，但图像是使用成像系统指定的起始时间和曝光时间捕捉的，通过这种方式，时间坐标得以数字化。此时，空间坐标 r_{k}、颜色坐标 c_{l} 和时间坐标 t_{f} ① 的输出为 $S(r_{\mathrm{k}}, c_{\mathrm{l}}, t_{\mathrm{f}})$，图像中所有的 $S(r_{\mathrm{k}}, c_{\mathrm{l}}, t_{\mathrm{f}})$ 构成一个动态图像。由于有六个维度的坐标点已经确定，所以要捕获的信息从七维被压缩至一维 (光照强度信息)。

如上文所述，构成光学图像的信息是一组连续的量 (光照强度、空间、波长和时间)，如图 1.9(a) 所示，但图像传感器仅需要捕获确定空间、波长和时间坐标点的光照强度信息，如图 1.9(b) 所示，这就是图像传感器的工作原理。内置坐标点的实体是每个覆盖彩色滤波片的像素，如图 1.9(b) 中的图形所示。空间坐标 r_{mn} 处的像素输出 $S(r_{mn})$ 表示为

$$S(r_{mn}) = \int_{\Delta x \Delta y} \int_{\Delta \lambda} \int_{\Delta t} i\left(r, \lambda, t\right) f(r, \lambda) A(r, \lambda) \mathrm{d}r \mathrm{d}\lambda \mathrm{d}t \tag{1.1}$$

其中 i、f 和 A 分别是光学图像的光照强度分布、滤波片的光谱分布和图像传感器的光谱灵敏度分布，通过在空间 $\Delta x \Delta y$、波长 $\Delta\lambda$ 和时间 Δt 范围内积分，实现光照强度信号的采样。因此，空间坐标、颜色和时间信息的质量取决于 (r, c, t)

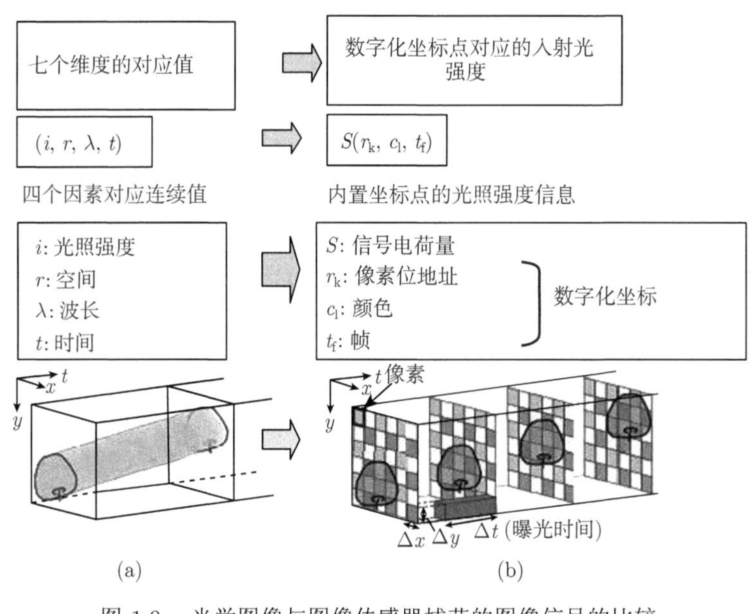

图 1.9 光学图像与图像传感器捕获的图像信号的比较

(a) 光学图像；(b) 图像传感器信息

① 在动态图像中一次曝光时间叫做一帧，将在第 4 章介绍。

空间中的内置坐标点和采样频率，空间坐标、颜色和时间信息在系统设计之初就已经被确定了，剩余未确定的物理量是光强度信号 S 的精度和动态范围。

(r, c, t) 空间中，数字化的空间坐标、波长和时间坐标如图 1.10(a) 所示。空间坐标 r、颜色坐标 c 和时间坐标 t 分别是该像素的位置、像素处的滤波片颜色以及对应帧。空间坐标 r、颜色坐标 c 和时间坐标 t 的坐标总数分别与图像传感器的像素数目、颜色数量 (在使用 RGB 的三原色系统的情况下为 3) 和帧数相同。由于在每个成像单元中，坐标点 r_{k} 处的颜色信号仅包含三原色中的一种颜色信息，因此只有三分之一的信息在 (r, c, t) 空间中被捕获，如图 1.10(b) 所示。再现彩色图像需要 RGB 三色信号，若系统中彩色信号不完整，则其必须通过信号处理来估计 (例如进行去马赛克 (颜色插值))，此部分将在 8.2.3 节讨论。

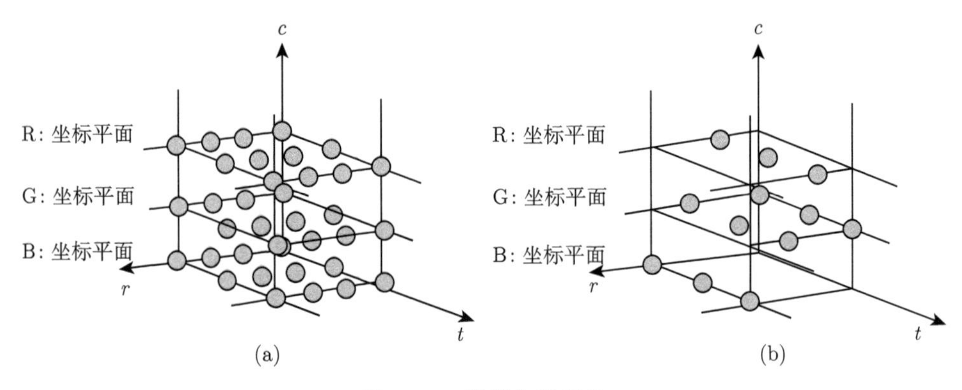

图 1.10　数字化坐标点

(a) 带有 RGB 滤波片的颜色系统中的数字化坐标点；(b) 使用 RGB 滤波片的单个图像传感器颜色系统中的数字化坐标点

虽然几乎所有图像传感器的信号都是由相应坐标点的光照强度得来的，如 1.2.3 节中 $S(r_{\mathrm{k}}, c_{\mathrm{l}}, t_{\mathrm{f}})$ 所示，但也存在不同类型的坐标点，如 5.3.3.2 节和 7.3.2 节所示。传感器的输出信号是时间 T，即光强信息变化达到预定量的时刻 $T(f(i), r_{\mathrm{k}})$，其中 $f(i)$ 是光强度 i 的函数。

1.3　图像传感器的基本原理

图像传感器应该具备哪些功能呢？首先，它们必须具备测量光子数的功能，即每个坐标点的光照强度。如果可能的话[①]，理想的方法是直接逐个计算光子数，但当前技术无法实现该功能，然而可以通过以下步骤获得光子数：首先，到达每个坐标点的光子被图像传感器吸收以产生信号电荷 (光电转换)，所产生的信号电荷

① 只有在光强度非常低，每个光子之间有足够的时间间隔时，才能直接计数光子数。

被收集并存储 (电荷存储)；然后，测量存储的电荷量并将其转换为电信号 (电荷量测量)。此外，识别信号是由哪个位置的像素产生也是必需的功能。因此，图像传感器必须具备三个功能部件：①产生并存储信号电荷的传感器部件；②实现识别或寻址信号像素坐标点的扫描部件；以及③信号电荷量测量部件，其测量信号电荷量并将其转换为诸如电压、电流、频率和脉冲宽度的电信号。

上述图像传感器的部件及其功能列于图 1.11 的表格中，这些功能部件的选择及组合往往决定了图像传感器的类型。图 1.11 示意性地展示了一个 $M \times N$ 的像素阵列将光信号转换为电信号的过程。

组件名	传感器部件	扫描部件	信号电荷量测量部件
功能	根据光照强度产生并储存信号电荷(光照强度信息)	寻址 (确定像素地址) (空间信息)	测量信号电荷量并将其转化为电信号
手段	· 光电转换	· 电荷转移 · 通过移位寄存器或译码器实现 X-Y 寻址	· 电荷–电压转换 · 电流–电压转换 · 电荷–频率转换 · 电荷–脉冲宽度转换

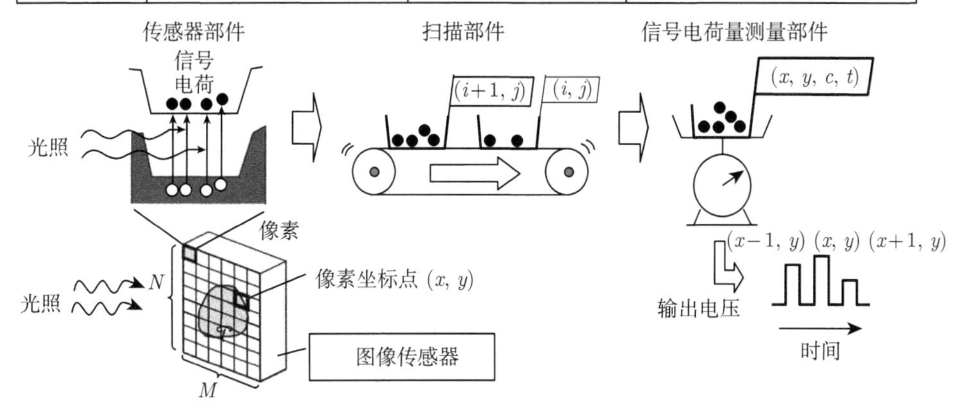

图 1.11 图像传感器的功能组件

参 考 文 献

[1] T. Kuroda, The 4 dimensions of noise, in ISSCC 2007 Imaging Forum: Noise in Imaging Systems, pp. 1-33, February 11-15, San Francisco, CA, 2007.

[2] V. Gruev, A. Ortu, N. Lazarus, J. Spiegel, N. Engheta, Fabrication of a dual-tier thin film micropolarization array, Optics Express, 15(8), 4994-5007, 2007.

[3] T. Spirig, P. Seitz, O. Vietze, F. Heitger, The lock-in CCD-two-dimensional synchronous detection of light, IEEE Journal of Quantum Electronics, 31(9), 1705-1708, 1995.

[4] H. Yabe, M. Ikeda, CMOS image sensor for 3-D range map acquisition using time encoded 2-D structured pattern, in Proceedings of the 2011 International Image Sensor Workshop (IISW), p. 25, June 8-11, Hokkaido, Japan, 2011.

[5] P. Seitz, Quantum-noise limited distance resolution of optical range imaging techniques, IEEE Transactions on Circuits and Systems—I: Regular Papers, 55(8), 2368-2377, 2008.

[6] A. Wang, P. R. Gill, A. Molnar, An angle-sensitive CMOS imager for single-sensor 3D photography, in Proceedings of the IEEE International Solid-State Circuits Conference (ISSCC) Digest of Technical Papers, pp. 412-414, February 20-24, San Francisco, CA, 2011.

[7] B. E. Bayer, Color imaging array, U.S. Patent 3971065, filed March 5, 1975, and issued July 20, 1976.

第 2 章　图像传感器内的元件及电路

本章将介绍图像传感器内部常见的元器件、硅材料特性以及电路元件。

2.1　元器件组成

此处所谓的“元器件”是指广泛应用于各种有源半导体器件的基本元件，它们同时也是大规模集成 (large-scale integration，LSI) 电路的基本单元，当然也是图像传感器中的重要构成部分。

本章将首先介绍半导体材料的能带结构。

2.1.1　硅器件物理基础

图 2.1 展示了一些材料的能带结构示意图。

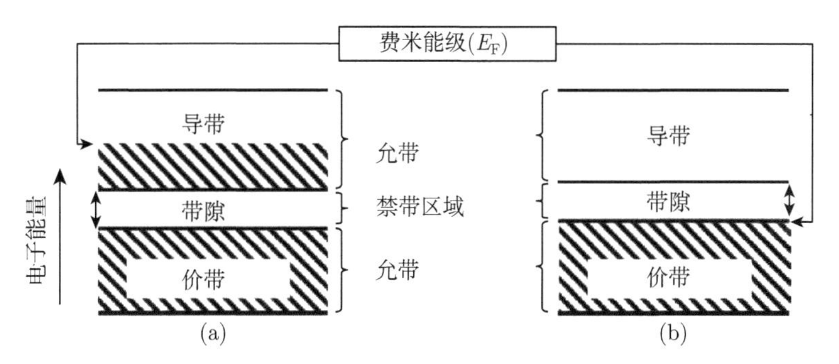

图 2.1　能带示意图和允带的电子占据情况[①]

(a) 导体 (金属)；(b) 绝对零度下的半导体或绝缘体

根据固体物理学的能带理论，晶体中的电子分布在被称为允带的能量区域上，而被能量空间中不允许电子存在的区域隔开，这个区域的能量宽度称为带隙或能隙。在允带内，电子从最低能级开始依次向更高的能级填充，其中电子占据的最高能级被称为费米能级[②] 。

电流是指电子 (带电粒子) 在实空间中的运动。在某些材料的允带内，能级未被电子全部填充，如图 2.1（a）所示，由于能带的上半部分能量连续，且存在一些

① 在图 2.1 中，通常关注纵轴的能量值，而横轴并没有物理意义。

② 这仅是一个概念性的表述，以费米分布函数中的参数来表达更加准确。

空的量子状态，因此电子依靠外加电场的加速可以获得部分能量，跃升到更高的能级。所以，具有一定分布的电子可以在能量空间中整体移动，即形成电流。与上述情况相反，如图 2.1（b）所示，在材料的满带或空带中则不会出现上述加速的过程。这是由于带隙的能量宽度不允许电子跃迁到能量更高的空带——即使这些电子能在外加电场的加速下获得一些能量，能带中也不存在可供其占据的能级，因此这种情况下没有宏观意义上的电流。图 2.1（a）是金属等导体的能带示意图，而图 2.1（b）是绝缘体或半导体的能带示意图 (绝对零度)。尽管绝缘体的带隙很宽，而半导体的带隙较窄，它们在能带结构上仍被归为一类。

所有能态都被电子填满的能带是价带，所有能态都未被电子填满的能带是导带。

半导体和绝缘体的区别在于带隙的宽度，由于半导体的带隙较窄，在室温 300K 下 26meV 的热激发[①]下，有相当数量的电子从价带激发到导带[②]。而绝缘体的带隙很宽，激发到导带的电子几乎可以忽略，因此，绝缘体导电性能很差，电阻非常高。

在金属中，自由电子浓度非常高，且很难从材料外部控制其浓度；而在半导体中，我们可以很容易地控制电子浓度，这就是半导体器件功能得以实现的重要因素。

硅是制造大多数半导体大规模集成电路的材料。上文提到，硅器件中从价带激发到导带的电子很少，在制造过程中，硅作为大规模集成电路的基本材料，其纯度能达到 99.999999999%(11 个 9)。此外通常会额外添加一种不同的原子[③]，这种人为添加的原子通常被称为杂质。

硅属于 Ⅳ 族元素，它有 4 个价电子，每个价电子与硅晶体中最近邻的电子形成共价键，如图 2.2 所示。

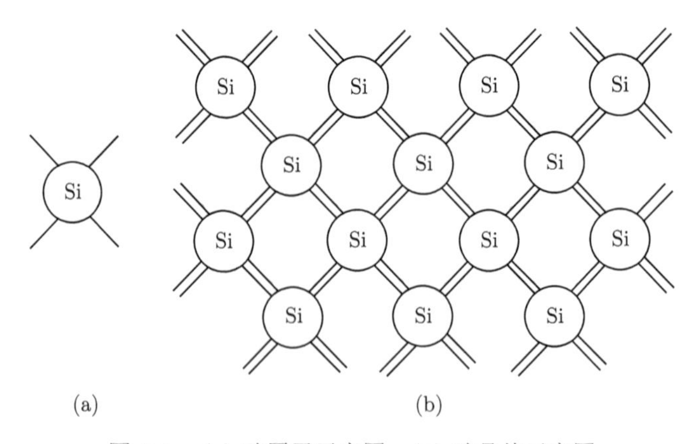

图 2.2　(a) 硅原子示意图；(b) 硅晶体示意图

① 热能以动能的形式转化为电势能。

② 在绝对零度时，半导体中的导带为空带，其中没有电子。

③ 这被称为掺杂，未掺杂的硅称为本征硅。

磷 (P) 和砷 (As) 属于 V 族，它们有五个价电子。如图 2.3 所示，如果晶体中的一个硅原子被一个磷原子或砷原子取代，磷或砷原子中的四个电子会形成共价键，第五个电子会被带正电荷的磷或砷离子 (P^+、As^+) 束缚，该束缚能约为 45meV。然而在室温下，该电子具有 26meV 的动能，这使它可以很容易摆脱束缚并移动，因此，它对导电产生贡献。其中，磷原子和砷原子被称为施主原子，因为它们通过电离向导带提供了一个电子。

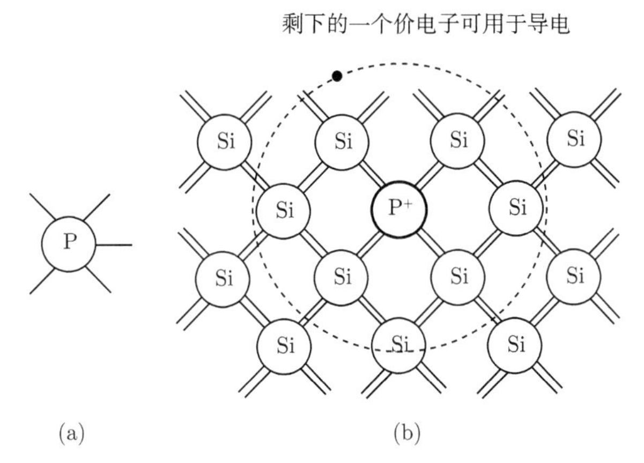

图 2.3 掺杂磷原子的硅晶体示意图

(a) 磷原子；(b) 硅晶体中的磷原子

上面介绍了掺 V 族原子的情况，那么当掺 Ⅲ 族原子时会发生什么？硼原子属于 Ⅲ 族，只有 3 个价电子，这意味着当硅晶体中的硅原子被硼原子取代时，会缺少一个成键电子，如图 2.4 所示。

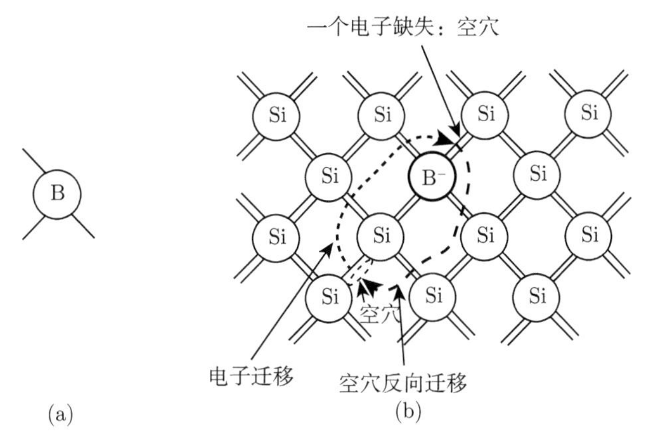

图 2.4 掺杂硼原子的硅晶体示意图

(a) 硼原子；(b) 硅晶体中的硼原子

硼只能通过从 Si—Si 键中夺走一个电子、在硅价带中留下一个空位的方式成键，如图 2.4（b）所示。这样的空位被称为空穴，它是一种电子应该占据，但没有电子占据的状态；由于缺失电子，空穴带正电。当另一个电子移动并填充它时，可以看作是空穴向相反的方向移动，即空穴的移动。一个空穴被一个带负电荷的硼离子 (B^-) 束缚，束缚能为 45meV。通过热激发，空穴可以很容易地摆脱硼离子束缚，与磷和砷原子中的电子一样在硅晶体中移动。该硼原子称为受主，通过电离从价带接收一个电子。

图 2.3 和图 2.4 为实空间杂质原子在硅晶体内的构型，图 2.5 为电子和空穴在能带中的分布，图 2.5（a）表示的过程为束缚在磷或砷形成的施主能级上的电子，在热激发下摆脱束缚跃迁至导带上成为可移动的电子。实际中根据需求，掺杂密度通常在 $10^{14} \sim 10^{18}\text{cm}^3$，即每 $10^5 \sim 10^9$ 个硅原子对应一个杂质原子。虽然掺入的杂质原子是电中性的，但离化施主对电子的束缚能较小，使得电子在室温下可以通过热激发而脱离束缚态。电离的施主杂质①丢失电子而带正电荷，同时有和施主杂质浓度相同的电子被激发到导带。

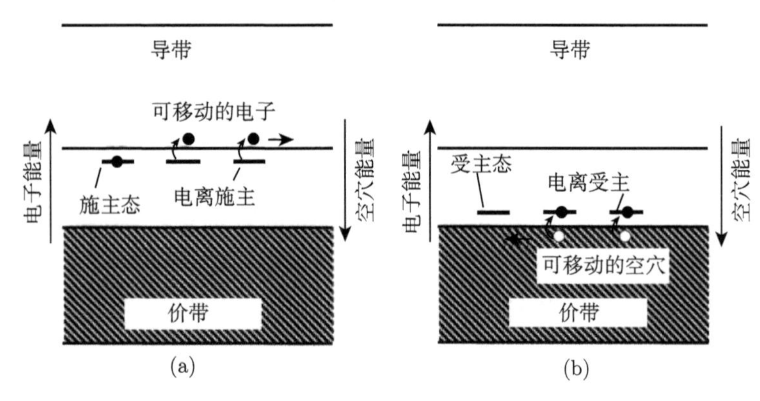

图 2.5　能量示意图

(a) n 型硅；(b) p 型硅；● 电子；○ 空穴

如图 2.4 所示，与磷和砷原子一样，硼原子被固定在硅晶格上。硼原子通过接收一个电子成为一个带负电荷的电离受主，并在价带中产生相同数量的空穴，如图 2.5（b）所示。

因此，若半导体以电子作为基本的移动电荷，由于其自身负电荷极性，称为 n 型半导体；作为掺杂剂的原子如磷、砷，称为 n 型杂质。类似地，当半导体以带正电荷的空穴作为基本的移动电荷时，则称为 p 型半导体，而作为掺杂剂的硼原子被称为 p 型杂质。

① 这些离化施主杂质位于硅晶体格点上，如图 2.3 所示。

电子和空穴被称为载流子，因为它们携带有电荷并可通过定向运动形成电流。对于带负电荷的电子，其自身流动方向与电流的方向相反，而对于空穴则与之相同。n 型半导体中的电子和 p 型半导体中的空穴被称为多数载流子，n 型半导体中的空穴和 p 型半导体中的电子被称为少数载流子。

2.1.2 pn 结

如图 2.6 所示，pn 结的结构实际上是 p 型半导体区域与 n 型半导体区域的连接部分。在实际工艺中，通常会在 p 型半导体的一部分区域内掺入比 p 型杂质原子浓度高出一个数量级以上的 n 型杂质原子。同样地，也可以在 n 型半导体区域内掺杂高浓度的 p 型杂质原子。

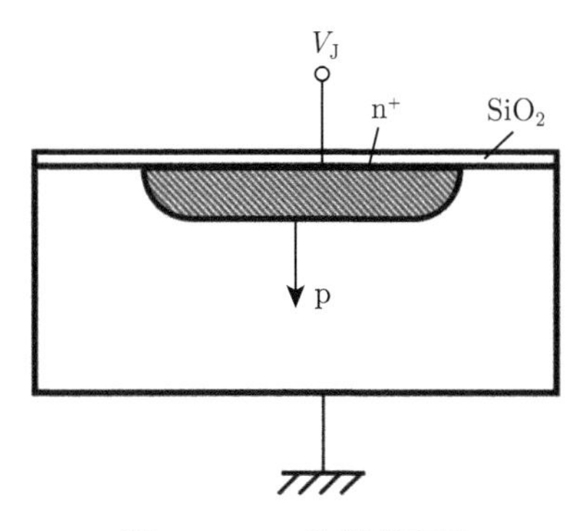

图 2.6 pn 结横截面图

n 型和 p 型杂质原子都分布在同一块掺杂区域，由于电子占据了能带中从最低到最高的每一个能级，最终浓度较高的杂质类型决定了该区域的导电类型。

n 区和 p 区在实空间中直接相连，图 2.7 (a) 中的模型展示了 pn 结中能量分布或势能分布的形成过程。将 p 区接地，n 区施加电压 V_J。图 2.7 (b) 展示了未形成 pn 结时 n 区和 p 区各自的能带图，离化施主和电子在 n 区中均匀分布，离化受主和空穴在 p 区中也均匀分布，此时所有的区域均显电中性。费米能级位于电子分布的最高能级附近，n 区的费米能级靠近导带底部，p 区的费米能级则靠近价带的较高能级。当 n 区与 p 区连接，n 区附近的电子和 p 区附近的空穴在两边区域的载流子浓度梯度下不断向对面区域扩散，直到 n 区和 p 区的离化杂质原子所形成的电场与扩散电压平衡。最终形成如图 2.7 (c) 所示的电势分布，此时的离化施主仍在交界面附近的 n 区，离化受主仍在 p 区，即该区域只有固定的电荷，流过该区域的净电流为 0，所以这个区域被称为耗尽区。

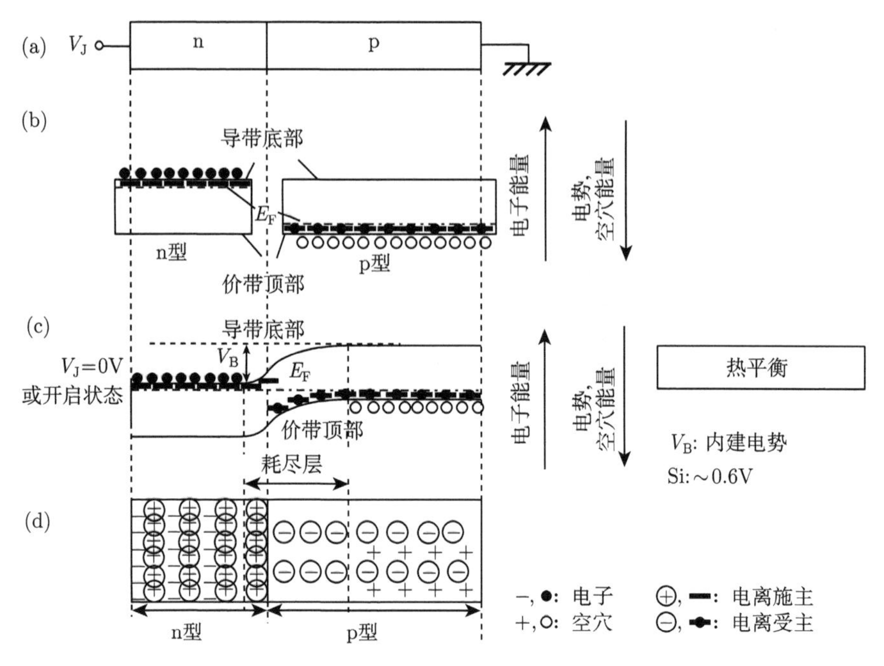

图 2.7　热平衡下 pn 结的电势分布模型

(a) 模型结构；(b) 分离状态下的能带图；(c) pn 结能带图；(d) pn 结的空间分布

当扩散停止后，该区域处于动态平衡。图 2.7（c）和（d）分别给出了能带结构分布和实空间结构分布。在耗尽区内，n 区中正电荷的电荷总数和 p 区中负电荷的电荷总数相等；在耗尽区外，n 区与 p 区内的载流子电荷总数和固定电荷总数相等，n 区与 p 区都处于电中性。n 区和 p 区之间的电势差称为内建电势，大小由两边的杂质浓度以及温度决定，室温下硅的内建电势大约是 0.6V。

接下来讨论偏置条件的影响。将 pn 结中的 p 区接地，n 区施加正电压 V_J，图 2.8（a）给出了 pn 结的电势和电荷分布，图 2.8（b）中给出了实空间分布。

在 n 区中，随着电压的增加，电子不断消耗并减少，直到电压增加到 V_J。此过程也可以理解为 n 区减少的负电荷电子产生的正电压。因此，pn 结两边的耗尽区宽度增加且没有电流流过 pn 结。当 n 区施加正电压时，pn 结的状态被称为反向偏置状态。后面将要提到，图像传感器中的光电二极管便是利用 pn 结在反向偏置下的电分离与扩散过程来收集由入射光产生的信号电荷。在电分离的瞬间，pn 结处于非平衡状态，从而通过这种特殊现象回归至平衡状态。

与上述情况相反，向 n 区施加一个负电压，让所施加的电压 V_J 从 0V 开始下降，当其绝对值与内建电势相同时，即 $V_J = -|\phi_B|$，n 区和 p 区的能级持平。如果 V_J 继续负向增大，n 区中的电子能量将高于 p 区，如图 2.8（c）所示，此

时电子开始从 n 区向 p 区流动。同时，空穴也处于同样的状况，开始从 p 区流向 n 区。因此，在这种偏置条件下就产生了电流，而这种偏置状态被称为正向偏置。

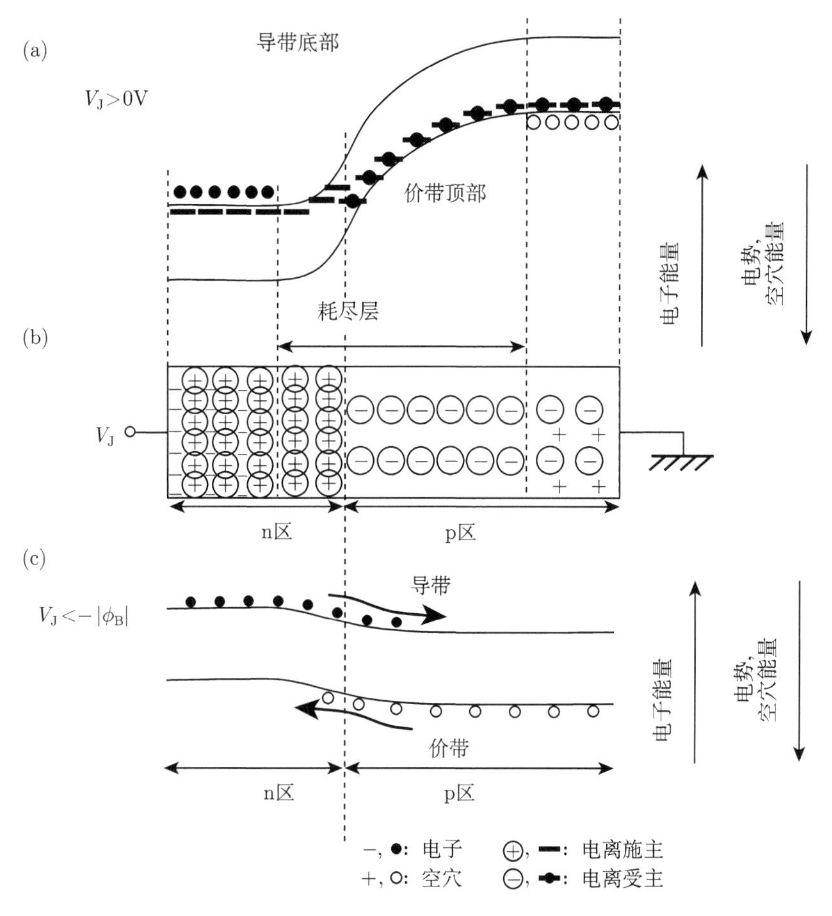

图 2.8　不同偏置下 pn 结的电势分布模型

(a) 反向偏置 pn 结的电势和电荷分布；(b) 反向偏置 pn 结电荷的实空间分布；(c) 正向偏置下 pn 结内载流子的流动

电流可以在正向偏置下流过 pn 结，但在反向偏置下不能，即 pn 结具有整流特性。如前文所述，所谓的正向偏置和反向偏置正来自于此。

2.1.3　MOS 结构

金属氧化物半导体 (metal-oxide semiconductor，MOS) 的典型结构为栅电极–二氧化硅薄膜 (SiO_2)-p 型硅结构，其横截面如图 2.9 所示，可导电的栅电极与硅上生长的二氧化硅薄膜相连。

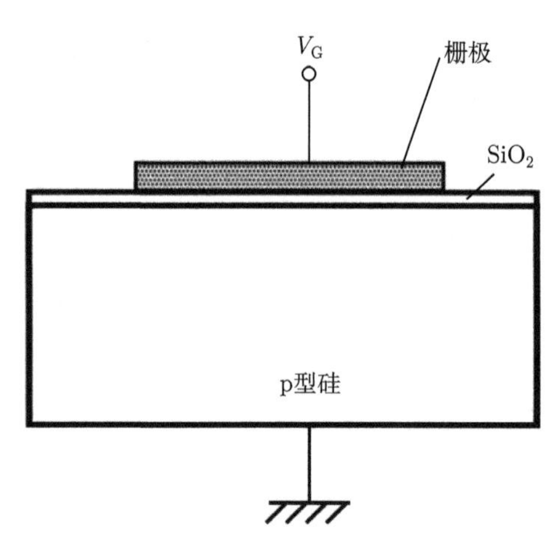

图 2.9 MOS 结构的横截面图

下面从图 2.10 中的实空间和能带的角度来研究 MOS 结构的功能。图 2.10(a) 和 (b) 分别给出了当栅极电压 V_G=0V 时，电荷的实空间分布和能带分布。p 型硅上的电压与栅电极处相同，假定在此条件下硅和栅电极之间没有电势差，则此条件被称为平带条件。在实际器件中，由于半导体与栅电极材料之间杂质浓度的差异，以及氧化硅薄膜中离子的存在，平带条件下的栅电压一般会偏离 0V。然而为了简化过程，这些影响都将忽略。

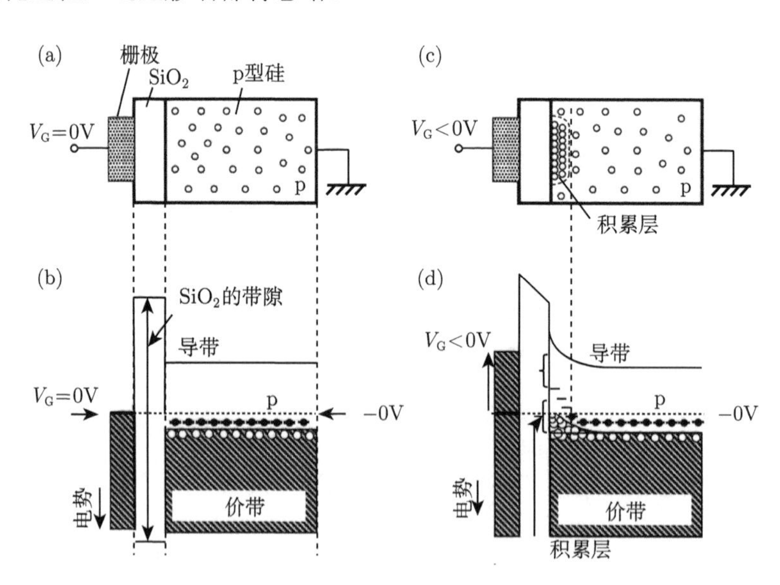

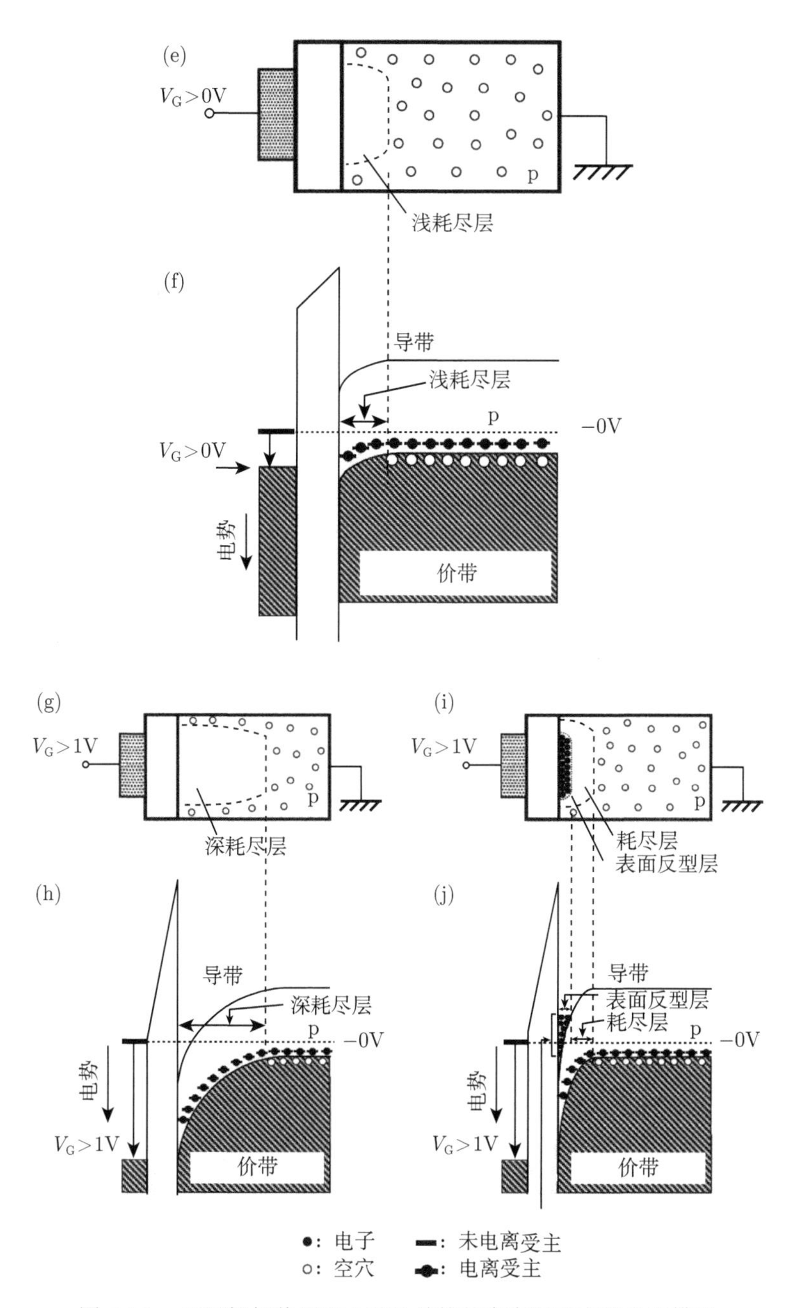

图 2.10 不同栅极偏置下 MOS 结构的实空间和电势分布模型

(a) 实空间分布 (平带条件)；(b) 电势分布 (平带条件)；(c) 实空间分布 (表面积累层)；(d) 电势分布 (表面积累层)；(e) 实空间分布 (浅耗尽层)；(f) 电势分布 (浅耗尽层)；(g) 实空间分布 (深耗尽层，表面无电子)；(h) 电势分布 (深耗尽层)；(i) 实空间分布 (表面反型层，表面有电子)；(j) 电势分布 (表面反型层)

首先，当向栅电极施加负电压时，空穴由于其带正电荷而聚集在硅表面，如图 2.10（c）的实空间分布所示。图 2.10（d）为反向偏置的电势分布，p 型半导体中的空穴被吸引到由栅电极的负电势形成的较低能级，并在硅表面积累。这个积累的空穴层被称为表面堆积层。而在 n 型硅 MOS 结构中，通过对栅电极施加正电压，在硅表面积累电子层，此电子层也称为表面堆积层。

接下来，如图 2.10（e）给出的实空间分布所示，向栅电极施加一个约小于 1V 的正电压，此时硅表面处的空穴离开表面，只剩下带负电荷的电离受主，形成一个耗尽层。从图 2.10（f）中给出的能带分布可以看出，这是栅电极的正电势导致空穴从较高电势的表面逸出。

如图 2.10（g）所示，栅电极处施加的正电压越高，半导体内的耗尽层展开得越宽，在实空间分布上表现为耗尽层宽度 (深度) 变大，在图 2.10（h）中的能带分布也表明了这一点。因此深度耗尽的粗略标志是栅电压高于约 1.1V，这与室温下的硅禁带宽度相近。在这种情况下，如果电子通过某种方式注入导带，电子会聚集在表面空的能级处，如图 2.10（i）和（j）所示。耗尽层宽度的减小使得整个区域内负电荷的离化受主浓度和电子浓度保持恒定。由于电子与 p 型半导体的极性相反，因此这个电子层被称为表面反型层。

后面将会介绍到，如果以光的形式从栅极注入电子，则此时的传感器被称为光栅传感器。

同样地，在 n 型硅 MOS 中，在栅电极施加负电压导致硅表面处的空穴堆积也称为反型层。

MOS 场效应晶体管 (MOS field-effect transistor，MOSFET) 是一种通过在栅电极施加电压来控制表面反型层中的载流子浓度的器件。如图 2.11 所示，在 MOS

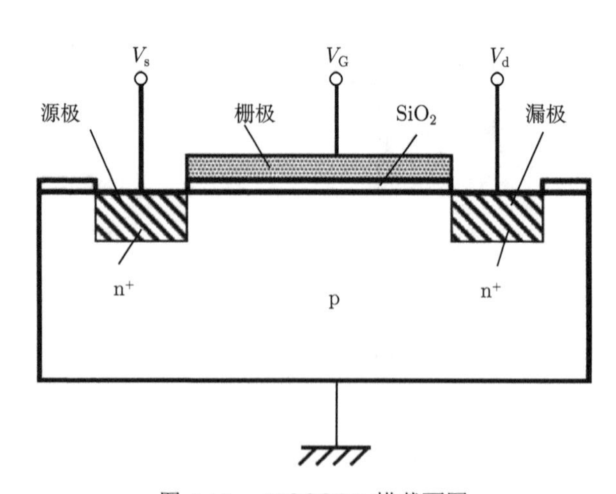

图 2.11　MOSFET 横截面图

结构中，栅电极下方与沟道相邻的两侧为高浓度 n 型区域，一侧作为电子的源极产生电子，另一侧作为漏极来接收电子，通过栅电极上的电压来控制电流的密度。在 p 型衬底的 MOSFET 中由电子移动形成电流，因此这种 MOSFET 被称为 n 沟道 MOSFET 或 n 型 MOSFET。同样地，衬底为 n 型，源、漏为 p 型，通过在栅电极施加负电压来控制沟道中的空穴密度的 MOSFET 被称为 p 沟道 MOSFET 或 p 型 MOSFET。

2.1.4 掩埋型 MOS 结构

介绍完传统的 MOS 结构之后，继续介绍一种被用于埋沟电荷耦合器件 (charge-coupled device，CCD) 和埋沟 MOSFET 中的掩埋型 MOS 结构。

与传统的 MOS 结构不同，掩埋型 MOS 结构中，n 型层形成于栅电极下方的沟道区，具有反极性，且杂质浓度较 p 型衬底更低，如图 2.12 所示。

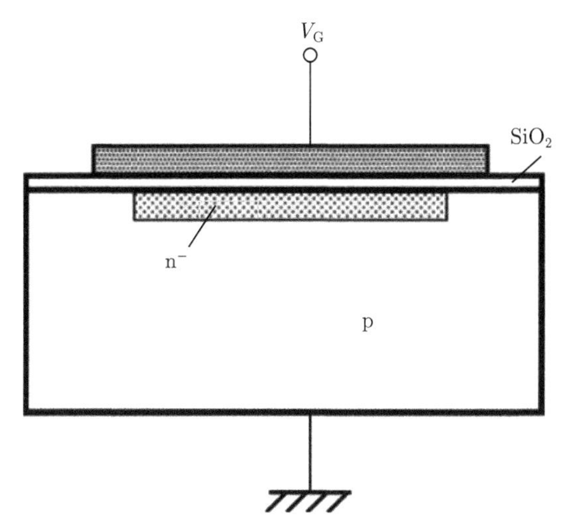

图 2.12 掩埋型 MOS 结构横截面图

pn 结由硅表面低掺杂浓度的 n 型层形成。

图 2.13 展示了这个 n 型区域的作用，图 2.13 (a) 为实空间中的电荷分布，图 2.13(b) 为能带中的电荷分布。p 型衬底和栅电极均接地，此时系统处于热平衡状态，且在 pn 结两端之间存在一个具有内建电势的耗尽层。在其他区域，固定的离化杂质和与其极性相反的载流子共同呈电中性。

如图 2.13（c）所示，若将 n 型层中的电子排空，例如在 n 型层附近建立一个浓度更高的 n 型漏极并施加更高的正电压，此时 n 型区域将被完全耗尽，只剩下固定在原晶格格点处带正电荷的离化施主，那么图 2.13（d）中 n 型层中的电势分布该如何表示？

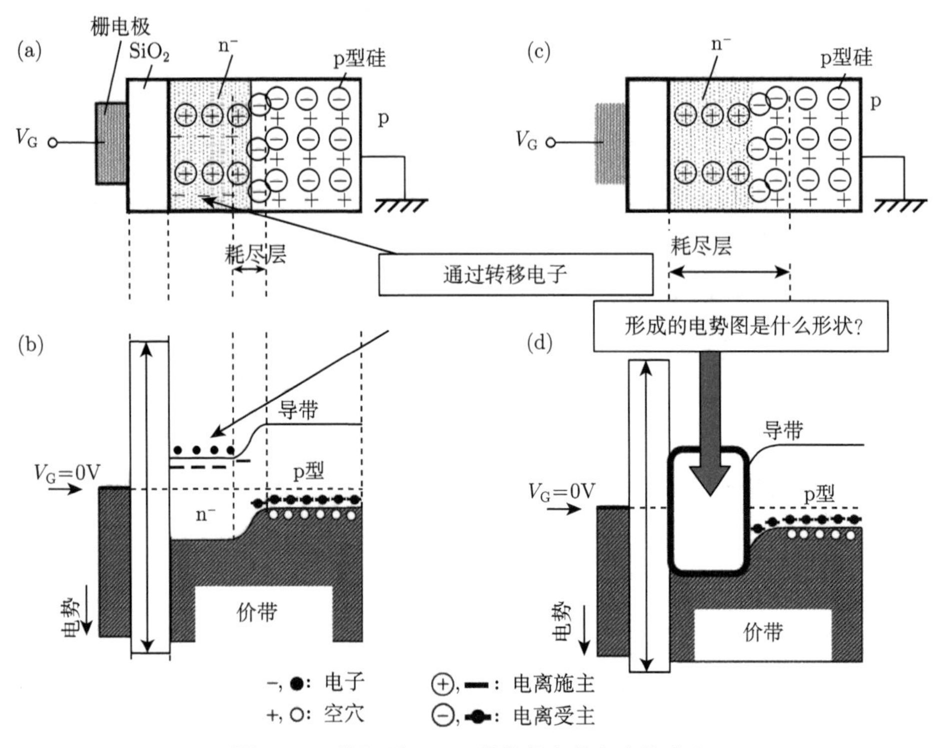

图 2.13　掩埋型 MOS 结构的电荷和电势分布

(a) 空间分布 (未耗尽)；(b) 电势分布 (未耗尽)；(c) 空间分布 (完全耗尽)；(d) 电势分布 (完全耗尽)

对于这种情况，这里引入了一种相当简化的方法 [1]，如图 2.14（a）所示。

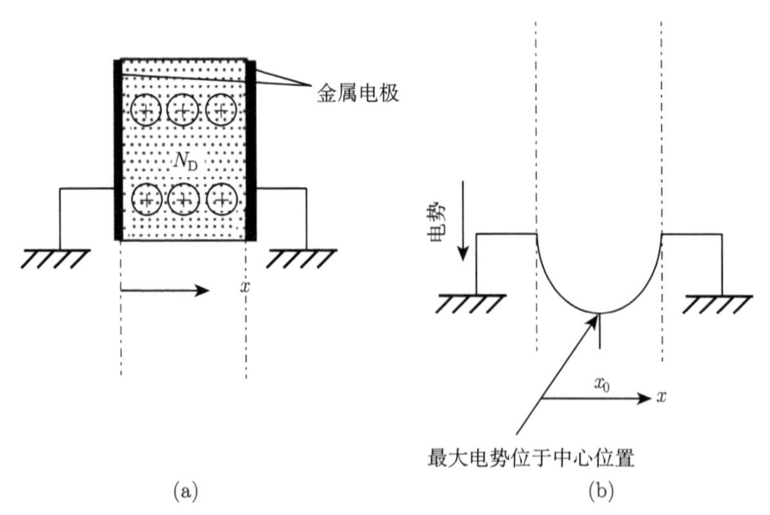

图 2.14　掩埋型 MOS 结构电势分布图的简化模型

(a) 空间分布；(b) 电势分布

(1) 正电荷 (离化施主) 在空间分布上是均匀的。

(2) n 型层的两侧均接地，即电势分布图在双侧对称，包括边界条件。

该区域的电势 ϕ 由泊松方程表示，如下所示：

$$\frac{\mathrm{d}^2\phi}{\mathrm{d}x^2} = \frac{-\rho}{\kappa\varepsilon_0}c$$
$$\rho = eN_\mathrm{D} \tag{2.1}$$

其中 x 是深度；ρ 是电荷密度；κ 是硅的相对介电常量；c 为常数；ε_0 为真空介电常量；e 为电子常量；N_D 为施主密度。

由于二阶微分的解有一个常数值，电势分布 ϕ 表示为

$$\phi = \frac{-eN_\mathrm{D}}{2k\varepsilon_0}(x - x_0)^2 + c \tag{2.2}$$

所以，如图 2.14（b）所示，电势分布图由 x 的二次函数表示，其曲率与施主密度成比例，向下凸出，且最大值 c 位于坐标点 $x = x_0$ 处。这意味着势能最大值位于中心。通常定义电势线向下为正电势。实际器件中的边界条件不是两侧对称的，这意味着电势线并非完美的二次函数，而是会受边界条件影响向任意一侧偏移，但实际上仍然与式 (2.2) 所示的二次函数曲线接近。而在实际的器件中，杂质浓度的非均匀分布仅会使原本的二次曲线受到部分影响。

因此，在图 2.13（d）中讨论的 n 型层的电势分布图可以理解为一个向下凸出的二次曲线，如图 2.15 所示。

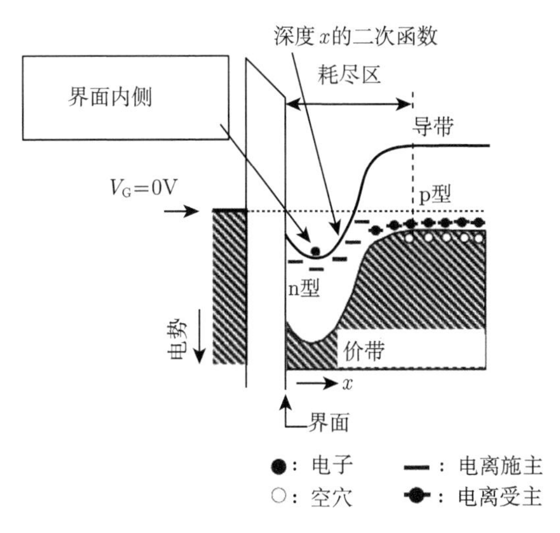

图 2.15 掩埋型 MOS 结构的电势分布图

其中重要的一点是，电势的最大值位于硅的内部，在空间和能量上都独立于硅–二氧化硅界面，因此电子可以在不接触界面的情况下存在和移动。在实际应用中，这避免了界面处存在的界面态的影响，具体将在 5.1.1 节中作为埋沟型 CCD 的基本结构进行阐述。

2.1.5 光栅二极管

现在介绍光敏器件。硅作为光敏材料的特性将在 2.2 节中阐述。除非另有说明，本节假定信号电荷是电子。

如图 2.16（a）所示，光栅传感器为 MOS 结构，通过在栅电极施加正向偏置形成耗尽层，其最大电势位于表面，如图 2.16（b）所示。光透过栅电极，其能量在硅中被吸收并产生了电子–空穴对，在耗尽层中的电场作用下彼此分离；而远离耗尽区的中性衬底中产生的电子–空穴对往往只能通过复合而消失，图 2.16（b）展示了电子–空穴对产生和复合的过程。电子堆积在表面附近的势阱中，空穴则移动到衬底边缘，最终被排出器件。由于栅电极必须允许光通过，因此金属不能用作电极材料。目前有一些可穿透光的电极可以选择，例如铟锡氧化物 (indium tin oxide，ITO)，而多晶硅在硅大规模集成电路生产过程中被使用得最多，其光吸收特性与硅基本相同。2.2 节讨论了波长越长吸收系数越低的原因，在波长较短的情况下，吸收系数往往更高。因此到达硅中的蓝光较少，硅器件对蓝光的灵敏度往往较低。

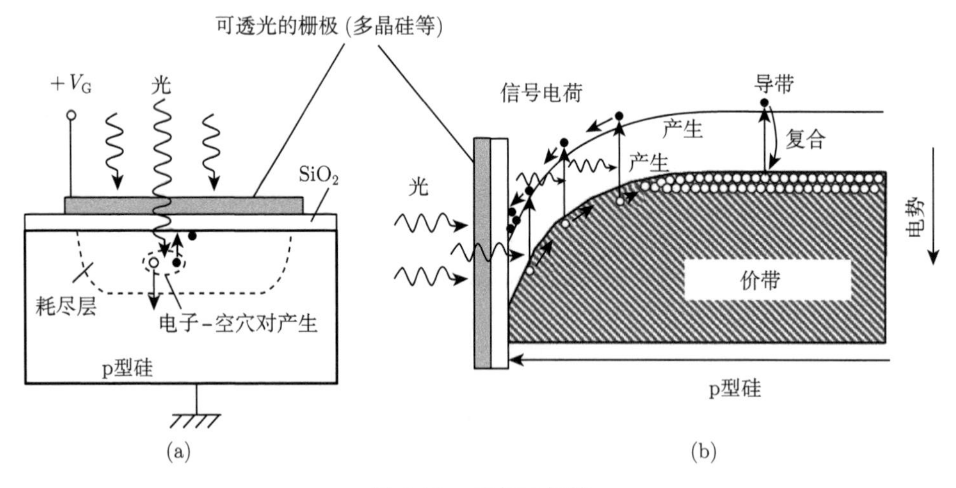

图 2.16 光栅二极管

(a) 横截面图；(b) 能量空间中的行为

2.1.6 光电二极管

如图 2.17 所示，光电二极管的结构与 pn 结类似，但由于没有栅电极，因此不会减弱可见光范围内的光强，包括蓝光。在工作时，光电二极管通过在 n 区施加正电压来产生反向偏置的条件，反向偏置的 pn 结被电隔离并保持浮动状态，如 2.1.2 节所述。对于普通的光电二极管，此时 n 区并没有完全耗尽。硅吸收光子能量，从价态激发出一个电子至导带，在价带中留下一个空穴。电子流入高电势的 n 区并被存储，空穴流向衬底而被排出。硅中载流子的行为与光栅二极管、光电二极管中的一致，仅是设置偏压的方法不同。

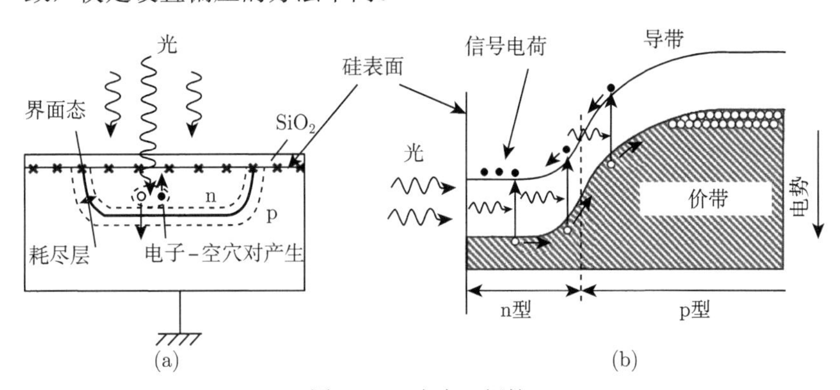

图 2.17 光电二极管

(a) 横截面图；(b) 能量空间中的行为

2.1.7 掩埋型光电二极管/钳位光电二极管

掩埋型或钳位光电二极管被用于大多数高质量的图像传感器中，与普通的光电二极管不同，掩埋型光电二极管表面为高掺杂浓度的 p^+ 层，p^+np 结构使 n 区完全耗尽，电势被钉扎在耗尽区，如图 2.18 所示。

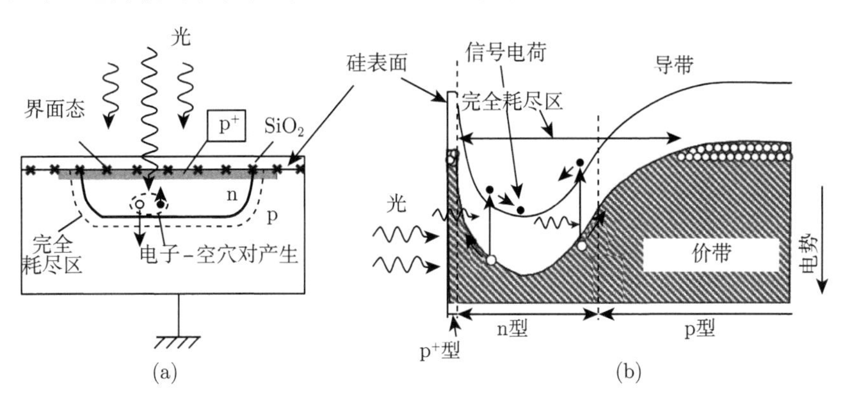

图 2.18 掩埋型/钳位光电二极管

(a) 横截面图；(b) 能量空间中的行为

如 2.1.4 节所述，掩埋型光电二极管中硅的电势分布与掩埋型 MOS 结构的相同。在 5.1.2.3 节中将说明，热激发到导带的电子经过二氧化硅界面态时会产生暗信号输出 (暗电流) 噪声，而界面处的高浓度空穴层会极大地降低该噪声。掩埋型光电二极管对光的吸收以及信号电荷在硅中的收集与普通的光电二极管一致。掩埋型光电二极管和钳位光电二极管的名称分别来源于其结构和功能。

2.2　光敏材料——硅

硅是大规模集成电路中的一种重要材料，而图像传感器同样也是大规模集成电路。此外，硅可以吸收紫外线、可见光和近红外波段的光并产生电荷。因此，硅被用作图像传感器中光敏元件的材料。然而，对于其他一些图像传感器，硅并非是最好的光敏材料。

如图 2.19 所示，光通量密度 ϕ 穿过硅材料被吸收。由于材料中的光吸收，随着穿透深度 Δx 的增加，光通量密度减少 $\Delta\phi$，用 α 表示吸收系数，关系式如下：

$$\Delta\phi = -\alpha\phi\Delta x \tag{2.3}$$

由此可推导出以下方程：

$$\begin{gathered}\frac{\Delta\phi}{\Delta x} = -\alpha\phi \\ \phi = \phi_0 \mathrm{e}^{-\alpha x} = \phi_0 \mathrm{e}^{-x/d_\lambda} \quad (d_\lambda = 1/\alpha)\end{gathered} \tag{2.4}$$

其中 ϕ_0 表示未吸收时硅表面处的光通量密度；吸收系数 α 的倒数用 d_λ 表示，d_λ 为穿透深度，表示光通量密度衰减到最初的 1/e (e 是自然对数的底数) 时的穿透深度，它表征了光被吸收到一定程度时对应的特征长度。

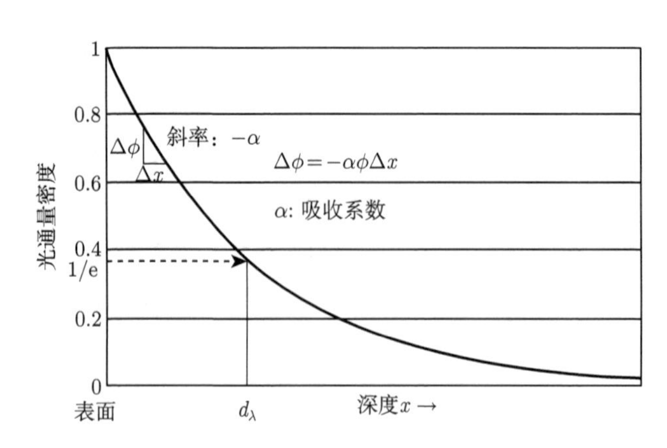

图 2.19　光通量密度与深度的关系

图 2.20 给出了硅中光子吸收系数和穿透深度与波长的依赖关系。可以看出，需要更长的距离才能充分吸收更长波长的光。红光 (波长约 640nm) 的 d_λ 为 3 ~ 4μm，与红光相比，蓝光 (约 440nm) 的 d_λ 则短至约 0.3μm。这意味着由于可见光波长的不同，光电二极管吸收光所需的有效深度相差很大。对于彩色成像，通常将光电二极管的深度设置为红光，因为红光被吸收需要的距离最长，以此可以保证器件的灵敏度。

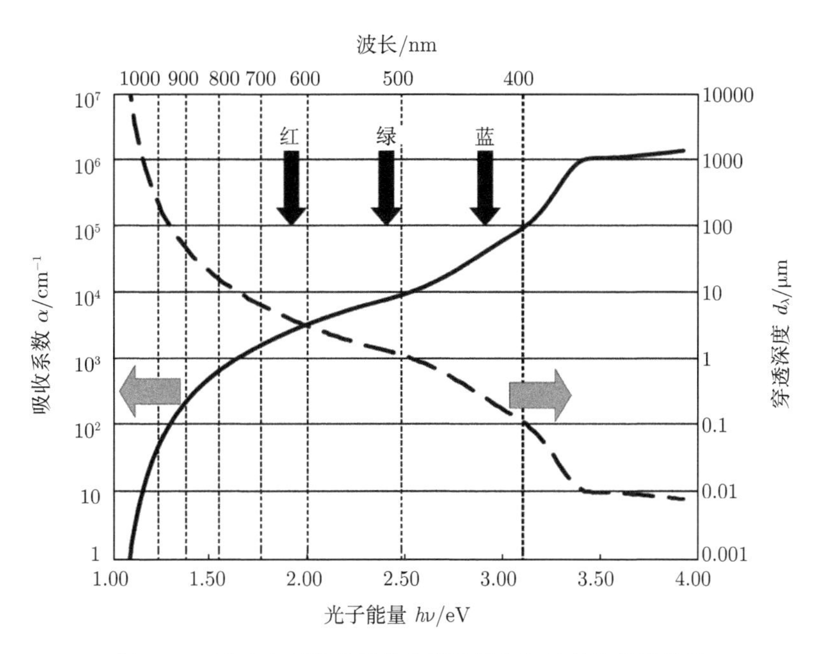

图 2.20 硅中光子吸收系数和穿透深度与波长的依赖关系

2.2.1 p 型衬底的 np 型光电二极管

在 p 型衬底上形成的 np 型光电二极管的横截面示意图如图 2.21（a），图 2.22 中的实线表示其光谱响应的实测曲线示例。可以看到，吸收波长的范围从略小于 400nm 到硅的带间吸收边界，包括了可见光波段 (380~780nm) 和近红外波段，并且在波长大于可见光的近红外区域的吸收尤其强，这意味着硅在近红外区域是一种优良的感光材料。然而，对于那些基于可见光范围工作的彩色相机，为了避免破坏色彩平衡，在近红外区域的高灵敏度是完全不需要的。

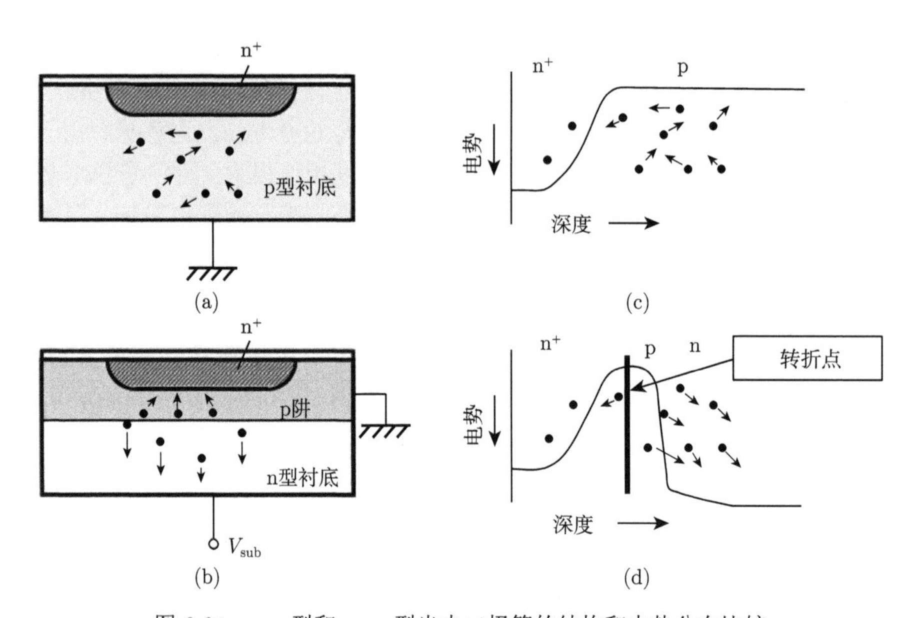

图 2.21　np 型和 npn 型光电二极管的结构和电势分布比较

(a) p 型衬底上的 np 型光电二极管；(b) n 型衬底上 p 阱中的 npn 型光电二极管；(c) np 型光电二极管的电势分布图；(d) npn 型光电二极管的电势分布图

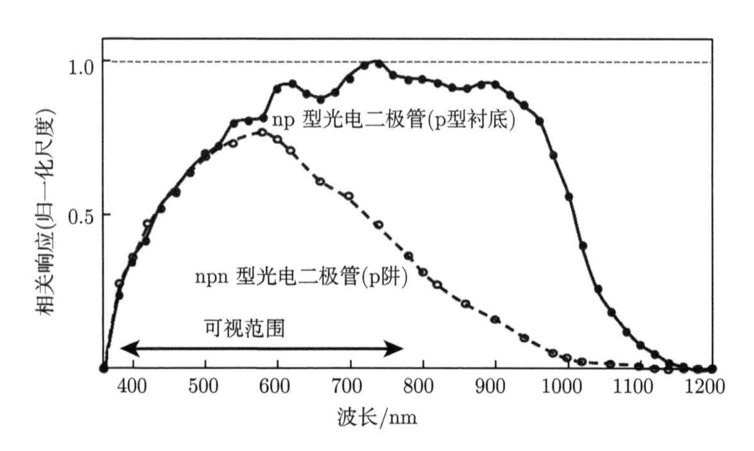

图 2.22　np 型光电二极管和 npn 型光电二极管的光谱响应测量示例

2.2.2　p 阱的 npn 型光电二极管

如上所述，在 n 型衬底上的 p 阱中形成的光电二极管可以降低近红外区不必要的灵敏度。图 2.21（b）给出了在 n 型衬底上的 p 阱中形成的 npn 型光电二极管的结构 [2]，其中，p 阱接地，n 型衬底施加正电压。图 2.21（c）为 np 型光电二极管的电势分布，图 2.21（d）为 npn 型光电二极管的电势分布。np 型光电二极管中，在衬底较深的区域产生的信号电荷似乎更有可能被收集，这也提高了近红外区的灵敏度；而在 npn 型光电二极管中，p 区中比电势最低点 (图中“转折点”) 位置更深的区域产生的电荷不能到达表面，而是被传输至衬底并排出，因此这些排出的电荷无法增加灵敏度。npn 型光电二极管的光谱响应如图 2.22 中的虚线所示。npn 型光电二极管中，穿透深度达到衬底处时的吸收系数低，因此其近红外区的灵敏度大幅度下降。

2.3 电 路 元 件

本节将介绍图像传感器中常用的电路元件。

2.3.1 浮置扩散放大器

浮置扩散放大器 (floating diffusion amplifier，FDA)[3] 是一种测量电荷量的元件，如图 2.23 所示。

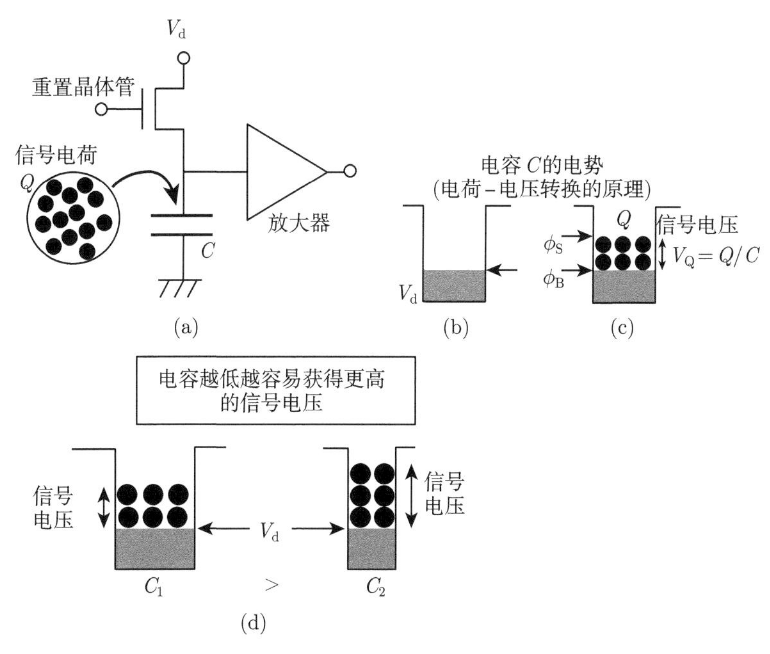

图 2.23　浮置扩散放大器的工作原理

(a) 结构图；(b) 在复位操作刚完成后的电容电势；(c) 接收到信号电荷后的电容电势；(d) 电容和信号电压

如图 2.23 (a)，浮置扩散放大器由电容、复位晶体管 (将电容电势复位到电源电压 V_d) 和放大器 (将电容电势转换成电压输出) 组成，其工作过程如下。

(1) 电容 C 与电源电压 V_d 相连，通过向复位晶体管的栅电极施加一个复位脉冲使其处于导通状态；通过关闭电源使复位晶体管变为关断状态，此时电容 C 的电势被复位到 V_d，如图 2.23（b）所示。

(2) 电容 C 的电势被放大器接收而产生一个输出。

(3) 通过上述晶体管状态的变化，将一定数量的信号电荷 Q 转移到电容 C，信号电荷 Q 将使电容 C 的电势比 V_d 低一个信号电压值 ($Q/C = V_Q$)，如图 2.23（c）所示。

(4) 放大器接收电容的电势，并产生一个输出。

这意味着过程 (2) 和过程 (4) 之间的电势差来源于与总的电荷量 Q 成比例的信号电压。

测量完成后，再次进行复位操作以接收后续的信号电荷。从作用原理来看，如图 2.23（d）所示，如果电容 C 的容量变小，则很容易获得更高的信号电压，从信噪比的角度来说，有利于后期的信号处理。

另一方面，在可处理的电压范围内，如果电容的容量太小，该电容的最大电荷量就会因为饱和而受到限制；其次，如果采用更高的电压范围，则放大器接收电容电势后产生的输出会超出电压范围。这些因素有时会限制电容的饱和特性，因此设计时需要平衡各方面。由于电容在复位后通过引入信号电荷来检测电势的变化，因此称该电容为浮置扩散电容。

在图 2.23（a）的电路中，用于检测电容 C 电势的放大器通常是源跟随放大器，该器件将在 2.3.2 节讨论。

2.3.2 源跟随放大器

源跟随放大器 (source follower amplifier，SFA) 是一种缓冲电路，它在 MOSFET 高输入阻抗的栅输入端接收输入信号电势，并在低输出阻抗的输出端产生一个相同的电势输出。其他具有相同用途的电路有发射极跟随放大器 (使用双极晶体管) 以及电压跟随电路 (使用运算放大器)。源跟随放大器在栅极输入端接收输入电压 V_{in}，并在源级产生输出电压 V_{out}。

如图 2.24（a）所示，源跟随放大器中驱动晶体管 MOSFET 与电压输入端以及负载串联连接，负载包括诸如图 2.24（b）所示的恒流源、图 2.24（c）所示的电阻以及图 2.24（d）所示的负载晶体管。驱动晶体管和负载的电压–电流特性曲线如图 2.24 所示，由于通过驱动晶体管和负载的电流相同，因此两条电压–电流曲线的交点即为典型工作点。如果源跟随放大器中输入 V_{in} 的信号电压发生变化，典型工作点就会移动。图 2.24（b）～（d）中驱动晶体管电压–电流特性的实曲线为 V_{in} 输入电压变化前的特性曲线，即没有信号的情况。虚线表示发生变化后的情况，即在输入 V_{in} 中加入了信号电荷量。因此，电压–电流特性曲线上两个交点之间的电压差表示源跟随放大器的输出电压幅值。比较输入电压的变化导致输出的变化，恒流源的输出变化量是三者中最大的。虽然恒流源具有良好的特性，但其电路的面积往往很大，基于特性与电路尺寸的权衡，因此在大多数情况下会使用负载晶体管。

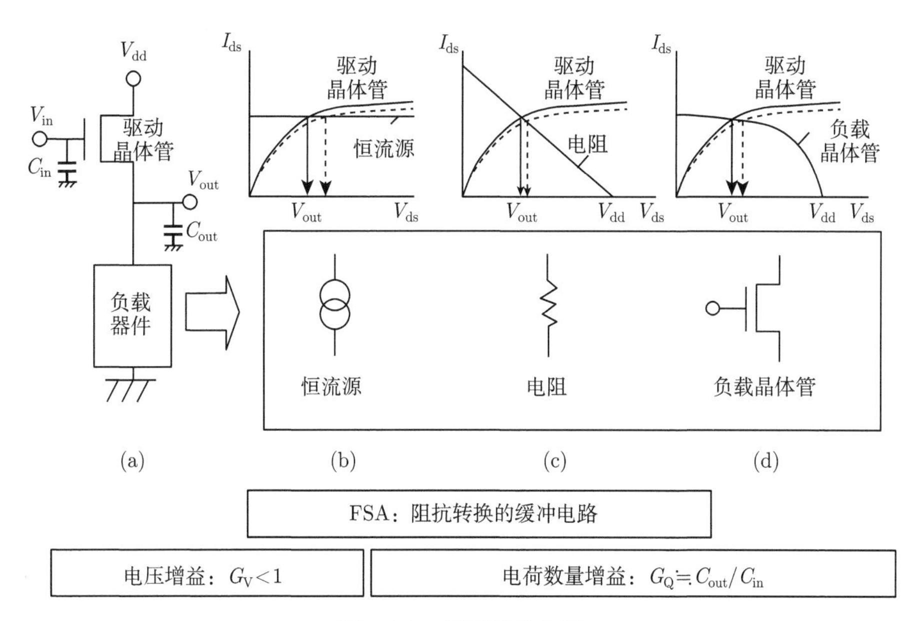

图 2.24 源跟随放大器

(a) 常规结构；(b) 恒流源；(c) 电阻；(d) 负载晶体管

理想的特性是输出电压 V_{out} 等于输入电压 V_{in}，然而，实际的输出电压等于输入电压减去驱动晶体管的阈值电压 V_{th} 后，再乘以源跟随放大器的电压增益 G_V(<1，$0.7\sim0.9$)。这意味着实际的输出电压要小于输入电压，如下式：

$$V_{out}=(V_{in}-V_{th})\,G_V \tag{2.5}$$

如上所述，尽管名为“放大器”，但其电压增益要小于 1。它们各自的负载电容 C_{in} 和 C_{out} 分别位于源跟随放大器的输入端和输出端。在极其简化的条件下，认为 $G_V=1$，$V_{th}=0$，$V_{in}=V_{out}$，此时因为它们的电压相同，C_{out} 中积累的电荷量是 C_{out}/C_{in} 乘以 C_{in} 中的电荷量。尽管源跟随放大器的电压增益小于 1，但是输出端电荷的数量大大地增加了，这对驱动后面的电路很重要。

有时为了保证频率特性以及驱动电路，源跟随放大器会使用单级结构，有时则使用双级或三级串联排列的结构，如图 2.25 所示。

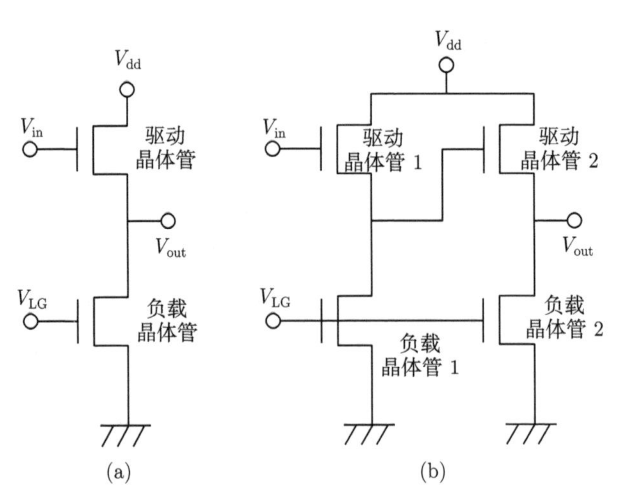

图 2.25 源跟随放大器配置

(a) 单级结构；(b) 双级结构

2.3.3 相关双采样电路

当信号电荷 Q 进入到浮置扩散电容中时，V_Q 的基本信息由图 2.23（c）给出，它与电荷量 Q 直接相关。从图 2.23（b）和（c）中可以看到，电容 C 在接收信号电荷前后的电势差为 $(\phi_S - \phi_B)$。相关双采样 (correlated double sampling, CDS) 电路就是这样一个可以得到前后电势差的电路。图 2.23（b）、（c）中的复位电平是一致的，都进行了一次复位操作，即它们是相互关联的。

然而实际上，当电荷量 Q 的数量很小时，无法驱动相关双采样电路。所以，只有将信号电荷量 Q 经过源跟随放大器倍增后，才能实现相关双采样操作。图 2.26 展示了相关双采样电路连接浮置扩散放大器的输出端，并利用源跟随放大器作为缓冲。

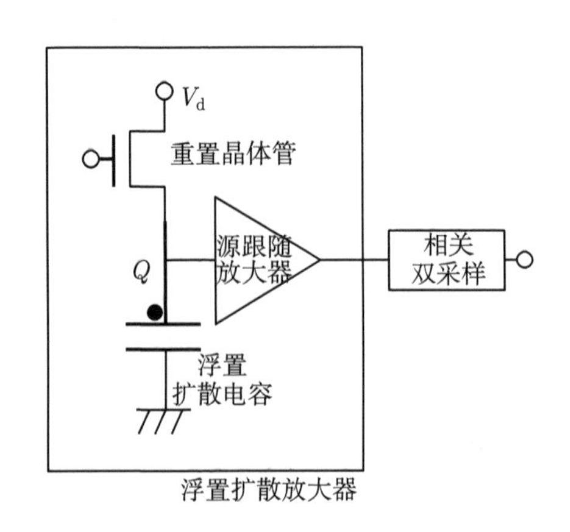

图 2.26 浮置扩散放大器和相关双采样电路连接框图

通过这种方式，源跟随放大器在输入 ϕ_S 和 ϕ_B 之间的输出差由下式表示，参考公式 (2.5)：

$$(\phi_S - V_{th})G_V - (\phi_B - V_{th})G_V = (\phi_S - \phi_B)G_V \tag{2.6}$$

即输入电势差 $(\phi_S - \phi_B)$ 乘以源跟随放大器的电压增益 G_V；因此，驱动晶体管的阈值电压 V_{th} 被消除。正如我们将在第 5 章中讨论的那样，由于 CCD 通常只使用单级源跟随放大器，所以 CCD 中的源跟随放大器对 V_{th} 的影响很小；然而，当源跟随放大器被用在 CMOS 传感器每个像素单元中时，V_{th} 的变化可能低至几毫伏，产生的固定图像噪声会对图像质量产生严重的影响。由此可以看出消除 V_{th} 的影响是非常有必要的。

图 2.27（a）展示了相关双采样电路的结构原理图 [4]：输入端位于浮置扩散放大器中源跟随放大器的输出端之后，交流 (alternating current，AC) 耦合电容 C_c 仅将信号交流部分传输到节点 A；节点 A 与一个钳位晶体管相连，此处为钳位电压 V_{clamp} 的源极；栅极施加钳位脉冲 ϕ_{CL}；为了采样和保持节点 A 的电势，使用了一个对栅电极施加采样脉冲 ϕ_{SH} 的采样晶体管和一个采样电容 C_{SH}。

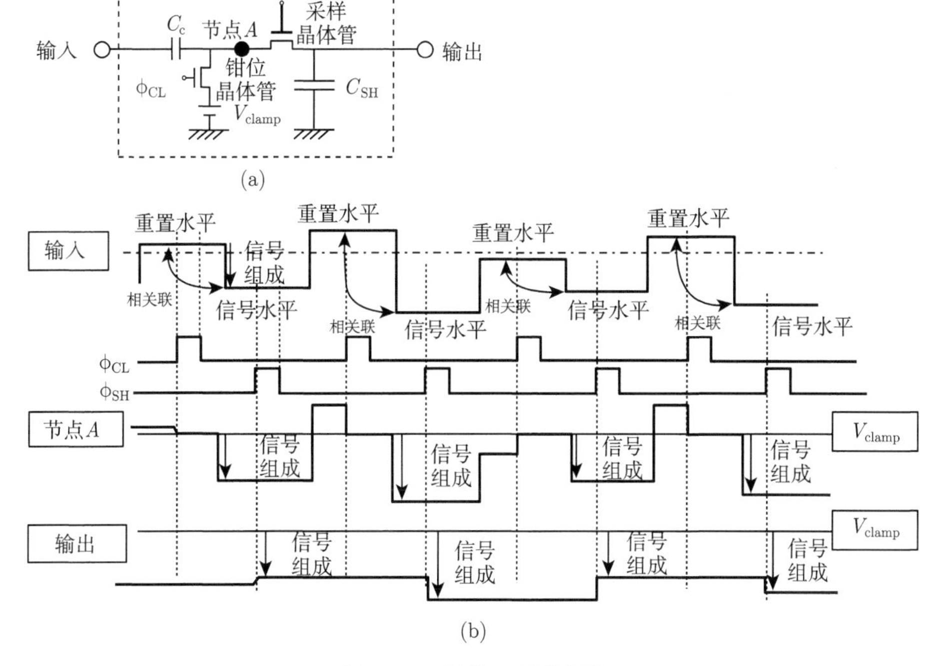

图 2.27 相关双采样电路

(a) 结构；(b) 工作原理

图 2.27（b）解释了工作原理。在输入端，浮置扩散电容复位操作后的复位电平[①]和信号电荷转移到浮置扩散电容后的信号电平连续交替出现，所需的信号分量是复位电平与每次输入信号电平的差值。

相关双采样具体工作过程为：在复位电平期间，通过在钳位晶体管上施加钳位脉冲 ϕ_{CL} 将其设置为导通状态，并将钳位电压 V_{clamp} 传递至节点 A；当钳位晶体管关断，且节点 A 固定为钳位电压 V_{clamp} 时，钳位操作完成。因此，在相关双采样中，每个与复位电平相对应的电势都被设置为钳位电压 V_{clamp}，而不依赖于最开始的复位电平。之后，信号电荷被传输到浮置扩散电容，且信号电平从源跟随放大器的输出端传递至相关双采样的输入端。只有输入信号的电荷数量 (图中的信号分量) 发生了变化，从交流耦合电容 C_c 到节点 A 的过程，其电势从 V_{clamp} 变为 [$V_{clamp}-$ 信号分量]。

然后，向采样晶体管的栅极施加采样脉冲 ϕ_{SH} 将其设置为导通状态。通过关断采样晶体管，将采样电容处的电势 [$V_{clamp}-$ 信号分量] 一直保持到下一次信号采样。因此，相关双采样电路可以通过对复位电平的钳位操作和对信号电平的采样操作来去除两个电平的相关噪声，从而获得一个真实的信号分量。当采样电容 C_{SH} 完成采样时，源跟随放大器能提供充足的电能。

参 考 文 献

[1] W. F. Kosonocky, J. E. Carnes, Basic concept of charge-coupled devices, RCA Review, 38, 566-593, 1975.

[2] N. Koike, I. Takemoto, K. Sato, A. Sasano, S. Nagahara, M. Kubo, Characteristics of an npn structure MOS imager for color camera, Journal of the Institute of Television Engineers of Japan, 33(7), 548-553, 1978.

[3] W. F. Kosonocky, J. G. Carne, Charge-coupled digital circuit, in Proceedings of the IEEE International Solid-State Circuits Conference, Digest of Technical Papers, pp. 162-163, February, 1971.

[4] M. White, D. Lampe, F. Blaha, I. Mack, Characterization of surface channel CCD image arrays at low light levels, IEEE Journal of Solid-State Circuits, 9(1), 1-12, 1974.

① 考虑到复位噪声 (即 kTC 噪声), 每个复位电平都不同, 3.2 节在图中强调了该变化。

第 3 章　图像传感器中的主要噪声类型

图像传感器性能中最重要的是灵敏度，其通常由信噪比 (signal-to-noise ratio，SNR) 表征，因此有必要对图像传感器中不同类型的噪声进行叙述。噪声的类型及影响程度往往取决于图像传感器的类型，这也决定了不同类型的传感器在噪声方面有自己的优点和缺点。

噪声会与信号值叠加，使信号不再准确。不同类型的噪声会出现在时域 (一维)、空域 (二维) 或同时出现在两者中，在时域或时空域中波动的噪声称为时域噪声，而在图像中的固定位置出现的噪声则称为固定模式噪声 (fixed-pattern noise，FPN)。图像传感器的信号一般是按顺序输出的，因此在某些电路节点产生的时域噪声会与每个像素的信号重叠，并分布在整个图像中，虽然动态图像中的时域噪声会随时间波动，但具体到每一张静态图像中，由于除去了时间维度，此时的时域噪声变成了固定模式噪声。

噪声类型如图 3.1 所示。对于图像传感器来说，随机噪声问题非常关键，它们在时域和空域中都会存在，包括由电路和晶体管引起的噪声以及光子散粒噪声。近年来，随着金属氧化物半导体 (metal-oxide semiconductor，MOS) 晶体管尺寸的缩小，由特定晶体管产生的随机电报噪声 (random telegraph noise，RTN) 已成为一个严重问题。随机电报噪声的大小在特定像素处会随时间变化，并且同时具有时域噪声和固定模式噪声的特性。因此，在图 3.1 中，随机电报噪声被单独列出，而其本质上应归类为晶体管噪声。由于图像传感器是由周期性时钟脉冲驱动的，因此一旦晶体管噪声产生，就会出现同步的噪声污染，这种污染出现在图像中的相同位置，并使其类似于固定模式噪声，而真正的固定模式噪声则是由图像传感器本身像素之间的特性变化引起的。

<table>
<tr><th></th><th>时域(1-D)</th><th>空域(2-D)</th></tr>
<tr><td rowspan="2">随机噪声</td><td>(时域噪声)
电路噪声
晶体管噪声
随机电报噪声</td><td></td></tr>
<tr><td colspan="2">光子散粒噪声</td></tr>
<tr><td>固定模式噪声</td><td>同步噪声</td><td>像素自身特性变化
随机电报噪声</td></tr>
</table>

图 3.1　图像传感器中的噪声分类

在各类噪声中，光子散粒噪声会随着入射光强度的增加而增加，如 3.4 节所述。当光照强度低时，其他类型的噪声占主导地位，因为它们相对稳定，不会随光照强度变化。

3.1 噪声幅值

噪声是一种波动，它会叠加在真实信号上，导致输出值在真实值附近变化，如图 3.2 所示。分别用 $s(t)$ 和 s_0 表示叠加噪声的时变信号和未叠加噪声的真实信号，它们之间存在如下关系：

$$s\left(t\right)=s_0 \tag{3.1}$$

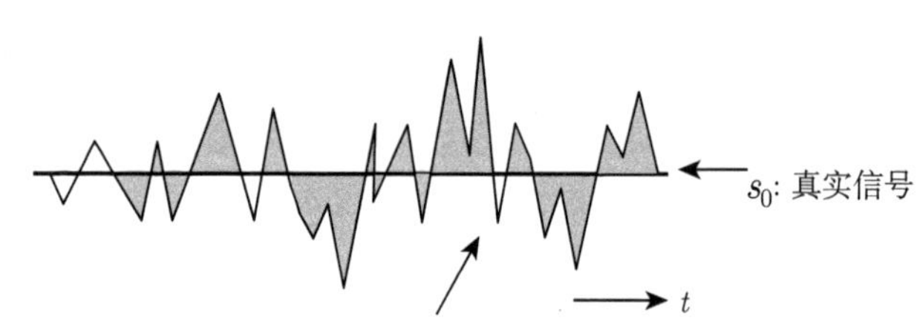

图 3.2　时间轴上与噪声重叠的信号和真实信号值

由于噪声的幅值为输出值与真实值的差，因此噪声幅值 N 可以表示为

$$\begin{aligned}N&=\left|s\left(t\right)-s_0\right|\\&=\sqrt{\left|s\left(t\right)-s_0\right|^2}\end{aligned} \tag{3.2}$$

在时域噪声完全随机的情况下，其均值 $\langle N\rangle$ 为 0，则有

$$N=s\left(t\right)-s_0=0 \tag{3.3}$$

互不相关噪声的总和表示如下：

$$\begin{aligned}N_{\text{total}}&=\left|\sum_i N_i\right|\\&=\sqrt{\left|\sum_i N_i\right|^2}\end{aligned} \tag{3.4}$$

将式 (3.3) 代入式 (3.4)，得到

$$N_{\text{total}} = \sqrt{\sum_i N_i^2} \tag{3.5}$$

CCD、MOS 和 CMOS 图像传感器将在第 5 章中讨论，不同类型图像传感器主要的噪声类型如图 3.3 所示。

<table>
<tr><th>噪声</th><th>CCD</th><th>MOS</th><th>CMOS</th></tr>
<tr><td rowspan="2">时域噪声</td><td>放大器噪声
复位噪声
$1/f$ 噪声
热噪声
VCCD 暗电流</td><td>PD 复位噪声
kTC 噪声
前置放大器
晶体管噪声</td><td>像素复位噪声
像素放大晶体管噪声
$1/f$ 噪声
热噪声
随机电报噪声
输出放大器噪声</td></tr>
<tr><td colspan="3">PD 暗电流散粒噪声
光子散粒噪声 (高照度时)</td></tr>
<tr><td rowspan="3">固定模式噪声</td><td colspan="3">PD 暗电流</td></tr>
<tr><td colspan="3">场景噪声 (像素灵敏度不均匀)</td></tr>
<tr><td>VCCD 暗电流不均匀性</td><td>列选开关噪声</td><td>像素放大晶体管的阈值电压变化</td></tr>
</table>

图 3.3　不同类型图像传感器的噪声分类

PD. 光电二极管；VCCD. 垂直 CCD (CCD 中的垂直扫描器，见 5.1 节)

CCD 图像传感器的主要时域噪声是放大器噪声，例如浮置扩散 (floating diffusion，FD) 节点处的复位噪声。其他类型的噪声有 $1/f$ 噪声和热噪声，这两种噪声都是在 MOS 场效应晶体管 (MOSFET) 处产生的。MOS 图像传感器的主要时域噪声类型是信号线的 kTC 噪声和芯片外晶体管产生的前置放大器噪声。CMOS 图像传感器的主要时域噪声是像素复位噪声、像素放大晶体管的 $1/f$ 噪声、热噪声和随机电报噪声，后两者都是晶体管噪声。光电二极管中的暗电流散粒噪声和光子散粒噪声在这三种类型的图像传感器中普遍存在。

CCD 中的固定模式噪声来自于暗电流的非均匀性，而 CMOS 图像传感器在每个像素中都有一个放大器，而放大晶体管的阈值电压变化会导致严重的固定模

式噪声。尽管这个问题阻碍了 CMOS 图像传感器的商业化，但如 5.3 节所述，此问题可以通过片上噪声消除电路得到解决。

3.2　电路噪声 (kTC 噪声)

电容上的热噪声被称为 kTC 噪声，它产生于开关电源将电容设置为特定电压的过程中 (器件有一定电阻)。

如图 3.4(a) 所示，电容 C 通过复位晶体管连接到电压源 V_d 上，当将图 3.4(b) 中的复位脉冲施加到复位晶体管的栅极时，理想情况下，如图 3.4(c) 所示，节点 A 处的电势是可以预测的，即节点 A 除了时钟脉冲的过渡周期之外，都被固定在电压 V_d 上。但事实上，当复位晶体管处于导通状态时，节点 A 的电势在 V_d 附近波动，如图 3.4(d) 所示，并且当复位晶体管变为关断状态时，节点 A 会稳定在该电压下，因此，节点 A 的电势在每次复位操作时都会变化，这便是 kTC 噪声，由复位操作引起的 kTC 噪声称为复位噪声。

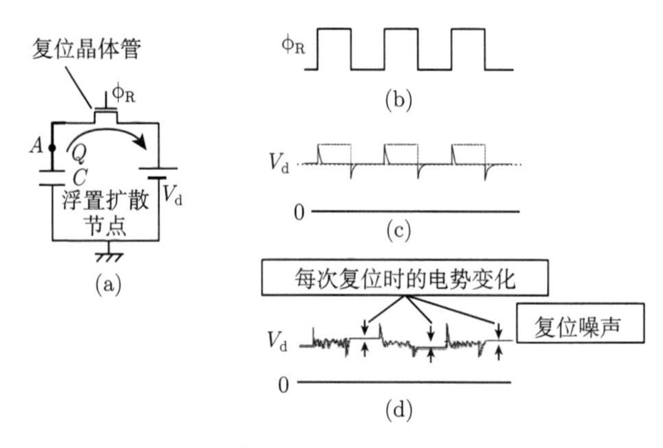

图 3.4　kTC 噪声

(a) 复位电路；(b) 复位脉冲；(c) 理想情况下节点 A 的电势；(d) 实际情况下节点 A 的电势

图 3.5 是该传感器的示意图。等效电路图如图 3.5(a) 所示，其中电阻 R 表示复位晶体管的导通电阻。图 3.5(b) 展示了复位晶体管处于导通状态时电荷 (电子) 的分布情况。电荷会因布朗运动而随机运动，布朗运动的水平与 kT 相关，其中 T 是绝对温度。当复位晶体管处于导通状态时，电荷的随机运动会导致电荷分布不均匀，又因为沟道电阻为定值，最终导致电势分布不均匀。在这里，读者可以想象由电子布朗运动引起的波纹表面就像一个荡漾的大海。因此，当复位晶体管处于导通状态时，复位晶体管便会保持电势不均一的状态。当晶体管关断时，如图 3.5(c) 所示，节点 A 处的电荷量保持不变。因此，节点 A 的电势被设置为此时的电势，其电势会在每次复位操作时波动。

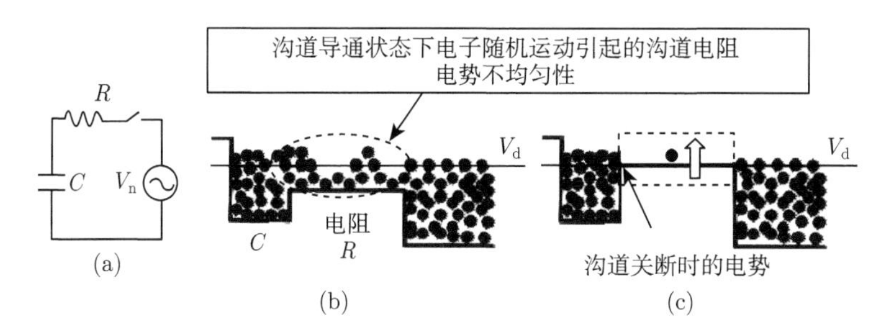

图 3.5 kTC 噪声的产生机制

(a) 等效电路；(b) 复位晶体管导通时的电荷分布；(c) 关断时的电荷分布

噪声电荷量 q_n 可由下式表示：[1]

$$
\begin{aligned}
\overline{q_\mathrm{n}^2} &= kTC\left[1-\exp\left(-2t/CR\right)\right] \\
&= kTC \quad (t \gg CR)
\end{aligned}
\tag{3.6}
$$

由上文论述可知，此式表达了 kTC 噪声的来源。

由式 (3.6)，噪声电荷量 q_n 和噪声电压 v_n 可表示如下：

$$q_\mathrm{n} = \sqrt{kTC} \tag{3.7}$$

$$v_\mathrm{n} = \frac{q_\mathrm{n}}{C} = \sqrt{\frac{kT}{C}} \tag{3.8}$$

因此，电子数和电压分别与 $\sqrt{C}$ 成正比和成反比。在图像传感器领域，噪声的幅值通常用电子数表示，因此室温下的噪声电子数 n_n 为

$$n_\mathrm{n} = 400\sqrt{C} \quad (C:\mathrm{pF}) \tag{3.9}$$

由于 kTC 噪声的振幅很容易估计，因此该公式经常被用到。

尽管 kTC 噪声的噪声源存在于晶体管的沟道中，但噪声的幅度由电路结构决定。因此，它被归类为电路噪声。

3.3 晶体管噪声

3.3.1 $1/f$ 噪声

图 3.6 是 MOSFET 频率为 10MHz 时的噪声功率谱。由于在对数坐标上，当频率小于约 100kHz 时，噪声功率与频率成反比，因此该区域的噪声称为 $1/f$ 噪声。迄今为止，这种噪声的机理尚不清楚，但一些研究表明，$1/f$ 噪声可能与

Si-SiO_2 界面态对电荷的捕获和释放有关。此外还有一个经验准则：MOSFET 的栅面积越大，$1/f$ 噪声功率越低。

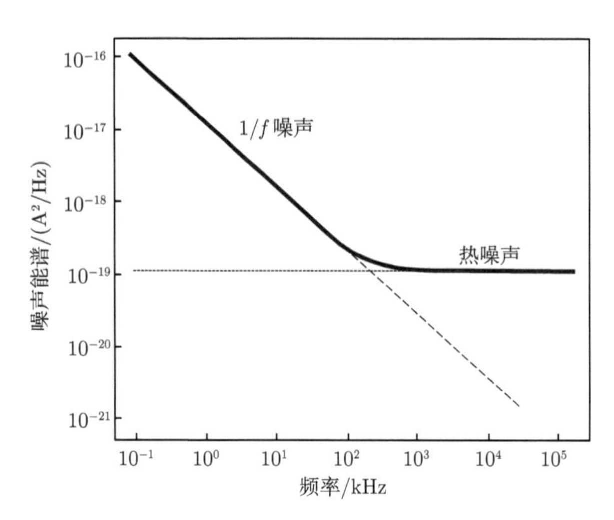

图 3.6　MOSFET 噪声功率谱的测量示例

由于 $1/f$ 噪声功率在低频范围内较高，低频区域的高水平噪声会与图像信号重叠。由于人眼可以捕捉低频波动的噪声，这种噪声在视觉上很容易被注意到，表现为横向噪声。

3.3.2　热噪声

在图 3.6 所示的较高频率处，噪声谱几乎平坦，呈现出与频率无关的特性。该区域的噪声称为热噪声。在频率空间中具有平坦频谱的噪声也称为白噪声，这意味着它在所有频率的分量都相等。热噪声来源于电荷的随机热运动以及 kTC 噪声。尽管电荷作为一个整体从源极通过场效应晶体管 (field-effect transistor，FET) 沟道流向漏极，但每个电荷都有随机运动分量，通过布朗运动在不同方向上移动。因此，沟道中的电荷分布是不均匀的。这意味着作为电流到达漏极的电荷密度分布是不均匀的，并且随时间变化，这种不均匀会通过场效应晶体管的跨导由电流波动转变为电压波动。可以清楚地看出，在电流经过非零电阻材料区域时热噪声是普遍存在的。因此，尽管 kTC 噪声和热噪声的分类不同，但两者的起源在物理上是相同的，即电子在热能作用下的随机运动。

3.3.3　随机电报噪声

随机电报噪声是场效应晶体管的沟道电势在量子态之间波动的噪声。图 3.7 显示了由随机电报噪声引起的电流波动示意图。尽管在多数测量实例中量子态数是 2，但也有量子态数为 3~6 或 4~6 的情况 [2]。由于场效应晶体管特征尺寸的减小，随机电报噪声不仅严重影响图像传感器的性能，也成为 Flash 存储器面临的严重挑战。人们认为随机电报噪声是在 Si-SiO_2 界面中捕获和释放电荷而引起的沟道电势的波动所致，捕获电荷的界面态数量随着栅长的收缩而减少。在俘获能级数为 1 的情况下，量子态数可能为 2；在存在两个俘获能级的情况下，则会有 3 个或 4 个对应的量子态。另一方面，有报道称，导致随机电报噪声的界面态与引起 $1/f$ 噪声的界面态不同 [3]。

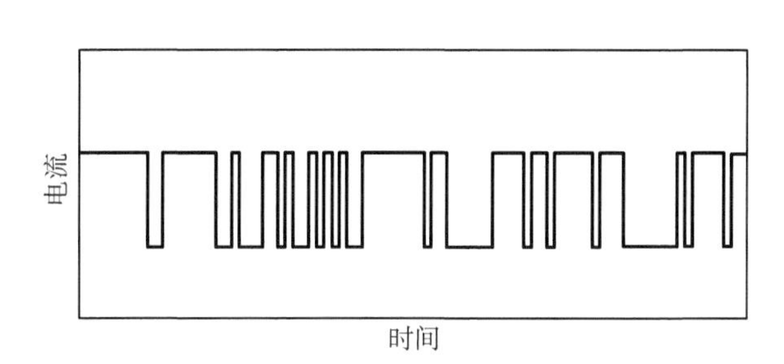

图 3.7 双台阶随机电报噪声电流波动图

目前随机电报噪声仅在 CMOS 图像传感器中出现。如 5.3 节所述，CMOS 图像传感器每个像素中都有一个晶体管用于放大信号，其中包括导致随机电报噪声的特定晶体管。由于指定场效应晶体管的输出在多个电平之间波动，因此它们在图像中显示为像素上特定位置的白点。

近几年来，大量极低噪声测试系统的实验统计数据表明，即使在极低的电平 (振幅) 下也存在随机电报噪声，并且有人认为，随机电报噪声存在于每一个场效应晶体管中而不是特定的场效应晶体管。也就是说，如果测量系统的噪声足够低，那么随机电报噪声总是能被观察到。此外，极低电平下也观测到了多个量子态的随机电报噪声，这是一个非常重要的信息，它刷新了随机电报噪声的产生可以按场效应晶体管尺寸进行分类的既有认知。

3.4 散粒噪声

散粒噪声来源于离散粒子 (如光子或电子) 的随机分布。光子密度分布在时域和空域中的不均匀性导致了光子散粒噪声，因为光子服从泊松分布。泊松分布 $f(x)$ 的概率分布如下所示：

$$f(x)=\frac{\mathrm{e}^{-\lambda}\lambda^{x}}{x!} \tag{3.10}$$

此时，期望值即表示色散，如公式 (3.10) 中的 λ 所示。期望值是信号光子数的平均值，用 S 表示。色散的平方根对应于噪声 N。二者的关系如下所示：

$$N = \sqrt{S} \tag{3.11}$$

$$\frac{S}{N} = \sqrt{S} \tag{3.12}$$

应注意，信号电荷量与光照强度成正比，但噪声也与信号的平方根成正比。因此，在较亮场景中 (即光子散粒噪声为主要噪声)，信噪比并不是与光照强度成正比增加，而是与光照强度的平方根成正比。

由热激发电子的随机性引起的暗电流散粒噪声也服从泊松分布。期望值与色散之间的关系与光子散粒噪声的关系相同。

图 3.8 举例说明了像素的信号和噪声电子数与照度的关系。信号与照度以一定比例增加。暗噪声是独立于照度的噪声之和 (如读出噪声)。如图所示，散粒噪声与照度的平方根成正比。总地来说，噪声是上述所有噪声的总和，如公式 (3.5) 所示。信噪比 (SNR) 为以分贝为单位的对数表达式，如下所示：

$$\text{SNR} = 20\lg\left(\frac{S}{N}\right) \tag{3.13}$$

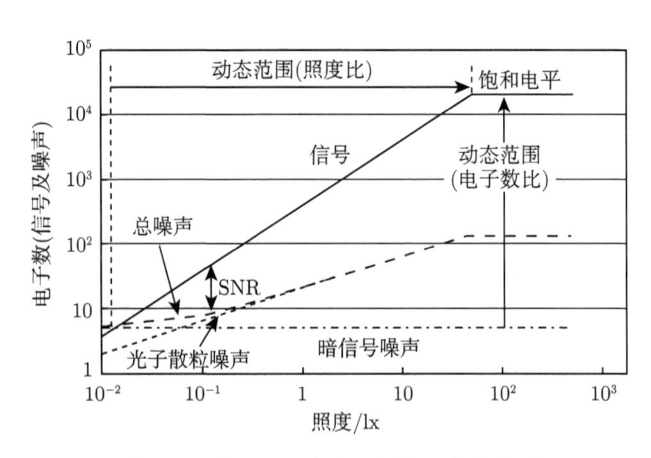

图 3.8　信号和噪声电子数与照度的关系

动态范围定义为信号与暗噪声之比或信噪比的对数表达式。但这种定义不适用于非线性传感器系统，因为信号与照度不成比例。在这种情况下，需要用不同的表达式，例如用饱和时的最大光照强度与信噪比为 1 时的最小光照强度之比的对数作为表达式。

由于近年制造的图像传感器的噪声电子数最多为几个，所以主要的噪声是光子散粒噪声 (低照度情况除外)，因此在绝大多数情况下需要控制信噪比。所以要实现真正的高信噪比相机，就必须实现传感器的高度动态范围。

3.5 使用相关双采样降低浮置扩散放大器噪声

在前文所阐述的噪声中，kTC 噪声和 $1/f$ 噪声可以被去除或大大降低。浮置扩散放大器的基本操作过程已经于 2.3.1 节和 2.3.2 节中作出了描述，图 3.9 给出了其具体的器件结构和操作过程。

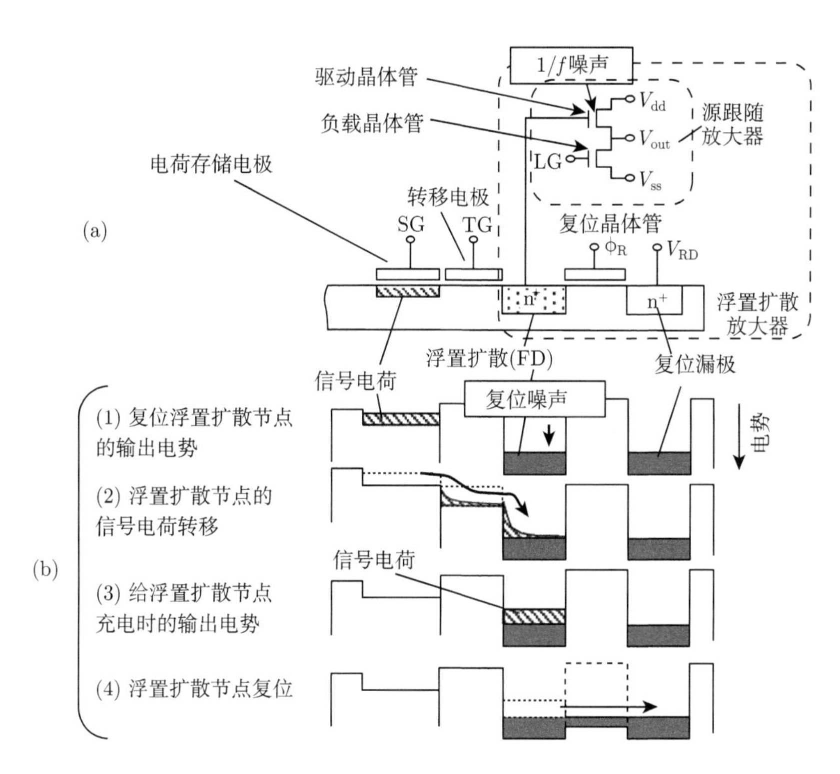

图 3.9 浮置扩散放大器的操作过程以及产生复位噪声和 $1/f$ 噪声

(a) 结构示意图；(b) 浮置扩散节点的操作过程

如图 3.9(a) 所示，源跟随放大器的栅电极输入部分与浮置扩散节点直接连接，构成浮置扩散放大器。其操作过程如图 3.9(b) 所示。

(1) 浮置扩散节点电势复位至漏极电压 V_{RD}，再由源跟随放大器检测并输出。

(2) 信号电荷包被传送至 FD。

(3) 源跟随放大器检测并输出包含传输电荷包的浮置扩散节点电势。

(4) 复位操作，通过将复位栅极通道转到接通状态以接收下一信号电荷包，再次将 FD 设置为 V_{RD}。

在步骤 (4) 之后的每个步骤中，FD 的电势无法被设置为准确的 V_{RD}，由于复位噪声 (即 3.2 节中所述的复位操作引起的 kTC 噪声)，FD 电势在 V_{RD} 附近波动。在步骤 (1) 中，源跟随放大器可以检测到浮置扩散节点的电势，即此时浮置扩散节点中没有信号电荷。通过在步骤 (3) 中取源跟随放大器输出之间的差值，可以消除复位噪声，因为两个步骤的源跟随放大器输出具有完全相同的复位噪声。执行此操作的代表性电路是相关双采样电路，如 2.3.3 节所述。因此，相关双采样电路是通过从 (真信号 + 相同噪声) 中减去 (噪声) 来获得 “无噪声真信号” 的电路。

图 3.10(a) 和 (b) 分别显示了浮置扩散放大器与相关双采样的组合电路的结构示意图，以及施加时钟脉冲、电压和相关双采样输出的操作示意图。图 3.10(a) 显示了一个更实用的电路，通过引入低通滤波器 (low-pass filter，LPF) 来去除高频分量以减少混叠，混叠将成为假信号，并将在 6.1 节中讨论。节点 A 和采样部分之间还引入了一个放大器，以获得比图 2.26 所示更高的采样精度。在图 3.10(b) 中，ϕ_R、ϕ_{CL} 和 ϕ_{SH} 是分别施加到复位晶体管、钳位晶体管和采样晶体管的复位脉冲、钳位脉冲和采样脉冲。

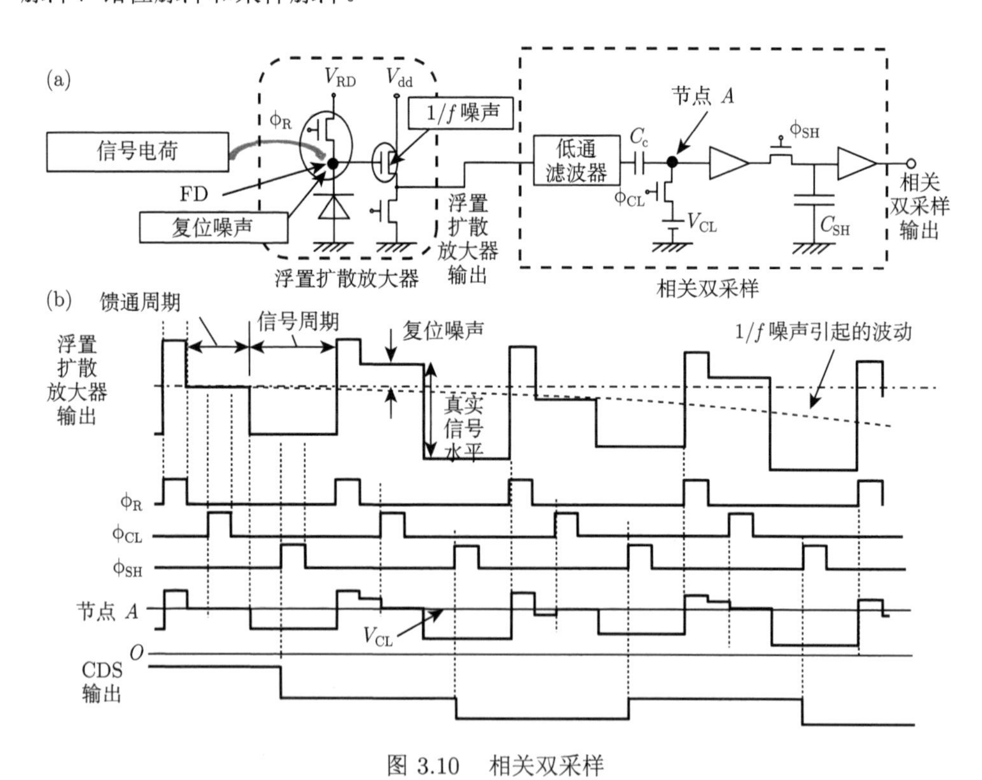

图 3.10　相关双采样

(a) 浮置扩散放大器和相关双采样组合的电路结构；(b) 相关双采样的操作示意图

相关双采样电路的操作从 FD 复位步骤开始，如图 3.9 中的步骤 (4) 和 (1) 所示，将 FD 电势设置为复位漏极电压 V_{RD}。然后，由浮置扩散放大器中的源跟随放大器检测并输出复位 FD 电势。在复位 FD 电势信号被传输到节点 A 之后，

节点 A 被钳位到钳位电压 V_{CL}。然后，如图 3.9 中的步骤 (2) 所示，将信号电荷包传输到 FD。FD 的电势改变为包含信号电荷的 FD 电势，如图 3.9(b) 中的步骤 (3) 所示，并由源跟随放大器检测和输出。由于作为源跟随放大器输入的 FD 电势发生变化，源跟随放大器的输出和相关双采样的输入必然随之变化。由信号电荷引起的源跟随放大器输出变化量通过 AC 耦合电容器 C_{c} 传输到节点 A。然后，节点 A 处的电势由采样晶体管在采样电容器 C_{SH} 处放大和采样。这是相关双采样操作的一个周期。因此，在每次复位操作之后，节点 A 处对应于复位电平的电势被钳位到 V_{CL}，如图 3.10(b) 中的节点 A 所示。并且相关双采样电路只能接收到通过信号电荷包传输到 FD 后的电势变化。复位噪声通过复位操作引起 FD 电势的变化，如图 3.9(b) 和图 3.10(a) 所示。但任何复位噪声都可以通过相关双采样的这种方式被去除。除复位噪声外，3.3.1 节中讨论的 $1/f$ 噪声出现在源跟随放大器中的驱动晶体管上，如图 3.10(b) 中浮置扩散放大器输出处的虚线所示。由于其功率谱在较低频率区域较高，因此时域中的变化非常缓慢。因此，由于 $1/f$ 噪声改变电平的时间非常短，可以认为钳位和采样操作时的 $1/f$ 噪声电平几乎相等。所以，$1/f$ 噪声和复位噪声一样，可以通过相关双采样的操作被去除。

读者可能已经注意到，钳位和采样操作都会导致 kTC 噪声。但幸运的是，相关双采样操作后的信号可以被视为电压信号，而不是电荷量信号。如公式 (3.8) 所示，kTC 噪声的电压幅值与 $\sqrt{C}$ 成反比，因此可以通过使用较大的电容来减小噪声幅值。

参 考 文 献

[1] J. E. Carnes, W. F. Kosonocky, Noise source in charge-coupled devices, RCA Review, 33, 327-343, 1972.

[2] T. Obara, A. Yonezawa, A. Teramoto, R. Kuroda, S. Sugawa, T. Ohmi, Extraction of time constants ratio over nine orders of magnitude for understanding random telegraph noise in metaloxidesemiconductor field-effect transistors, Japanese Journal of Applied Physics, 53, 04EC19, 2014.

[3] R. Kuroda, A. Yonezawa, A. Teramoto, T. L. Li, Y. Tochigi, S. Sugawa, A statistical evaluation of random telegraph noise of in-pixel source follower equivalent surface and buried-channel transistors, IEEE Transactions on Electron Devices, 60(10), 3555-3561, 2013.

第 4 章　积分时间和扫描模式

本章将讨论图像传感器的扫描模式，描述一幅完整的图像是由怎样的独立信息片段组成的。

4.1　逐行扫描模式

最简易的模式是逐行扫描模式。如图 4.1(a) 所示，通过扫描第 1 行到最后一行的图像信息，构建完整的图像信息，每次扫描对应图像传感器某一行的信号。每行信号是串行输出的，如图 4.1(b) 所示。一幅完整的图像信号称为帧，一系列分割的子图像信号称为场。在顺序扫描模式下，帧与场的概念是相同的。一个串行输出从第 1 扫描行开始，即像素阵列第 1 行的信号。在第 2 扫描行之前，存在一个水平消隐间隔 (horizontal blanking interval，HBI)，这是图像摄像管和阴极射线显像管中电子束从第 1 行终点到第 2 行起点所必需的。在现有的图像传感器

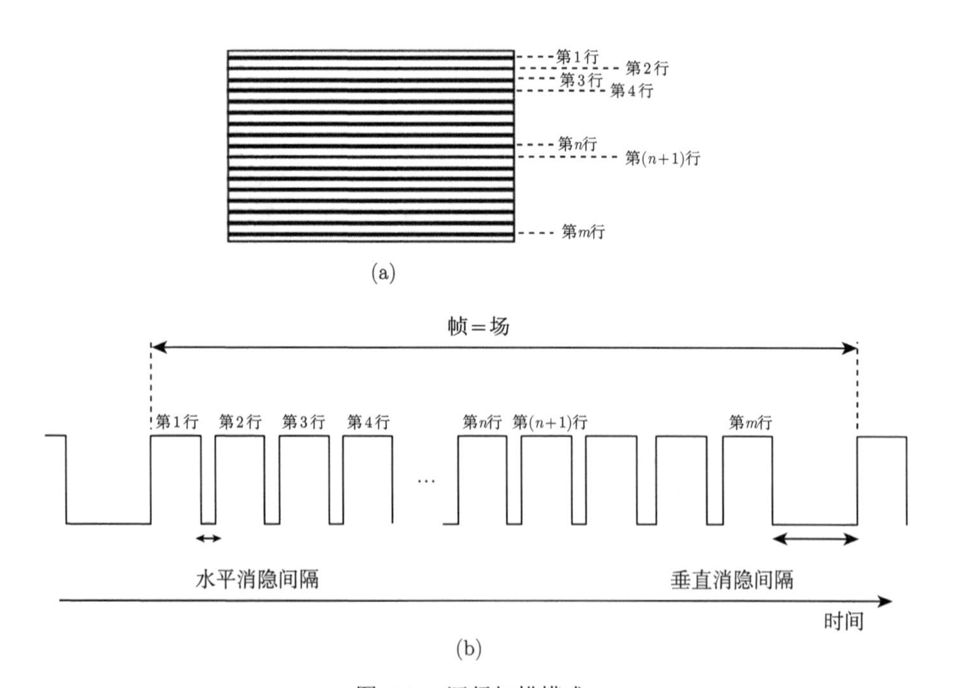

图 4.1　逐行扫描模式

(a) 逐行扫描示意图；(b) 串行输出方式和每个部件的名称

中，水平消隐间隔主要采用垂直驱动时钟，以避免同步噪声的叠加。此后，扫描行和随后的水平消隐间隔组合依次出现，直到最后的扫描行，随后是垂直消隐间隔(vertical blanking interval，VBI)，以完成一帧扫描。垂直消隐间隔之所以必要，是因为电子束需要从最后一行的终点返回到第 1 行的顶部，与水平消隐间隔类似。当前的图像传感器也需要水平消隐间隔和垂直消隐间隔作为施加驱动脉冲的周期，因为如果在信号输出周期中施加脉冲，则这些脉冲会作为噪声叠加在输出信号中。

4.2 隔行扫描模式

在隔行扫描模式下，完整的图像信息被划分为多个子集。图 4.2 展示了一个简单的隔行扫描模式例子。完整的图像信息由两个子图像构成：第一个图像由奇数行构成，第二个图像由偶数行构成。因此，帧信息由第一场和第二场构造而成，如图 4.2(b) 所示。

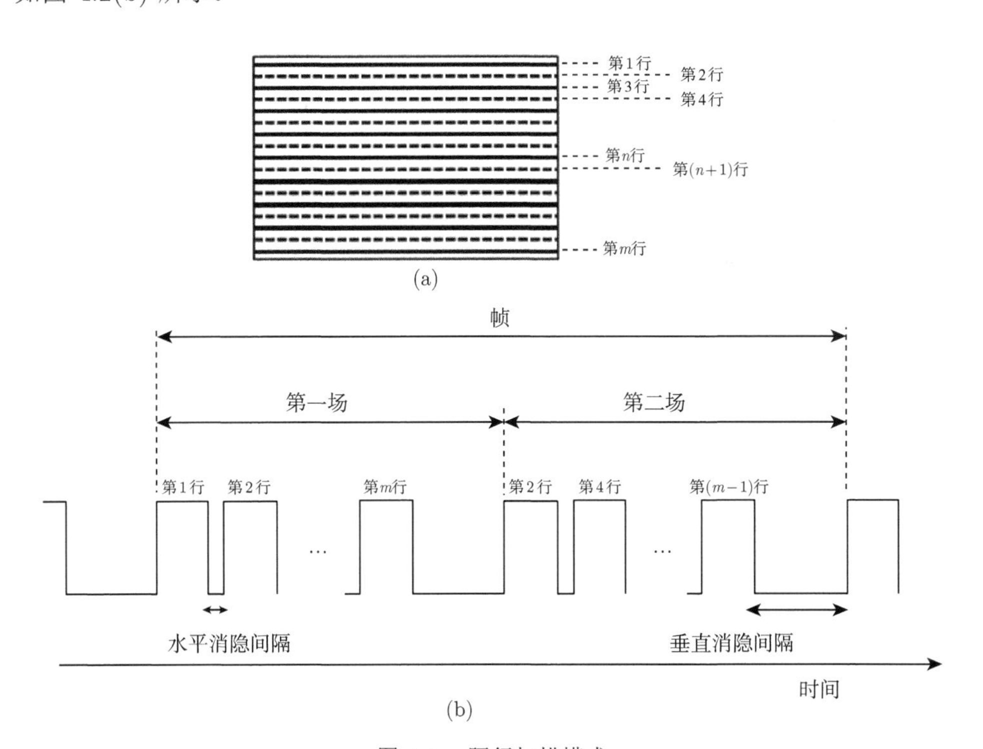

图 4.2 隔行扫描模式

(a) 隔行扫描示意图；(b) 串行输出和每个部件的名称

在串行输出中，第一场图像由奇数行组成，第二场图像由偶数行组成。在动态图像的情况下，这个序列是重复的。

虽然上面是两场信号组成一幅图像的例子，但是根据系统的类型，还有多场信号组成一幅图像的例子。特别是，数码相机中的 CCD 倾向于采用多场隔行扫描模式，因为高分辨率传感器像素数量多，且需要在足够短的时间内读出。静止图像的分辨率不依赖于扫描场的数量，因为曝光时间由光学快门控制，以便通过逐行扫描模式捕获图像。

4.3　电子快门模式

目前为止，所提到的模式都是以入射光产生信号电荷作为图像信息为前提的。在某些应用中，图像传感器设计要求短曝光时间，因为长时间的曝光会降低物体运动时的图像清晰度，这通常能够通过控制曝光时间的电子快门模式实现。其工作原理如图 4.3 所示，它展示了入射光产生的信号电荷随时间的变化。

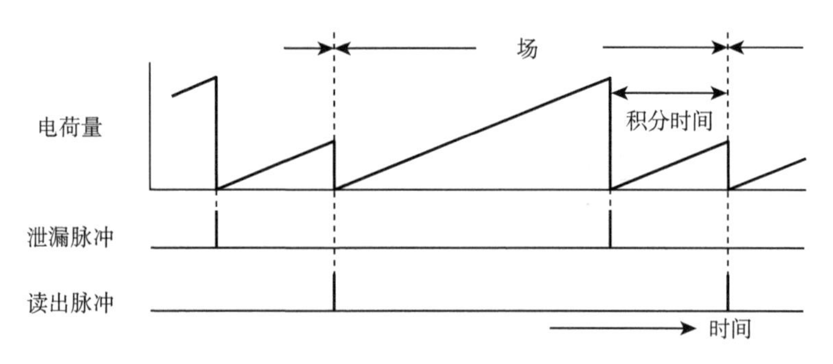

图 4.3　电子快门模式的工作原理

入射光进入传感器，产生的光生电荷随着时间推移不断增加，但是通过将泄漏脉冲施加到传感器部件可以完全消除收集到的电荷。通过这种方式，传感器重新启动一个新的积分时间，直到脉冲被读取到。从泄漏脉冲到读出脉冲的周期是实际曝光时间，其中信号电荷被收集并用作图像信号，实际曝光时间可以通过设置泄漏脉冲时序来控制。

第 5 章　图像传感器类型

图像传感器必须具备以下部件：①将入射光转换为信号电荷并将其存储在传感器中；②识别每个信号电荷包的像素地址的扫描部件；③测量信号电荷量并将其转换为电压信号的测量部件，如 1.3 节所述。这些功能部件的选择决定了图像传感器的类型。从信号处理的角度来看，扫描部件和测量部件的顺序可以互换。过去曾提出了各种类型的图像传感器[1]，结合当时可用的技术，一些商用图像传感器已经被开发出来，其中，电荷耦合器件 (charge coupled device，CCD)、金属氧化物半导体 (metal oxide semiconductor，MOS) 和互补金属氧化物半导体 (complementary metal-oxide-semiconductor，CMOS) 图像传感器在市场上得到了广泛的认可。这三类图像传感器的功能部件如表 5.1 所示。

表 5.1　各图像传感器类型中各功能部件的装置

图像传感器类型	①图像传感器部件	②扫描部件	③电荷测量部件
CCD 图像传感器	pn 结光电二极管、光栅	CCD	浮置扩散放大器/芯片级
MOS 图像传感器	pn 结光电二极管、光栅	移位寄存器/译码器和 MOS 开关	结型场效应晶体管放大器/片外放大器
CMOS 图像传感器	pn 结光电二极管、光栅	移位寄存器/译码器和 MOS 开关	浮置扩散放大器/像素级

由于性能和量子效率的优势，pn 结光电二极管 (photodiode，PD) 被广泛应用于所有类型的图像传感器中，因此，PD 是主要的感测元件。在 CCD 图像传感器中，采用 CCD 作为扫描部件。起初，CCD 是指具有电荷传递功能的器件，而不是图像传感器本身的名称。在 MOS 和 CMOS 图像传感器中，移位寄存器或解码器用于行/列选择，金属氧化物半导体场效应晶体管 (metal-oxide-semiconductor field effect transistor，MOSFET) 开关用作扫描部件，以实现 X-Y 寻址。几乎所有 CCD 和 CMOS 图像传感器都采用浮置扩散放大器作为电荷量测量部件。不同之处在于，在 CCD 图像传感器中，浮置扩散放大器作为一个共用的放大器集成在片上，而在 CMOS 图像传感器中，每个像素结构中都包含一个浮置扩散放大器。因此，在 CCD 的最后阶段，电荷–电压转换是在一个共用的浮置扩散放大器中进行的，而在 CMOS 图像传感器中，这个过程在每个像素中完成。对于 MOS 图像传感器，由微小信号电流引起的电压信号在片外放大器处被检测到。

5.1 CCD 图像传感器

首先描述 CCD 的工作原理，然后介绍主流 CCD 器件——行间转移 CCD(IT-CCD)。

5.1.1 CCD 工作原理

CCD 是贝尔实验室在 1970 年提出的一种存储和传输电荷的器件 [2]，原理如图 5.1 所示。多个电容器相邻排列，它们的一个电极共同接地，另一个电极相互独立，如图 5.1(a) 所示。当共同连接的电极被替换为同一个电极时，如图 5.1(b)，通过对另一个独立的电极施加正电压，就可以将正电荷和负电荷储存到电容器的两个电极上。施加正电压到下一个电容器的独立电极，存储在公共电极中的负电荷也移动到对应于下一个电容器的对应位置，如图 5.1(b) 所示。通过这种方式，信号电荷实现转移。

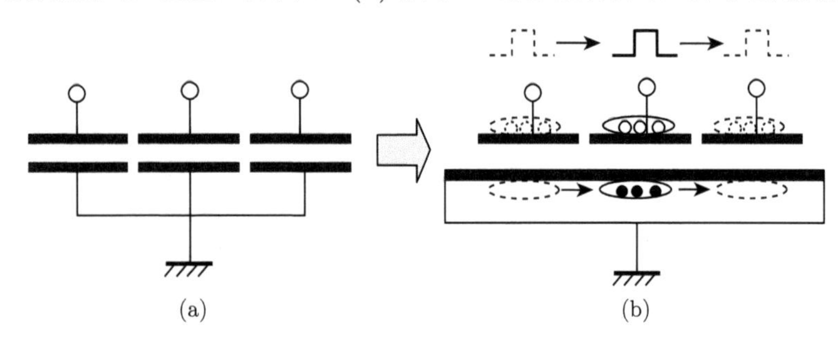

图 5.1 CCD 工作原理示意图

在实际的器件结构中，硅衬底构成公共电极，而衬底上生长的多晶硅层，构成电容器的另一个电极。通过将诸如二氧化硅 (SiO_2) 或氮化硅 (Si_3N_4) 等绝缘薄膜夹在两个电极之间，构成三明治结构，可以实现独立电极的周期性排列，如图 5.2(a) 所示。

电极被分成四组，每组电极周期性排列，并连接到四个时钟信号，如图 5.2(a) 所示，并且对其施加图 5.3 中的时钟脉冲。操作过程如图 5.2(b) 所示。在 $t_{1\text{-}1}$ 时，对电极 ϕ_{V1} 和 ϕ_{V2} 施加正电压，将电荷包存储在该电极对应的沟道势阱，并对下一个电极 ϕ_{V3} 施加电压，在 $t_{1\text{-}2}$ 时将电荷分布到沟道中。通过减小电极 ϕ_{V1} 的电压，使得电荷包在 $t_{1\text{-}3}$ 时刻分布在 ϕ_{V2} 和 ϕ_{V3} 对应的沟道内，实现了电荷包的转移。然后，重复相同的过程，直到电荷包被转移到一个特定的位置。图 5.2 所示的模式被命名为四相 CCD，因为它有四个转移时钟脉冲。由于 CCD 是电容器，所以可以存储的最大电荷量与栅极面积成正比。在图 5.2 所示的电荷转移模式中，电荷包存储在至少两个电极沟道中，这有利于增加最大电荷量，进而直接影响到图像传感器的动态范围。另一方面，四个时钟 (从 $t_{1\text{-}1}$ 到 $t_{1\text{-}5}$) 的时间长度是将电荷传递到下一阶段所必需的，而完成一个周期的电荷传递需要八个时钟 (从 $t_{1\text{-}1}$ 到 $t_{2\text{-}1}$) 的时间长度，因此这种模式不适合高速传输应用。

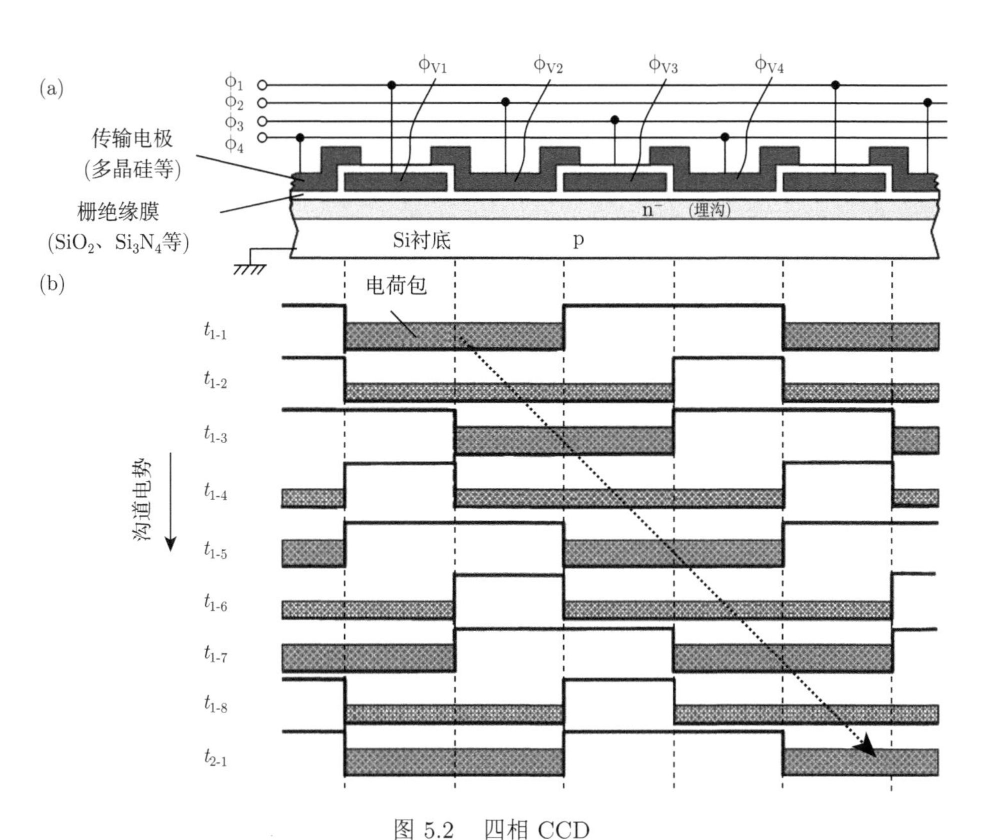

图 5.2 四相 CCD

(a) 截面图；(b) 电荷转移示意图

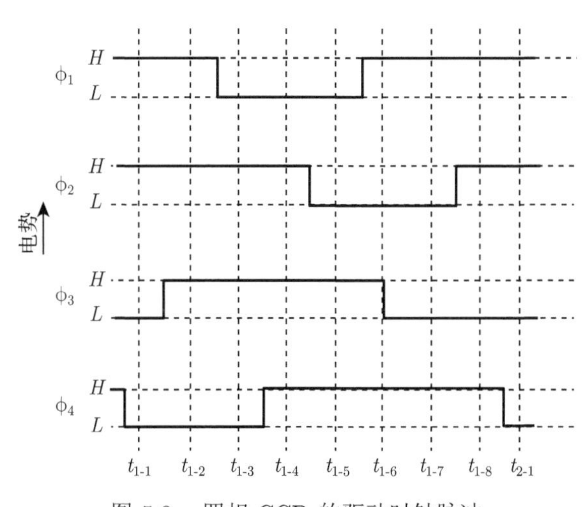

图 5.3 四相 CCD 的驱动时钟脉冲

另一种 CCD 由两个相位组成，是一种适用于高速传输的模式。电荷转移和驱动时钟脉冲的示意图分别如图 5.4(a)、(b) 和图 5.5 所示。将两个相邻的电极连接起来，通过在每个沟道引入不同的杂质浓度，在成对的沟道通道之间形成内建电势差。具有较高和较低沟道电势的电极分别称为存储电极和势垒电极。双电极由同一时钟脉冲驱动，以保持内建电势差。

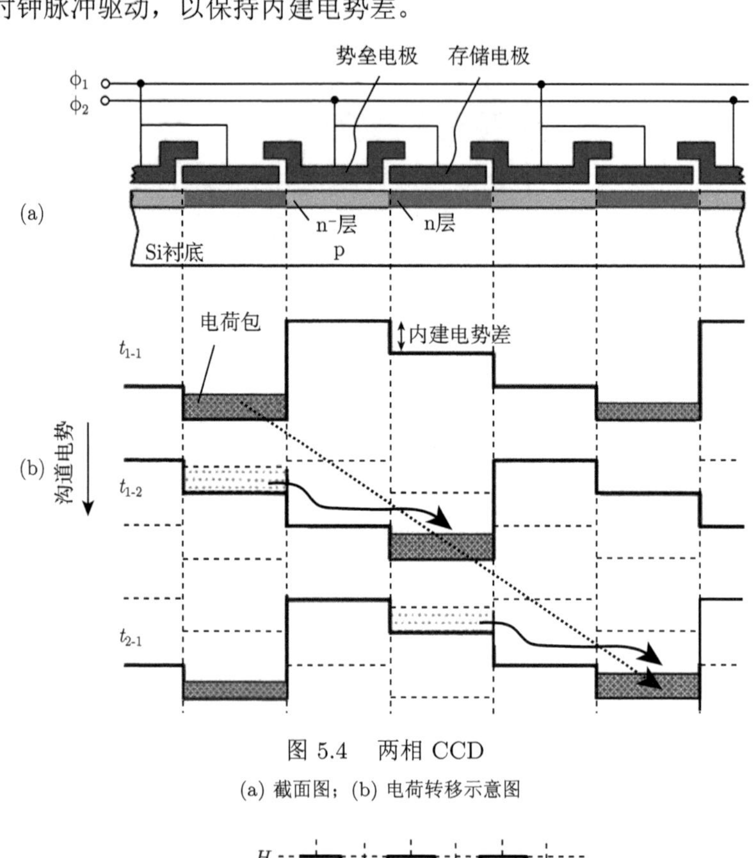

图 5.4　两相 CCD

(a) 截面图；(b) 电荷转移示意图

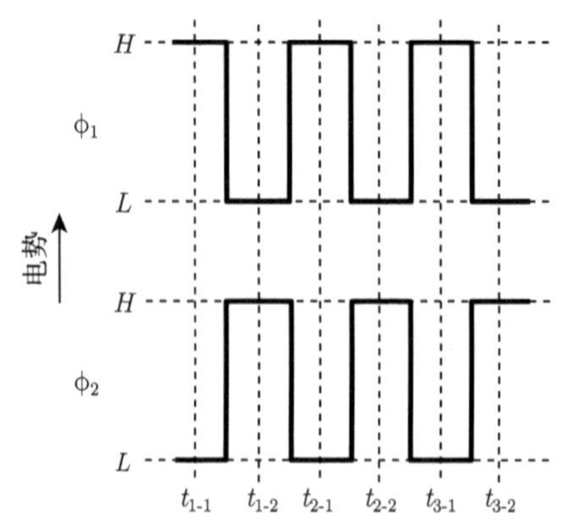

图 5.5　两相 CCD 驱动时钟脉冲

利用这种结构，可以明确地定义传递方向。电荷储存在存储电极的沟道中，并且仅在转移操作中通过势垒电极沟道。可以存储的电荷量是填充存储电极沟道内建电势差的电荷量。如图 5.5 所示，互补脉冲被用作驱动时钟脉冲。在时间 $t_{1\text{-}1}$ 时，电荷包被存储在存储电极沟道中。由于 ϕ_1 和 ϕ_2 开关电压位于 $t_{1\text{-}2}$，ϕ_1 储存栅中的电荷通过 ϕ_2 势垒沟道转移到 ϕ_2 储存沟道中。因此，所述电荷包仅通过一个时钟脉冲时间传递到下一级，并且一个时间周期仅为两个时钟脉冲。因此，两相模式 CCD 适合于高速传输应用，但不适合大电荷量的传输。

实际 CCD 传感器采用的沟道结构是 2.1.4 节提到的埋沟 MOS 结构，通过避免界面态的干扰来实现高传输效率。这种 CCD 传感器被称为埋沟 CCD(buried-channel CCD，BCCD)[3]，而采用正常 MOS 结构的 CCD 被称为表面沟道 CCD (SCCD)。SCCD 和 BCCD 的结构和电势分布的比较如图 5.6(a)、(b) 所示。

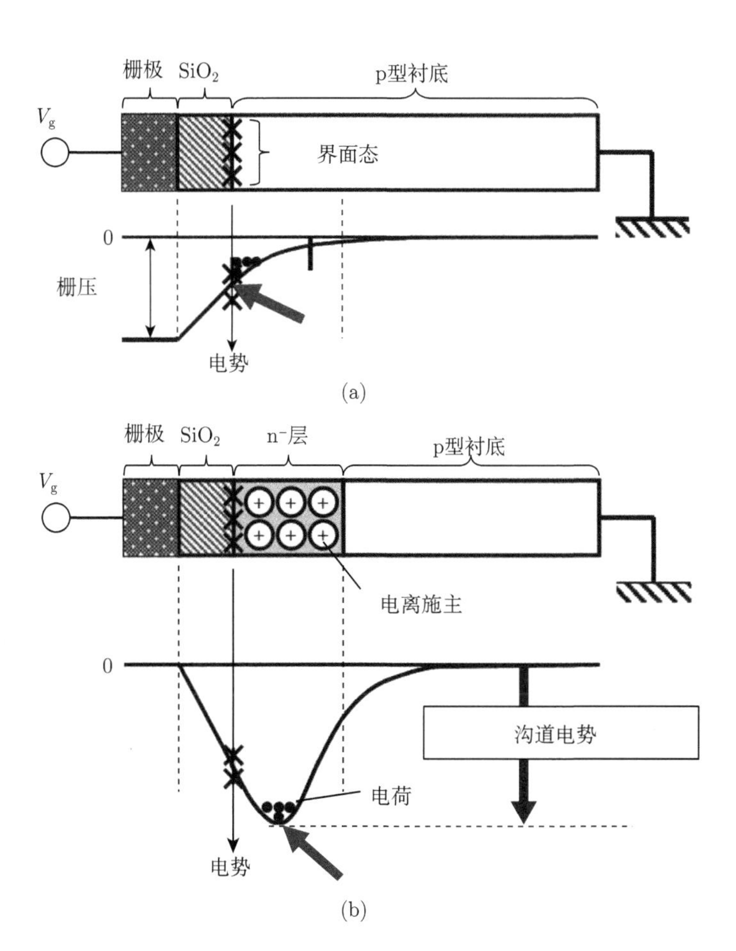

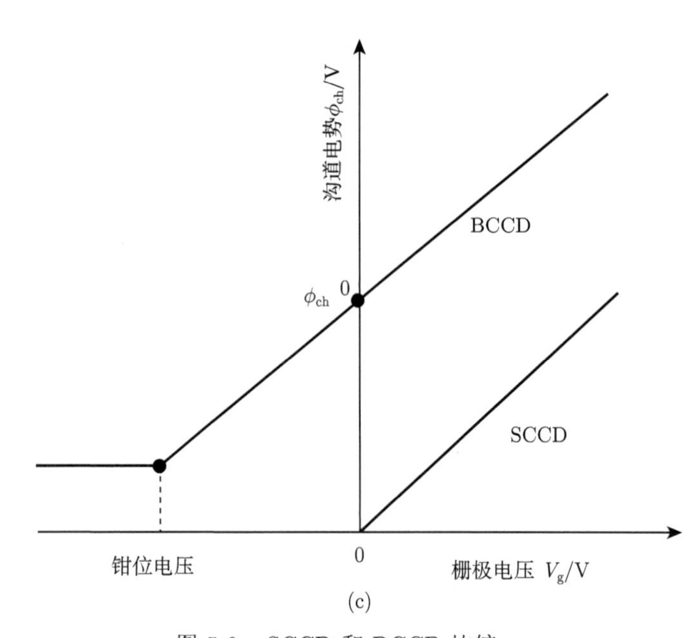

图 5.6　SCCD 和 BCCD 比较

(a)、(b) 结构和电势分布；(c) 沟道电势与栅压的关系

由于 SCCD 的沟道最大电势 (电子电势能最小) 是在硅的表面，因此电荷在界面处转移。电子在传输过程中会被界面态捕获并释放，这种现象导致电荷传输效率降低。而 BCCD 的最大沟道电势不在表面，而是在衬底内部，如图 2.14 所示；电荷在硅内部转移。由于电荷的转移不受界面态的干扰，因此可以实现较高的传输效率。目前，CCD 大多采用 BCCD 的沟道结构。图 5.6(c) 展示了 BCCD 和 SCCD 沟道电势 ϕ_{ch} 与栅电压 V_g 的依赖关系。当栅极电压为 0V 时，SCCD 的沟道电势接近 0V，而 BCCD 的沟道电势大于 0V，这是因为 n 区施加了正电压使埋沟耗尽。沟道电势随栅极电压的变化而变化。但是，当栅极电压向负方向变大时，空穴开始在价带中聚集，在特定电压下在表面形成表面反型层。负电压的进一步增加仅仅用于收集更多的空穴，并且沟道电势被固定在特定电压上，这个栅极电压称为钳位电压。在几乎所有 CCD 器件中，外加电压 ϕ[H] 为 0V，ϕ[L] 近似等于钳位电压。因此，钳位电压和栅压为 0V 时的沟道电势 ϕ_{ch}^0 是重要的设计参数。

CCD 长期垄断市场的原因是其“完全转移”特性，即可以实现很高的电荷传输效率。图 5.7 展示了一个特定的栅极电极电荷转移示意图，它从左栅极沟道接收 100 个电子并将这 100 个电子传递到右栅极沟道，也就是说，电子数既没有增加也没有减少。这意味着在转移过程中不会产生噪声。因此，CCD 可以获得低的噪声性能，从而获得高信噪比，即高灵敏度。这是 CCD 最重要的特点，也是其主要优势。

对于 CCD 器件，这意味着全耗尽和完全转移。根据电容 C 的定义，电容 C

等于由电荷变化量 ΔQ 引起的电压变化量 ΔV 的反比，所以传输完成后沟道电容为 0。因此，kTC 噪声不存在。换句话说，由于沟道中没有残余电荷，随机过程导致的潜在不确定性就不存在了。

同时期提出了一种类似于 CCD 的电荷转移器件——斗链器件 (bucket-brigade device，BBD)，它采用 MOS 型栅极，具有与 CCD 相似的概念。在 CCD 中，电荷直接从一个 MOS 沟道转移到另一个 MOS 沟道，而在 BBD 中，电荷通过位于 MOS 栅下和栅间的杂质区域转移，且不会耗尽。受限于当时的技术水平，BBD 中非耗尽区的存在导致了其 kTC 噪声和传输效率方面的局限性。

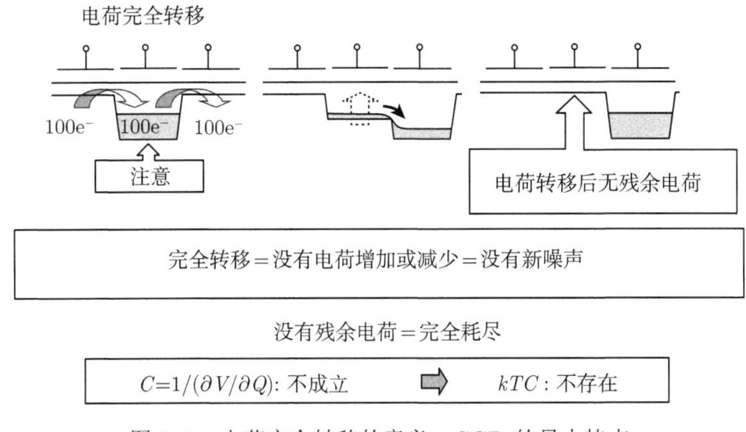

图 5.7 电荷完全转移的意义，CCD 的最大特点

5.1.1.1 行间转移 CCD

自从 20 世纪 80 年代日本开始生产行间转移 CCD(IT-CCD)，这种图像传感器就占据了相当的市场。最早提出的 CCD 图像传感器是帧转移 CCD(FT-CCD)[4]，它比行间转移 CCD 具有更简单的像素结构。尽管行间转移 CCD 的研制 [5] 比帧转移 CCD 晚了两年，但本节首先对它进行详细介绍，这说明了它的重要意义。

图 5.8 是行间转移 CCD 结构的示意图，它包括三个垂直像素和三个水平像素 (3V×3H)。

光学图像被聚焦在一个图像区域上，该区域内像素以矩阵形式排列在一个平面上。传感器部分包括一个光电二极管，特别是钳位光电二极管，如图 5.8 的右上角所示。它通过吸收到达像素的入射光来产生和收集信号电荷。每个像素由传感器、读出传感器中信号电荷的传输电极和将信号电荷转移到垂直方向的垂直扫描器 (垂直 CCD[VCCD]) 组成。到达 VCCD 的信号电荷包通过 VCCD 转移到水平扫描器 (水平 CCD[HCCD])，每个到达 HCCD 的电荷包再通过 HCCD 转移到由浮置扩散放大器组成的电荷量测量部分，并转换为信号电压。因此，在二维图像传感器中需要垂直和水平两个方向的扫描器。在像素的狭小区域内设置有传感器、传输电极和 VCCD。在 VCCD 面积较小的情况下，为了获得更高的灵敏度，需增加 PD 面积。因此，可以储存大量电荷的四相 CCD 通常是 VCCD 的首选 (如图 5.8 的右中部所示)。转移到 HCCD 的一行信号电荷包通常以比 VCCD 高两到三个数量级的频率转移给浮置扩散放大器。与 VCCD 相比，HCCD 在宽度方面的设计限制很少，因此 HCCD 很容易有足够的面积来处理所需的电荷数量。因此，两相 CCD 适用于需要高频传输且面积设计限制较少的 HCCD。浮置扩散放大器主要用于测量电荷量。接收入射光的传感器部件以外的区域通常覆盖有金属层 (如铝)，以免受到入射光的影响。虽然 pn 结是 PD 目前常用的传感器部件，但最早在 IT-CCD 中使用光栅型传感器作为传感器部件 [5]。

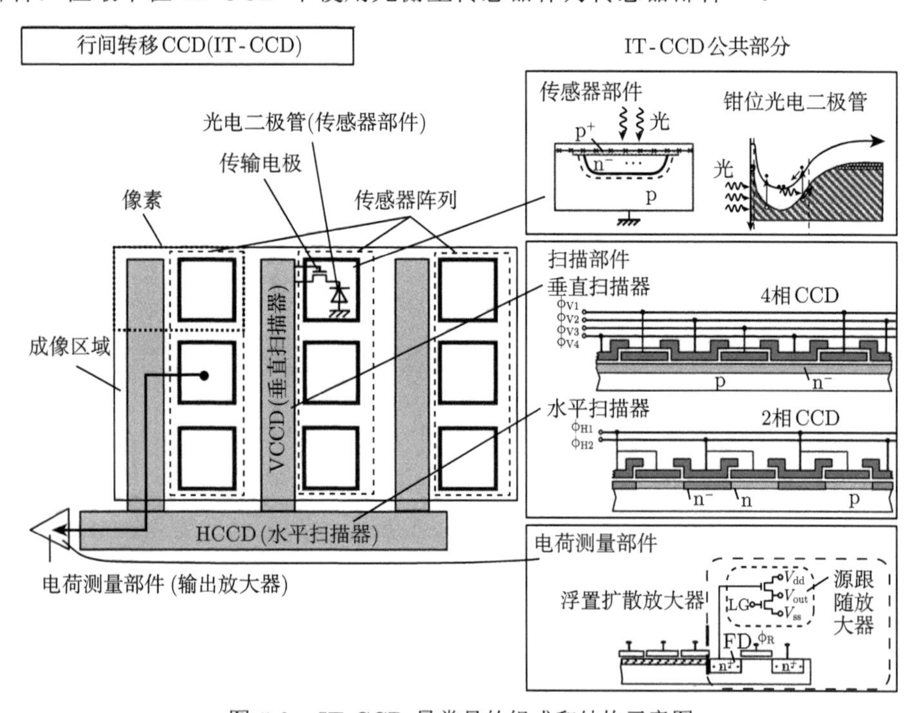

图 5.8　IT-CCD 最常见的组成和结构示意图

图 5.9 是 IT-CCD 在逐行模式下运行的示意图，这里通过时间尺度上的工作顺序对 IT-CCD 的工作原理进行解释。图 5.9(a) 显示了在每个 PD 中存储信号电荷后曝光时间已经结束的情况。如图 5.9(b) 所示，信号电荷一起读出到 VCCD。尽管图中未显示，但每个传感器部件中的信号电荷从传感器部分分离，下一个曝光周期开始。然后电荷在 VCCD 中同步转移到 HCCD 中，最下面的电荷转移到 HCCD 中，如图 5.9(c) 所示。然后，信号电荷包被转移到输出部分，逐个转换为信号电压，如图 5.9(d) 中像素地址 (1,1) 处显示的 S11。将底部的每个电荷包转移到输出部分并转换为 S11、S12 和 S13，如图 5.9(e) 所示。在输出一行信号后，

VCCD 中的后续信号电荷包会以同样的方式被转移到 HCCD 中，如图 5.9(f) 所示，并以同样的方式转换为信号电压。当最上面的信号被读出时，如图 5.9(g) 所示，一帧输出完成，如图 5.9(h) 所示，并且在同一时间每个传感器部件完成下一帧信号电荷收集。图 5.9(a) 的操作再次被重复。

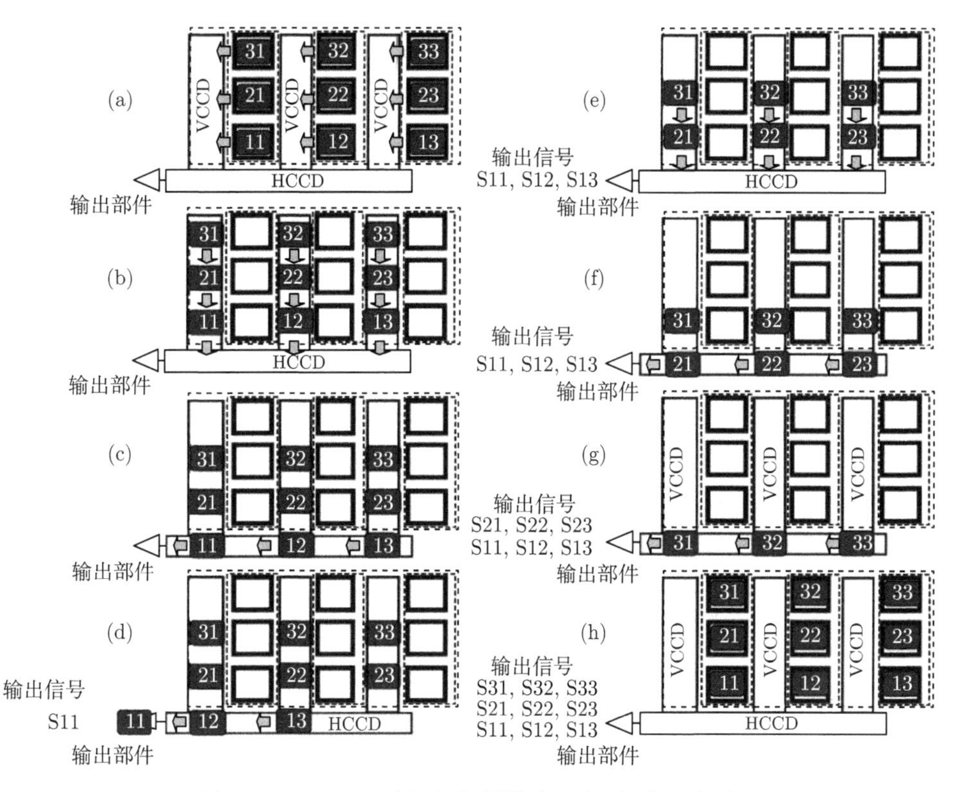

图 5.9 IT-CCD 在逐行扫描模式下读出操作示意图

5.1.1.2 IT-CCD 基本像素结构

典型的 IT-CCD 三维像素结构如图 5.10 所示。在 n 型衬底的 p 阱中形成 BCCD 沟道和钳位 PD。PD 的 n 型区域基本上被 p 型区域包围，这些中型区域包括相邻 PD 之间隔离部分的两侧，尽管它们没有在图中展示。PD 的表面由 p^+ 层覆盖以形成钳位 PD。为了使 PD 更好地接收入射光，PD 上方不会设置吸收或反射光的材料。ϕ_{V4} 和 ϕ_{V1} 多晶硅转移栅位于 VCCD 沟道上方，并与 SiO_2 等栅绝缘层接触。图 5.10 展示了典型的像素结构，每个像素有两个传输电极。具有 ϕ_{V2} 和 ϕ_{V3} 两个传输电极的像素与图中所示像素相邻，两类像素交替排列形成四相 CCD。零电势 (GND) 和正偏压 V 分别适用于 p 阱和 n 型衬底。正如将在 5.1.2.1 节中讨论的情况，通过设置 V_{sub} 电压可以使得 PD 中产生的过剩载流子流向 n 型衬底，以防止它们溢出到 VCCD 或相邻的 PD 中。在这里，栅极 ϕ_{V1} 对应的多晶硅层不仅在 VCCD 中作为传输电极存在，而且还起到将 PD 中的信号电荷读出到 VCCD 沟道中的作用。因此，电极会延伸到图中电荷读出路径上方的区域。隔行扫描模式时，施加到电极上的时钟脉冲如图 5.11 所示。在这种情况下，值为 $[H, M, L]$(分别约 12V、0V 和 −5V) 的时钟信号被施加到 ϕ_{V1} 和 ϕ_{V3} 电极，值为 $[H, L]$(约 0V 和 −5V) 的时钟信号被施加到 ϕ_{V2} 和 ϕ_{V4}。

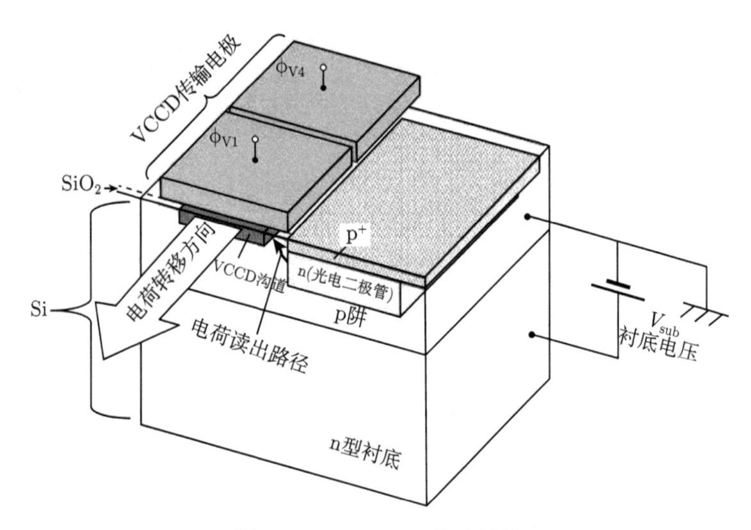

图 5.10　IT-CCD 像素结构

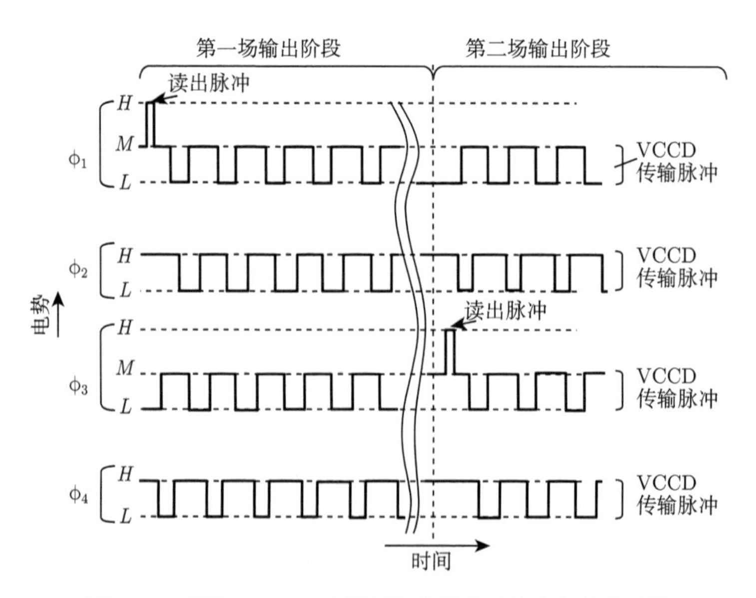

图 5.11　四相 VCCD 在隔行扫描模式下读出和转移时钟

通过向 ϕ_{V1} 电极施加读出脉冲 ϕ_1，图 5.10 中 ϕ_{V1} 电极下的 VCCD 沟道电势 (图 5.6(b)) 上升，VCCD 沟道耗尽层扩大到电荷读出路径 (图 5.6(c))。读出脉冲同样被施加到 ϕ_{V1} 电极沟道上方的部分，这增加了电荷读出沟道的电势，VCCD 沟道和界面的协同作用 [6] 将 PD 中累积的信号电荷读出到 VCCD 沟道，并有效地提升了读出的效率。通过 ϕ_1 和 ϕ_3 的时钟脉冲 $[M，L]$ 及 ϕ_2 和 ϕ_4 的时钟脉冲 $[H，L]$ 时钟脉冲，信号电荷包在 VCCD 中得以传输。然后，同属于一行像素的信号电荷被转移到 HCCD，并且每个电荷包通过 HCCD 传输到输出放大器以转换为信号电压输出，如图 5.9 所示。在第一场读出完成后，通过对电极 ϕ_{V3} 施加读出脉冲 ϕ_3，第二场开始读出并以与第一帧相同的方式读出。这两个场的读取以交替的方式进行。在这种模式下，奇数行像素在第一场读出周期内输出，偶数行像素在第二场读出周期内输出。

这种隔行扫描的模式称为帧读出模式。它是现代用于静态图像捕获的典型驱动模式。如果将此模式应用于动态图像，则会出现一种称为系统延迟的现象，如图 5.12(a) 所示。该传感器具有 500 行像素，即四相 VCCD 有 1000 个传输栅电极，在一列 VCCD 中可以处理 250 个信号电荷包。奇数行像素对应的第一场信号和偶数行像素对应的第二场信号各有 250 行，每一场的积分周期为 1/30s，以 1/60s 的间隔交替输出 (即每场输出需要 1/60s)，这意味着两场图像在时间上存在 50%的重叠，如图 5.12(a) 所示；也就是说每帧图像对应的信息 (两个场)

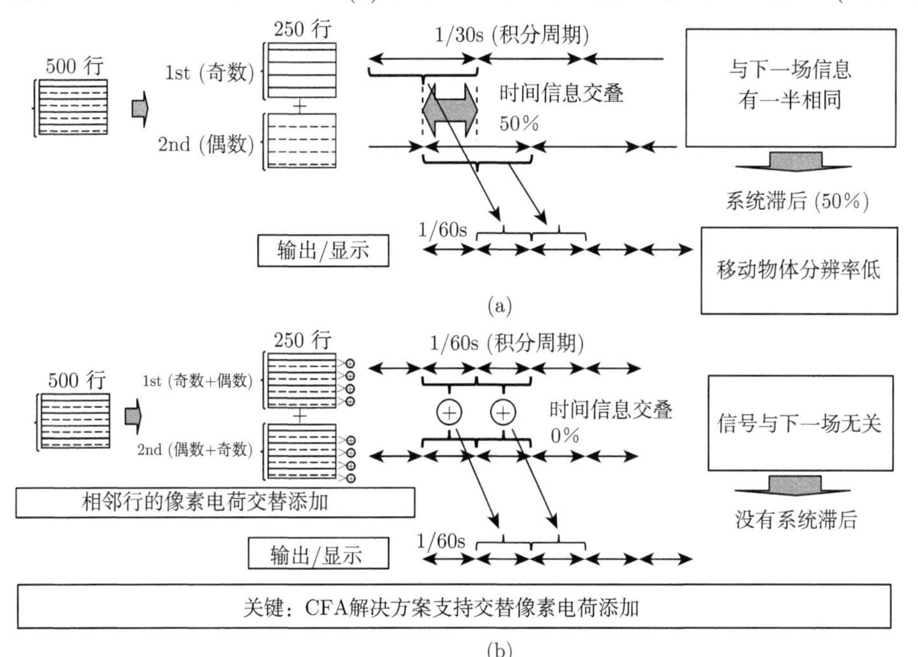

图 5.12 不同积分模式下动态图像比较

中，有一场是与上一帧相同的。这会导致一种称为系统延迟的图像延迟现象。此外，还有一种场读出模式，如图 5.12(b) 所示。在这种模式下，将所有像素的信号电荷读出到 VCCD 上，并且相邻奇、偶行的像素信号电荷传输到 500 行中的 250 行。在每个场中，奇偶行的组合交替改变。因此，积分周期和输出周期都是 1/60s，没有时间重叠之间的连续领域，没有系统延迟发生。

上面提到的场读出模式非常适用于单色成像。但对于使用最广泛的单片彩色相机 (single-chip color camera，SCCC) 来说，关键在于彩色滤光阵列，这种方案可以通过与场读出模式相结合来产生彩色图像。在彩色滤光片阵列和线序色差系统这两个关键解决方案被提出后 [7]，彩色滤光阵列和场读出模式的结合成为摄像机等消费级单片彩色相机的标准技术。

5.1.2　IT-CCD 像素技术

在 IT-CCD 中，信号电荷首先被 PD 收集，然后读出到 VCCD 沟道，再通过 VCCD 和 HCCD 沟道转移到输出放大器。如前所述，CCD 最重要的特点是完全电荷转移带来的低噪声性能，如图 5.13(a) 所示。但如果在 PD 中产生较大的噪声，电荷转移过程中的低噪声性能就不能得到充分利用。因此，为了有效地利用电荷转移阶段的低噪声性能，PD 阶段的高信噪比是必不可少的，如图 5.13(b) 所示。因此，CCD 技术发展的历程也是提高像素级信噪比的历程 (提高信号电荷量 S 和降低噪声电子 N)。

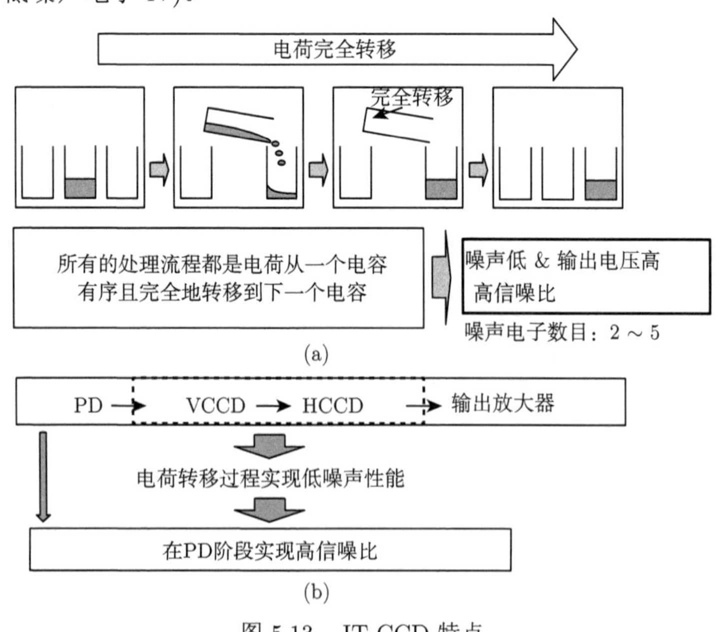

图 5.13　IT-CCD 特点

(a) 完全电荷转移的低噪声；(b) 高信号低噪声像素

这种像素技术的典型横截面结构如图 5.14 所示。n 型硅衬底上形成 p 阱，然后再形成掩埋沟道 VCCD 以及覆盖有 p^+ 层的 PD。PD 的 n 区杂质浓度较低，当信号电荷读出到 VCCD 通道后，n 区完全耗尽。如 5.1.1.2 节所述，PD 下方的 p 阱具有垂直溢出漏极 (VOD) 结构，以便在过剩载流子溢出到 VCCD 通道或相邻 PD 之前将其泄漏到 n^- 衬底。在硅衬底的上部区域，VCCD 传输电极的引出通过在 VCCD 沟道上方栅极绝缘材料制造通孔实现，并覆盖有金属制成的光屏蔽材料。从 PD 上方观察，存在一个片上微透镜 (OCL)[8]，它能够有效地将入射光聚焦到感光孔区域。如果没有片上微透镜，则只有入射光直接照射到感光孔区域才能产生信号电荷，这样会造成灵敏度的下降。在片上微透镜下方，会设置彩色滤光片，这些滤光片只允许特定波段的光通过。此外，还存在一个内透镜以使入射光垂直于 PD[9]，且会在 PD 上制作一层抗反射 (anti-reflection，AR) 膜。这是因为镜面抛光的硅晶片呈现银色，会反射 30%～40%的可见光，AR 膜可以减少硅表面的反射，增加了到达 PD 的光强度。AR 膜为 SiO_2 和 Si_3N_4 等材料，通过设置 AR 膜的厚度，可使 AR 表面和硅表面反射的两种光的相位发生反相，使其振幅相互抵消。

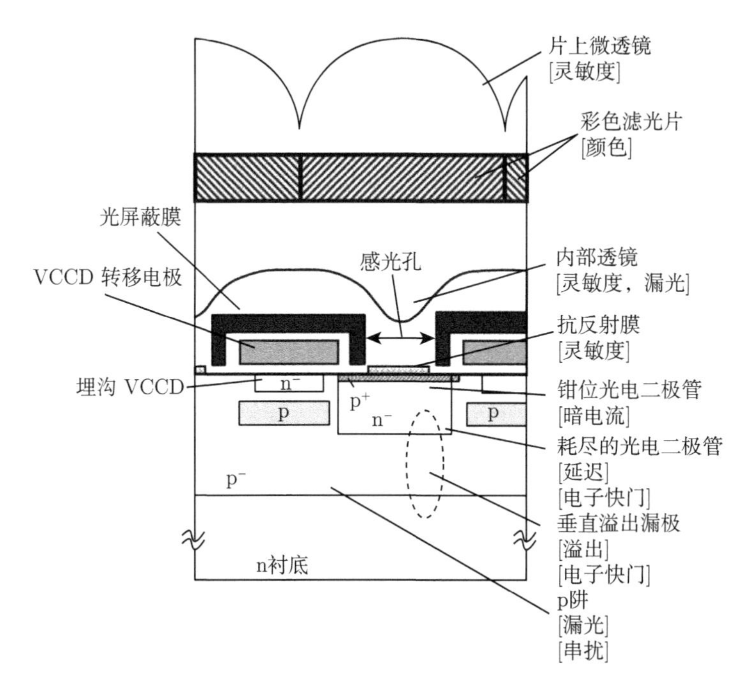

图 5.14　IT-CCD 代表性像素技术截面图

如上所述，通过设置片上微透镜、内透镜和 AR 膜可以增加信号量。很明显，这些努力都是通过增大进光量而使得 PD 具有较低的损耗，实现信号 S 的增加。接下来将展示降低噪声 N 的技术。

5.1.2.1　垂直溢出漏极结构

信号电荷由连续的入射光产生并累积在每个 PD 中，然而每个 PD 的容量都是有限的，如果高强度光照导致像素信号电荷过多以至于无法存储在 PD 中，这些信号电荷就会溢出到 VCCD 通道和相邻的 PD 中，这种现象称为溢出现象，如图 5.15(a) 所示。可以看出，VCCD 通道充满了过剩的电荷，在该地区没有图像信息。

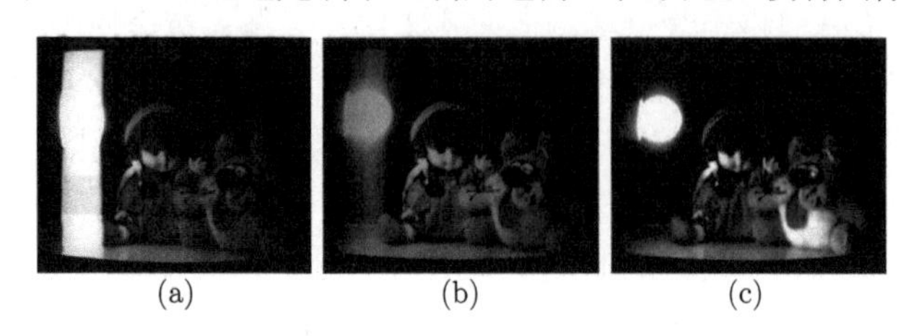

图 5.15　高强度光照下的图像

(a) 溢出现象；(b) 溢出现象抑制，漏光现象轻微抑制；(c) 溢出和漏光都被抑制

图 5.16 是溢出现象产生机理的示意图，实际应用中必须避免这种图像异常。泄漏多余电荷的排放方式是溢出漏极，最早提出的解决方案是横向溢出漏极 [10]，如图 5.17 所示。在 PD 附近形成溢出控制栅和溢出漏极。调节溢出控制栅下的沟道电势使过量的电荷在溢出到 VCCD 通道之前流向溢出漏极。因此，溢出控制栅和溢出漏极可以抑制溢出现象，如图 5.15(b) 所示。然而，它们会占用硅表面的有效面积，因为它们对灵敏度和动态范围等性能没有贡献，且减少了 PD 和 VCCD 的可用面积，导致性能下降 [11]。

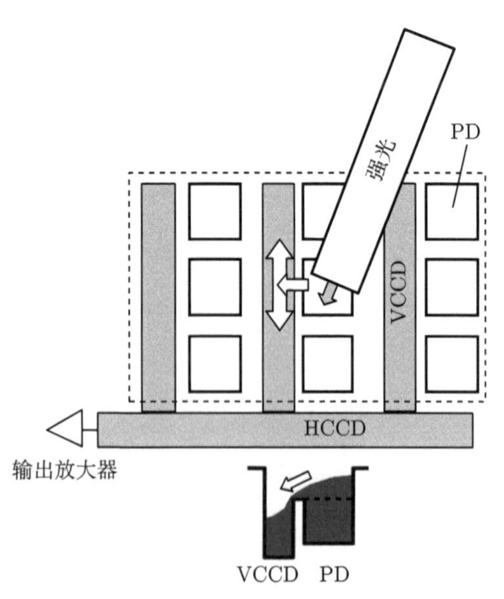

图 5.16　溢出现象产生机理

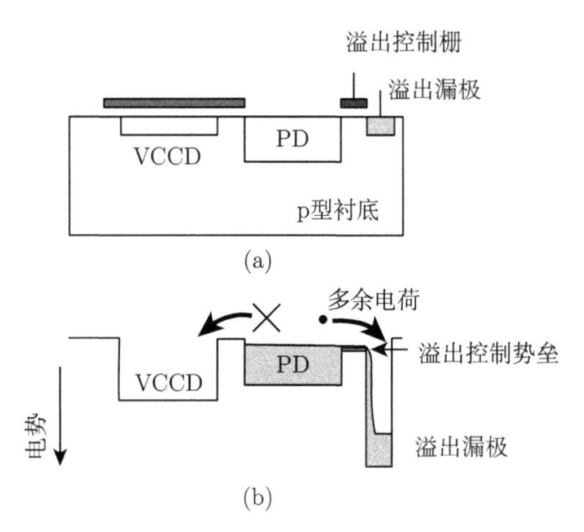

图 5.17 横向溢出漏极结构

(a) 横截面图；(b) 电势分布

如图 5.18 所示，PD 和 VCCD 位于 n 型衬底表面形成的 p 阱中。0 电势或 GND 电势和正电压 V_{sub} 分别施加到 p 阱和 n 型衬底上。图 5.18(a) 中沿 A-A′ 线的电势分布如图 5.18(b) 所示。重要的是，PD 与 n 型衬底之间的 p 区需要完全

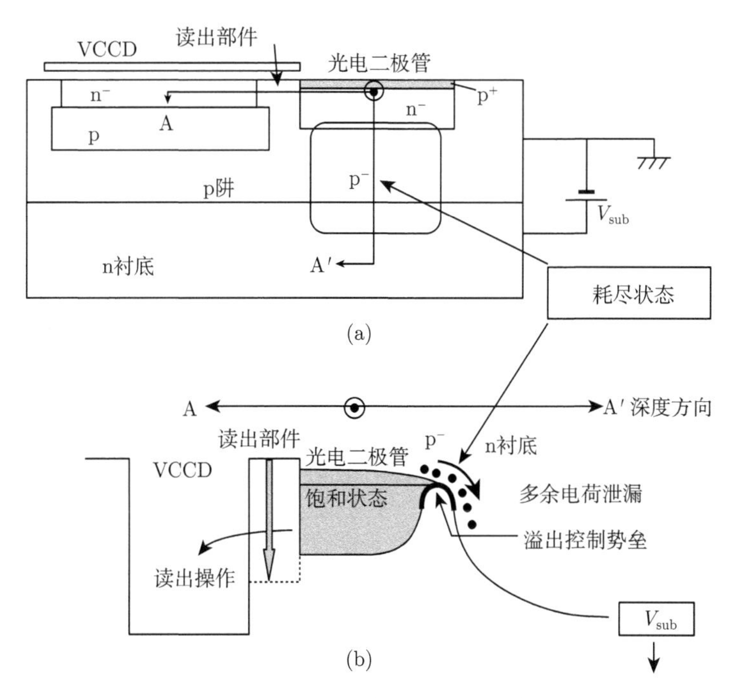

图 5.18 IT-CCD 垂直溢出漏极结构

(a) 像素的横截面图；(b) (a) 中沿 A-A′ 线的电势分布

耗尽，并且可以通过外加电压 V_{sub} 来控制电势，使 PD 中的多余电荷在溢出到 VCCD 通道之前被泄漏到 n 型衬底上。由于溢出控制势垒的电势是由 V_{sub} 电压调节的，当 V_{sub} 电压太低时，势垒很高而无法抑制溢出；而当 V_{sub} 电压太高时，饱和电平非常低，会导致动态范围降低。因此，存在一个最佳的 V_{sub} 电压，这取决于 n 型衬底的杂质浓度、工艺条件以及 p 阱和 PD 工艺变化。因此，每个图像传感器芯片的最佳电压是不同的，所以需要为每个芯片单独调整 V_{sub}。

在图 5.15(b) 中，虽然溢出现象被很好地抑制了，但灯的上方和下方都可以看到浅白色的竖条，这种现象被称为漏光现象 (smear)，是由入射光或产生的电荷直接混入 VCCD 通道引起的，如图 5.19 所示。

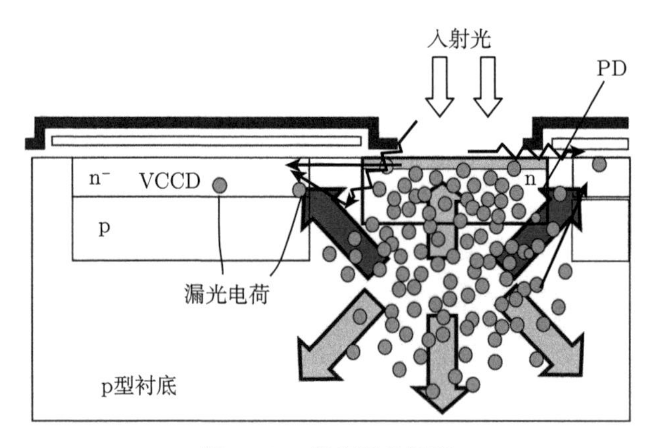

图 5.19　漏光现象机理

当图像传感器接收到高强度的入射光时，PD 周围产生许多电荷，漏光现象变得明显。p 型衬底上产生的电荷由于没有电场而呈各向同性扩散，因此有一定的概率流入 VCCD 沟道，VCCD 沟道中的信号电荷则会被转移到平面垂直方向。漏光电荷的数量由结构因子和时间因子决定 [12]。结构因子是指在一定时间内流入 VCCD 通道的电荷与产生的总电荷之比，由像素结构和像素内电场分布决定。时间因子是指 VCCD 接收漏光电荷所需的时间。因此，漏光电荷量与 VCCD 转移速率成反比。

在 p 型衬底产生的电荷可以进入 PD 作为信号电荷，也可以流入 VCCD 沟道作为漏光电荷。如图 2.21 所示，在 p 阱结构图像传感器的情况下，在较深区域产生的电荷通过 n 型衬底泄漏出去。由于它们未成为漏光电荷，漏光现象被抑制。而通过屏蔽膜与硅表面的缝隙等其他途径进入 VCCD 沟道的漏光电荷应采用不同的抑制方法，如图 5.20 所示。

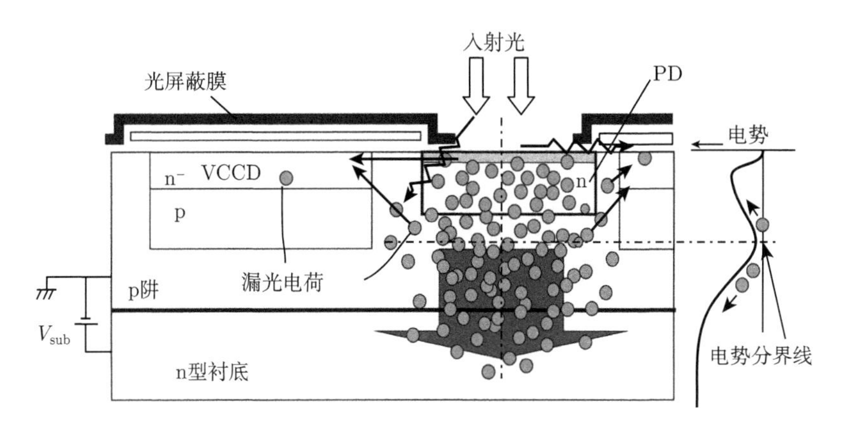

图 5.20 p 阱结构图像传感器的漏光现象抑制机理

5.1.2.2 耗尽光电二极管和传输机制

图 5.21 显示了与图 5.18(b) 相同的部分。图 5.21(a)~(d) 显示了不同阶段 PD 中信号电荷的状态，分别对应读出操作之前、读出操作开始后的早期状态、剩余电荷较少的读出操作最终状态和读出操作的完成状态。在读出操作时，图 5.11 所示的读出脉冲作用于转移栅，它不仅在 VCCD 转移栅上发挥作用，同时也起到将信号电荷从 PD 读取到 VCCD 转移栅的作用。然后，读出通道电势从 ϕ_{off} 上升到 ϕ_{read}，图 5.21(b) 中 ϕ_{PD}、ϕ_{off} 和 ϕ_{read} 分别是完全耗尽时 PD 的电势、off 时的读出通道电势和 readout 时的电势。在所有电荷转移到 VCCD 通道并且 PD 完全耗尽之前，PD 的电势会一直增加，如图 5.21(d) 所示。

在这里，我们对电荷转移的整个过程进行梳理。在图 5.21(b) 中，读出通道刚刚打开，许多电荷仍然在 PD 中。因此，几乎所有的电荷都是通过自感应漂移转移的，即电荷之间的库仑斥力。在转移操作的最终状态，如图 5.21(c)，由于电荷量非常小，库仑斥力不再是转移的主要机制。如果存在电势梯度，如图 5.21(c) 中的折线所示，即存在指向 VCCD 通道的电场，则剩余电荷会迅速而平稳地转移到 VCCD 通道。但是如果没有电场，如图 5.21(c) 中的直线所示，每个电荷就会根据热运动随机移动。由于没有移动方向，所以只有碰巧移动到 VCCD 通道方向并落入其中的电荷才会被转移到 VCCD 通道。所有电荷需要很长时间才能通过偶然落入的方式完全转移成图 5.18(d) 的情况。这导致完成转移所需的时间长度存在巨大差异。

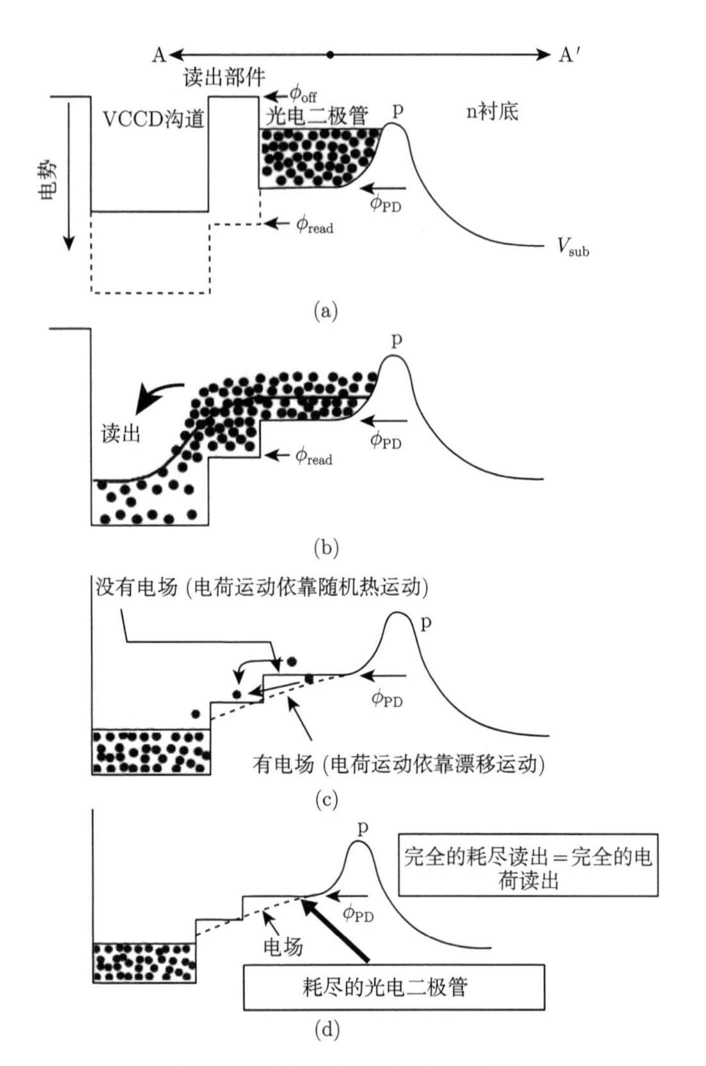

图 5.21　耗尽 PD 传输机制示意图

(a) 读出前；(b) 读出操作的早期状态；(c) 读出过程的最终状态；(d) 读出完成后

电荷完全转移时，ϕ_{read} 的电势明显高于 ϕ_{PD} 的电势，必须避免出现如图 5.22(a) 所示的电荷转移路径中存在势垒或势阱的情况。如图 5.22(b) 所示，PD、读出通道和 VCCD 通道可以被视为电压为 V_s 的源，而 V_g 对应栅，V_d 对应漏。如果我们把转移操作看作是 MOSFET 的一种行为。在转移的初始情况下，由于 $V_g - V_s \gg kT$，沟道电流表示如下：

$$I_s \propto (V_g - V_s)^2 \tag{5.1}$$

PD 中的电荷量迅速减少。但是如果存在一个势垒，如图 5.22(b) 所示，在电荷量降低到 $(V_g - V_s)$ 几倍于 kT 的阶段，I_s 会急剧降低，如下所示：

$$I_{\mathrm{s}} \propto \exp\left[\frac{q\left(V_{\mathrm{g}}-V_{\mathrm{s}}\right)}{kT}\right]-1 \tag{5.2}$$

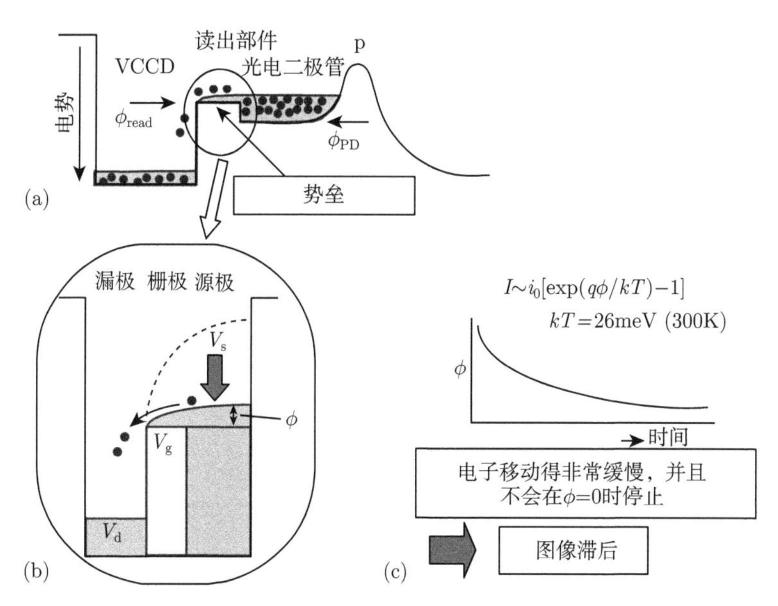

图 5.22 非耗尽 PD 中电荷转移的示意图

(a) 电势分布；(b) MOSFET 操作模型中的弱反型状态；(c) 热电子发射对电流的时间依赖性

此时 MOFET 处于弱反型的状态 [13]。在这种情况下，电子运动的主导机制是热电子发射模式，它需要很长的时间才能达到平衡状态，尽管 V_{s} 在 $V_{\mathrm{s}}=V_{\mathrm{g}}$ 时并没有停止下降。如此，所有的信号电荷不能在一个场中读出，而是在许多场中读出，这就导致了图像的延迟。由于完全的电荷转移是在耗尽的 PD 中实现的，因此不会出现图像延迟。kTC 噪声也不会出现，如 3.2 节所述。

这里描述的不完全电荷转移的例子是从 PD 通道到 VCCD 通道的电荷转移，这对于 CCD 通道中的电荷转移也是适用的。

另一种需要完全耗尽 PD 的操作模式是电子快门模式，见 4.3 节。在 VOD 结构图像传感器的电子快门操作中，PD 中累积的所有信号电荷同时被冲刷到衬底上。在规定的积分周期之后，PD 中的信号电荷被读出到 VCCD 通道。

如图 5.23(a) 所示，放电操作是通过将高的正电压脉冲施加到 n 型衬底以降低 p 区势垒，从而将 PD 中的电荷冲刷到衬底上来进行的。如图 5.23(b) 所示，放电和读出操作有不同的路径，若在放电或读出操作时充电量过多或不足，便会造成固定模式噪声。因此，需要保证放电和读出操作之后的局部放电情况完全相同 [14]。当 PD 完全耗尽时，在放电或读出操作后，局部放电的电势会被确定为固定的耗尽电势，避免了固定模式噪声的出现 [15]。为了达到这种效果，就需要使读出电势和放电电势都高于局部放电的耗尽电势。

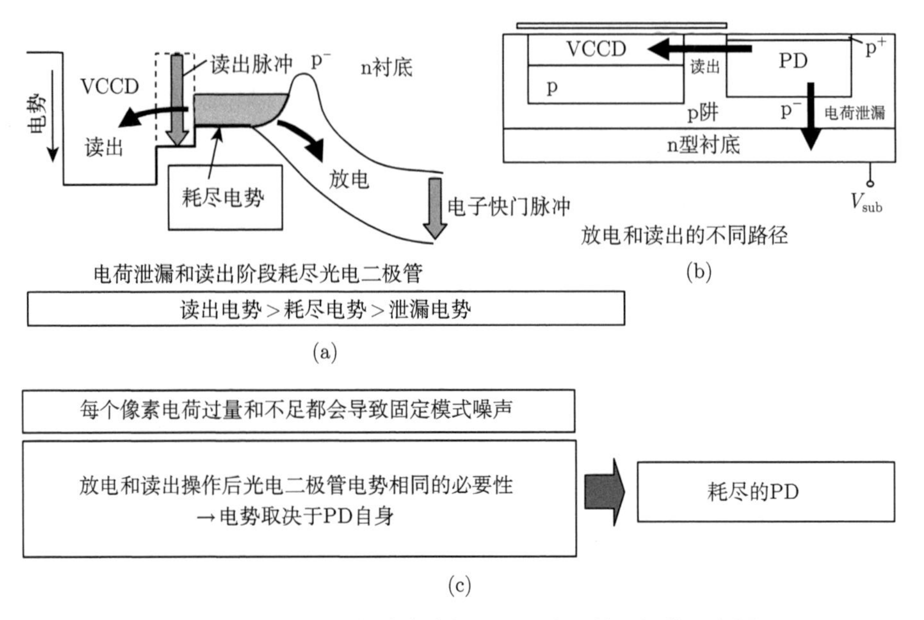

图 5.23　VOD 结构中完全耗尽 PD 电子快门操作示意图

(a) 电势分布；(b) 泄漏电荷读出的路径；(c) 完全耗尽 PD 的必要性

MOS 图像传感器中的放电和读出操作将在 5.2 节中讨论，其不是在传输模式下完成的，而是在复位模式下，通过直接连接的方式完成，因此不存在这样的问题。有源像素传感器中的三晶体管像素结构将在 5.3 节中提到，具有与 MOS 图像传感器相同的复位操作，不会出现类似的问题。但是 CMOS 图像传感器中的四管像素结构具有与 CCD 相同的传输操作，因此在读出操作时需要电荷完全转移。

查看图 5.21 和图 5.22，一些读者可能会认为电子的转移和运动与水流类似。但这是不正确的。水的运动受重力和表面张力的控制，而电子的运动受电场和热能的支配，这两种机制完全不同。读者需要从“水模型”中脱离出来，准确地理解这一点。

5.1.2.3　掩埋型/钳位 PD

掩埋型 PD[13] 或钳位 PD[16] 的结构在 2.1.7 节中有所展示，但并没有详细讨论其功能。掩埋型非钳位 PD 和钳位非掩埋型 PD 都是存在的。掩埋型 PD 因它的结构命名，钳位 PD 由于其完全耗尽，所以电势是确定的，故被称为钳位型 PD。掩埋型/钳位 PD 最初被提出是为了防止不完全转移引起的延迟现象，这种现象在普通

pn 结-PD 中可以看到。因此，使用它们最初的目的是实现无延迟的 PD。由于 pn 结-PD 引起的暗电流对于当时的 CCD 来说并不是一个严重的问题，所以暗电流抑制作用并没有得到重视。因此，延迟现象也有可能在掩埋型/钳位 PD 中出现。

在讨论这个问题之前，先考虑图 5.24 所示的普通 pn 结形成的 PD。在 n 型和 p 型杂质区域的交界处有一个耗尽层。Si/SiO_2 界面存在界面态，这些界面态扮演着热激发电子从价带到导带的台阶的角色，如图 5.24(b) 中的能带图所示；也就是说，这样的结构即使在黑暗条件下也会产生电荷，特别是在耗尽层。因此，它们被称为暗电流。

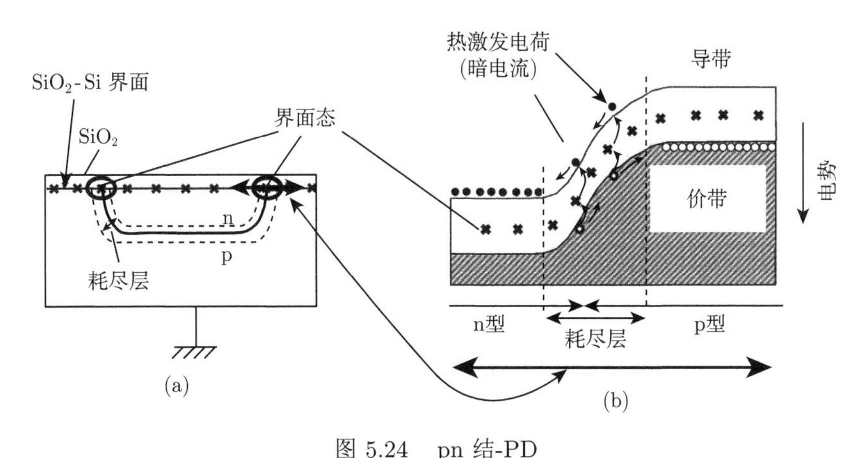

图 5.24 pn 结-PD

(a) 结构横截面图；(b) 沿界面的能带图

n 和 p 分别表示为电子密度和空穴密度，在半导体中有一个规律，即由于产生和复合之间的平衡，在平衡条件下，乘积 np 是由绝对温度决定的常数值。其与半导体材料是 n 型或 p 型无关，数值与当前温度下本征载流子密度的平方相同。室温下硅的 N_i 值为 $1.5\times10^{10}\mathrm{cm}^{-3}$。因此，热平衡状态下乘积 np 为 $2.3\times10^{20}\mathrm{cm}^{-3}$，非耗尽区的杂质浓度为 $10^{14}\sim10^{17}\mathrm{cm}^{-3}$，载流子浓度与杂质浓度相同，但是在耗尽区，导带中的电子密度和价带中的空穴密度都很低，乘积接近于零，因为这种情况离平衡态最远，所以向平衡态转变的速度非常快。因此，电荷产生率非常高。在非平衡状态下的非耗尽区，电荷也是以界面态作为台阶向平衡方向激发的。但是由于存在上述杂质浓度的电荷，所以速率并不高。另一方面，在耗尽区，通过界面态产生的暗电流占主导地位。因此，在 PD 完全耗尽到整个表面的情况下，会有许多热激发电荷，也就是说，暗电流很高。

从上述讨论可以看出，通过增加界面附近的载流子密度，在表面产生近平衡条件来减少热激发电荷，对暗电流抑制是有效的。理论上，增加电子浓度或空穴浓度都是可以的，但为了与 PD 保持一致，且完全覆盖界面的耗尽层，会选择增加空穴浓度，而不是增加电子浓度。

如图 5.25 所示，在掩埋型/钳位 PD 中，PD 表面引入 $10^{17} \sim 10^{19}\text{cm}^{-3}$ 范围的高浓度 p 层，该区域空穴浓度也为 $10^{17} \sim 10^{19}\text{cm}^{-3}$。因此，能够存在于界面周围的电子密度降低到 $10 \sim 10^{3}\text{cm}^{-3}$ 的水平。故而，通过界面态的热激发概率非常低，暗电流的产生被极大地抑制。从抑制暗电流的观点来看，p^{+} 层杂质浓度较高是可取的。同时，为了避免信号电子与高浓度空穴的复合而造成的灵敏度损失，应该保证 p^{+} 层薄一些。为了比较标准光电二极管 (n^{+}p-PD) 和掩埋型光电二极管 (p^{+}np-PD) 的暗电流，图 5.26 显示了 73℃ 条件下曝光时间 2s 拍摄的图像。标准光电二极管中，由暗电流变化引起的固定模式噪声增加会导致图像质量明显下降。通过使用掩埋型的 PD，暗电流可以减少到标准 PD 的 1/10 以下。

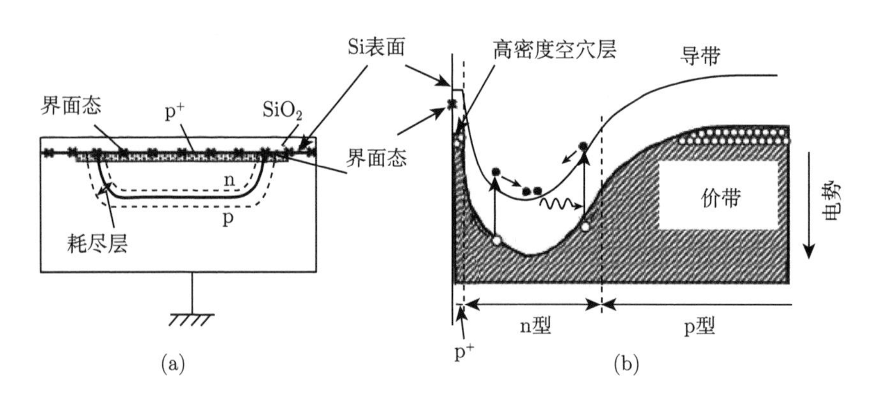

图 5.25　掩埋型/钳位 PD

(a) 横截面图；(b) 能带图

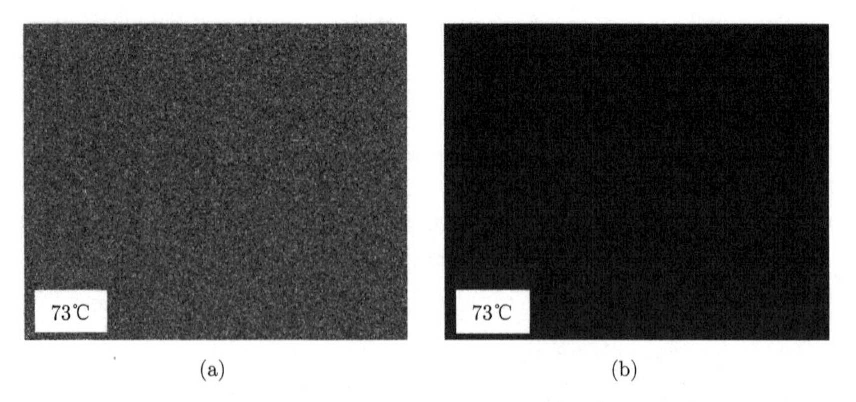

图 5.26　在 73℃ 和 2s 曝光时间下拍摄的暗电流图像

(a) 正常 PD(n^{+}p-PD)；(b) 掩埋型/钳位 PD(p^{+}np-PD)

正如上文所讨论的，p^+ 层的作用之一是抑制暗电流，但它还有另一个作用，即通过下拉表面和底部电势以稳定 PD 的电势。如果没有高表面浓度 p 型层，即使 PD 已经被完全耗尽并实现了钳位，它的电势仍将受到 PD 上 SiO_2 层内电荷以及从邻近栅极辐射出来的电场线的影响。由于栅极的电势会随时间变化，所以 PD 的电势无法保持稳定，为了实现完整的传输读出，需要增加读出脉冲电压。然而，当表面 p^+ 层通过 p 阱与 GND 能级相连，就可以有效地避免这种电势不稳定性。

由于其低暗电流、低噪声、无图像延迟等优点，掩埋型/钳位 PD 被广泛应用于 CMOS 图像传感器等高性能传感器。

从完全耗尽的掩埋型 PD 的工作原理可以看出，PD 的最大信号电子数与 n 区杂质浓度的最大值相同。然而在实际情况中，这是一个较低的数字，因为可用的电势范围被溢出效应所限制。

5.1.3 CCD 图像传感器的发展

本节介绍了 CCD 图像传感器的发展及变化。

5.1.3.1 帧转移 CCD

首先被提出的 CCD 图像传感器是 FT-CCD，而非 IT-CCD。如图 5.27，一个 3(V)×3(H) 像素的 FT-CCD 由 4 个部分组成：成像区域、存储区域 (IT-CCD 中不存在)、水平移位寄存器 (HCCD) 和输出放大器。成像区域在平面内呈矩阵排列，成像区域外的部分通常都会覆盖上一层光屏蔽膜，避免它们受到入射光的影响。此外，四相 CCD 和隔离层内置于成像区域和存储区域。对于 IT-CCD，其传感器部分和垂直移位寄存器 (VCCD) 是相互独立的，而 FT-CCD 中二者并没有结构上的区别。它们两个是分时工作的：在曝光期间，CCD 中的成像区域收集信号电荷，实现传感器部分的功能；在帧转移期间，即曝光之后，它将收集的信号电荷以高频率传输到 CCD 的存储区域中，以实现 VCCD 的功能。图 5.27 的右侧给出了像素沿垂直方向和水平方向的截面图以及电势分布图。如图所示，对中间相邻的两个栅极施加低电压 V_L，对另外邻近的两个栅极施加高电压 V_H，形成势阱，在曝光期间收集信号电荷。当它作为传感器工作时，入射光照射在栅电极上，如图 5.27 右下方所示，此时它是一个光栅型传感器。尽管多晶硅主要用作 CCD 的传输电极，但它也是一种硅材料，所以其光谱响应与晶体硅相似。由图 2.20 光线穿透深度可知，只有当栅电极厚度小于 0.1μm 时，透光率才满足需求。但实际情况下，很难实现足够薄的电极，因为需要电阻足够低以驱动高频信号传输。因此，在 500nm 波长范围内其灵敏度较低。

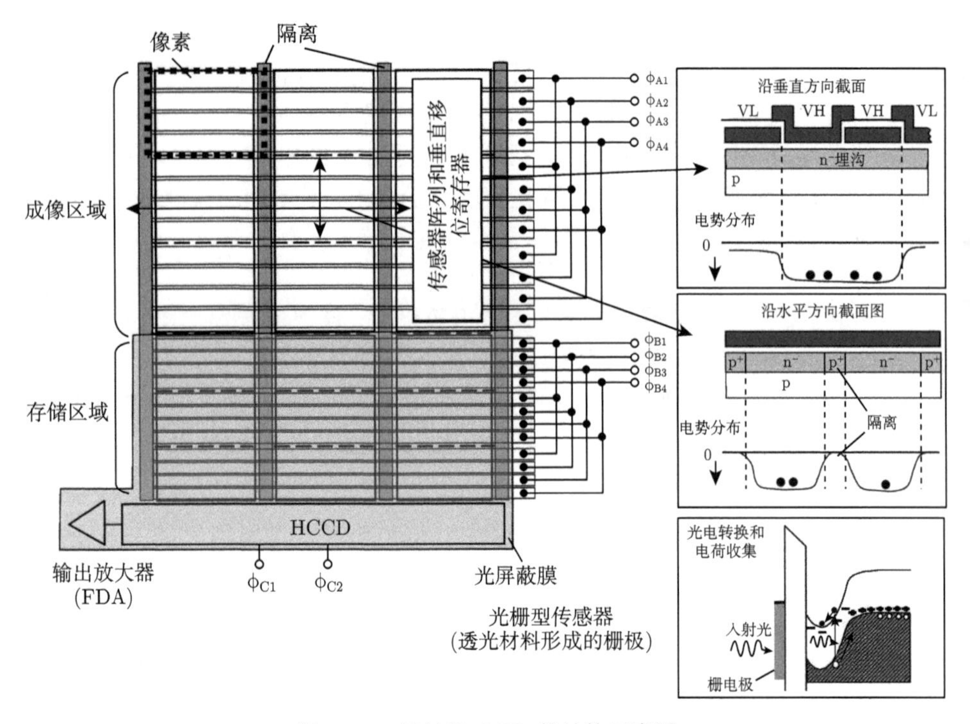

图 5.27　帧转移 CCD 的结构示意图

工作原理由图 5.28 给出。图 5.28(a) 显示了曝光刚刚完成，所有的像素单元 (标号为 11~33) 收集完信号电荷的情况。所有的信号电荷同时被高速转移到存储区域，如图 5.28(b) 所示。由于所有的电荷在一帧内被转移，这种转移被称为帧转移，这也是帧转移 CCD 名称的由来。通过这种转移方式，电荷从传感器部分 (成像区域) 离开，在下一次曝光开始时再进行信号收集，这部分操作没有在图中予以呈现。这种情况对应于 IT-CCD 中的图 5.9(b)。此后，存储区域的信号电荷逐行转移到 HCCD，如图 5.28(c) 所示。HCCD 中的每个电荷包被转移到输出部分——浮置扩散放大器，然后逐个转换为电压信号输出，如图 5.28(d) 所示的 S11。这与图 5.9(d) 中的 IT-CCD 的情况相同，每一行都被传输到 HCCD 并串行输出。在图 5.28(f) 处一帧的输出完成后，下一帧的信号收集也已完成。在隔行扫描模式下，两相邻电极交替，形成势阱。

当 IT-CCD 中存在漏光现象时，会有一部分光或电荷进入到 VCCD 中，那么对于 FT-CCD 呢？在曝光期间，由于信号电荷被转移的过程位于存储区域，而存储区域被一层光屏蔽膜覆盖，因此不会发生漏光现象。但在帧转移期间，成像区域接收入射光，与曝光期间相同，即所有产生的电荷都变成了漏光电荷，因此在不变动结构的情况下，唯一能做的就是减少转移期间的进光量。因此，需要通过高频帧转移来缩短时间。有人建议用机械或光电快门来挡住入射光，以完全避免帧转移期间的漏光现象。

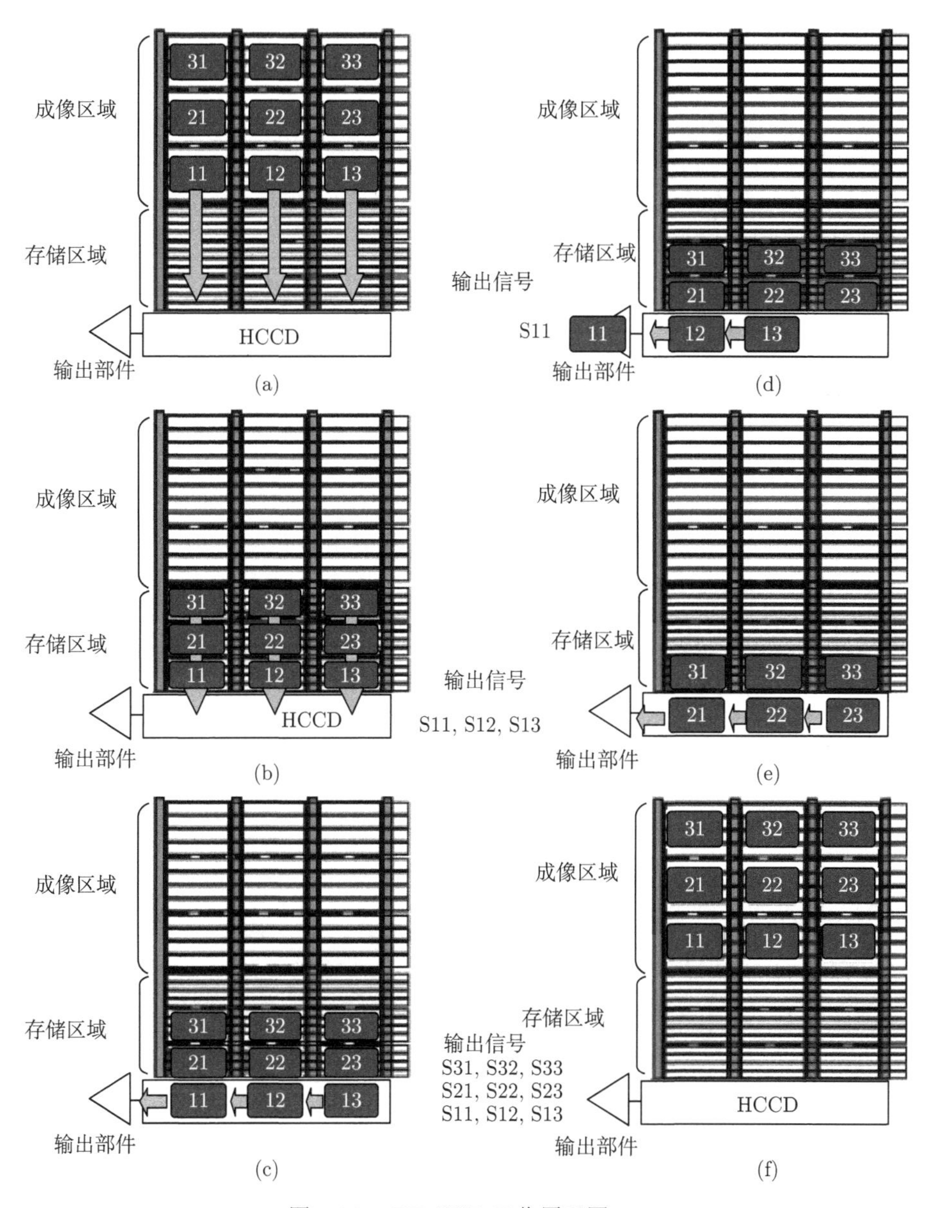

图 5.28 FT-CCD 工作原理图

虽然像素的结构简单，只有 CCD 和隔离层，但 FT-CCD 需要额外的储存区域，这些储存区域位于成像区域之外，例如帧存储器，因为像素在不同的工作期间可分别作为传感器和传输 CCD，而这两种工作模式并不会同时进行。这导致了传感器尺寸的增加。另一方面，对于 IT-CCD，由于像素中的 VCCD 起着帧存储器的作用，虽然像素结构比 FT-CCD 更复杂，但不需要额外的存储区域。从生产的角度来看，这意味着 IT-CCD 需要更精细的加工技术，而 FT-CCD 以更大的芯片尺寸换取了加工需求的降低。

5.1.3.2　帧行间转移 CCD

在本节中，我们将讨论帧行间转移 CCD(FIT-CCD)，它是有超高图像质量需求应用 (例如演播室中的摄像机) 的标准传感器。FIT-CCD 是在 IT-CCD 的图像区和 HCCD 之间安装类似 FT-CCD 的储存区而构成的，如图 5.29 所示。

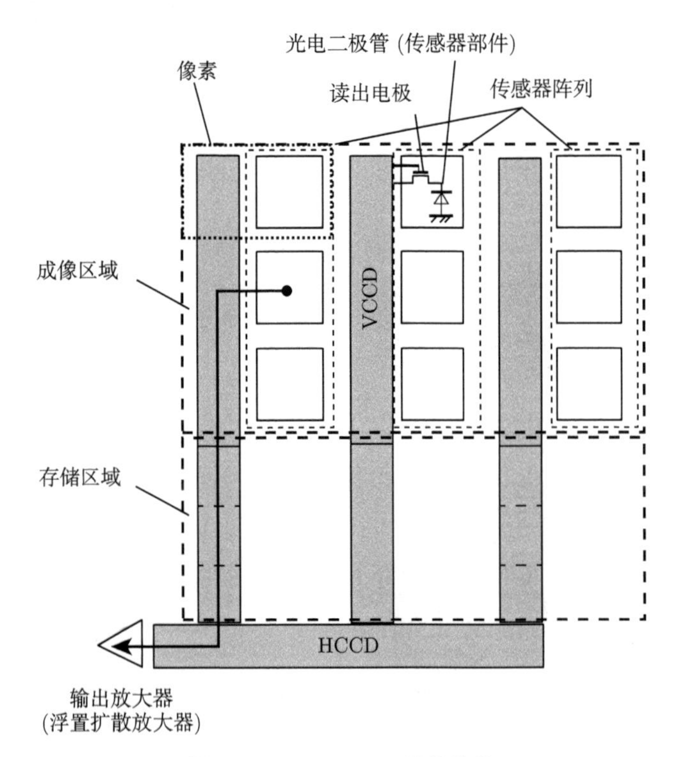

图 5.29　FIT-CCD 器件结构

将光电二极管中累积的信号电荷读取到 VCCD 的工作方式与 IT-CCD 相同。帧转移时将 VCCD 中的电荷高频率移到存储区域，其原理与 FT-CCD 相同。存储区的电荷包逐行转移到 HCCD 上，转移的电荷包在输出放大器上再逐一转换为电压信号输出，这与 IT-CCD 和 FT-CCD 中的方式相同。这种类型的传感器的主要目的是实现非常低的漏光水平。通过高速帧转移，电荷包在短时间内通过被照射的成像区域，这减少了漏光现象的时间因子。IT-CCD 的垂直传输频率在 10kHz 左右，而 FIT-CCD 的传输频率在 1MHz 左右或更高，即在获得相同像素结构的情况下，其漏光水平为 IT-CCD 的 1%或更低。因此，这种极低漏光水平的图像传感器 (FIT-CCD) 长期作为专业媒体摄像机的标准传感器类型。

5.2 MOS 图像传感器

MOS 图像传感器是 X-Y 寻址传感器 [18,19]。1981 年，日立公司首次将其作为固态图像传感器大规模生产，用于消费级摄像机 [20]。

5.2.1 MOS 图像传感器原理

在 CCD 中，寻址是通过 VCCD 和 HCCD 向输出部分传输信号电荷完成的，而在 MOS 图像传感器中，寻址是通过选择垂直和水平 MOSFET 开关实现的。电荷通过金属信号线作为信号电流传输至输出部分。

MOS 图像传感器的像素结构如图 5.30(a) 所示 [21]。垂直选择 (行选择) 和水平选择 (列选择) 分别由垂直移位寄存器和水平移位寄存器的输出脉冲完成。当信号电荷被读出时，首先通过开启垂直选择 MOSFET，由于垂直信号线与 PD 的电容比非常大，电荷移动到垂直信号线。然后，在水平选择 MOSFET 上施加水平选择脉冲，将垂直信号通过水平信号线连接到视频电压，信号电流通过输出电阻使得放大器输入端电压下降，因信号电流与信号电荷量成正比，故电压变化可以体现信号大小，其被前置放大器检测为输出电压。在这个例子中，信号电荷是电子，因此在输出操作时信号电荷从 PD 流至视频电压源，而电流则沿相反方向运动。

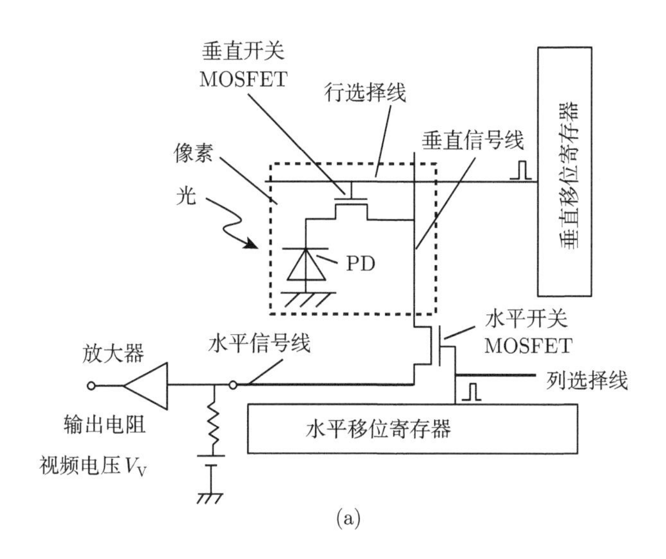

(a)

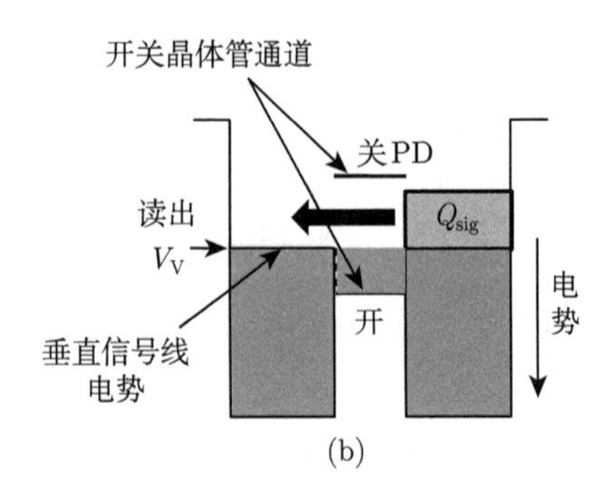

图 5.30 MOS 图像传感器的工作原理

(a) 基本构成；(b) MOSFET 开关模式

对于电路来说，PD 通过垂直和水平信号线连接到视频电压源，在 PD 充电至视频电压 V_V 后断开使其处于浮置状态，然后开始曝光。在曝光期间，随着入射光产生的信号电荷的累积，PD 的电势逐渐降低，并通过下一次读出操作再次充电到 V_V。信号电流中的电荷数目补偿了光入射导致 PD 放电的电荷数目，输出电阻上放电电流引起的压降则由片外前置放大器检测。由信号电荷引起的最大电流通常不超过几百纳安 (nA)，考虑到频率上的需求，输出电阻不宜过大。因此，所获得的输出电压量约为源跟随放大器获得的 CCD 输出电压的千分之一或更少。从信噪比的角度来看，电流读出方法不如使用源跟随放大器的电压读出方法。

需要注意的是，从 PD 到垂直信号线的读出模式基于开关模式，其中开关晶体管的电势高于 PD 和垂直信号线的电势，如图 5.30(b) 所示，它与图 5.21 所示的完全耗尽的 IT-CCD 的电荷转移模式有很大不同。到目前为止，关于 MOS 图像传感器工作原理的叙述都只基于单个 PD 区域。

图 5.31(a) 是 MOS 传感器图像区域的示意图。图像区域由二维阵列像素组成，每个像素具有一个 PD、一个垂直开关 MOSFET 以及部分行选择线和垂直信号线。对于垂直扫描操作，垂直移位寄存器的输出部分 (其功能为选择要读出的行，称为存取) 连接到行选择线，以向垂直开关 MOSFET 发送输出脉冲读出 PD 中的信号电荷。水平信号线的配置与垂直操作相同，其通过输出电阻和片外前置放大器连接到视频电压源。选择目标行列扫描电路 (移位寄存器或解码器) 的操作如图 5.31(b) 所示。以移位寄存器为例，移位寄存器由起始脉冲激活，该脉冲在图中未显示。然后将驱动时钟脉冲 ϕ_{cl} 的第一个脉冲施加到输入部分，在输出端 1 处出现了选择行或列的脉冲，但其他输出处没有产生脉冲。下一个时钟输入脉冲在输出端 2 产生一个脉冲，出现脉冲的输出部分在驱动时钟脉冲 ϕ_{cl} 的每一个脉冲处逐个移位。由于输出位置在移位寄存器电路中串行移位，因此需要扫描所有输出。另一方面，任何输出都可以在解码器电路中存取。虽然电路规模更大，且需要更多的输入时钟数，但这种电路适用于需要灵活存取功能 (如部分读出) 的应用。

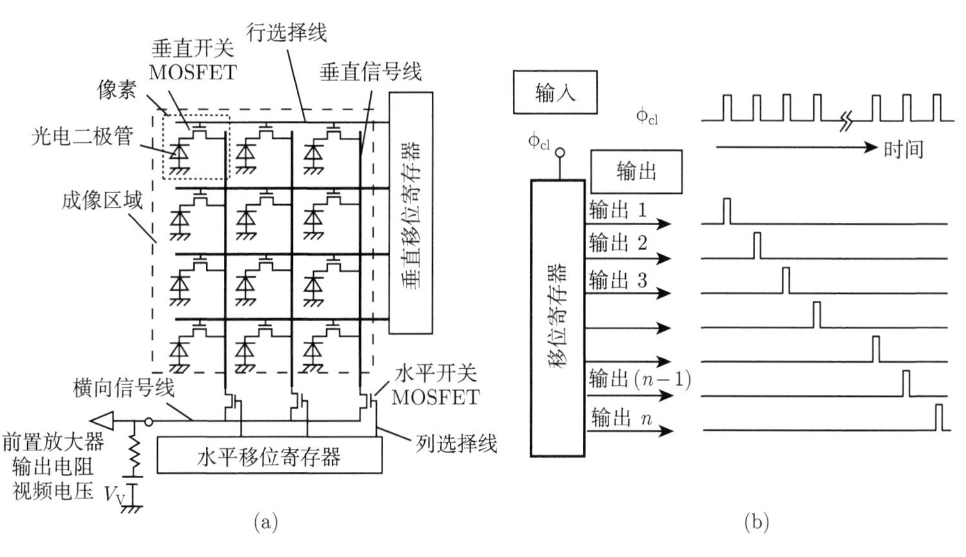

图 5.31 MOS 图像传感器

(a) 基本配置；(b) 移位寄存器的操作

MOS 图像传感器的具体操作如图 5.32 所示，图 5.32(a) 作为开始。首先，垂直移位寄存器产生的行选择脉冲通过首个行选择线施加到第一行中的垂直开关，如图 5.32(b) 所示，此时垂直开关变为打开状态，在图 5.30(b) 所示的模式下，第一行 PD 中累积的信号电荷被移动到每个对应的垂直信号线。积分时间内产生的电荷导致 PD 的电势从视频电压 V_V 开始降低，降低量与累计电荷量正相关，由于 PD 的电容 C_{PD} 和垂直信号线的电容 C_{VSL} 的电容范围通常分别在几飞法拉 (fF) 和 10 皮法拉 (pF)，$C_{PD} \ll C_{VSL}$，且垂直开关处于导通状态，故几乎所有的信号电荷都会通过重新分布而移动到垂直信号线。接下来，水平移位寄存器产生的列选择脉冲作用于第一列的水平开关，如图 5.32(c) 所示。然后，来自第一行和第一列 PD 的信号电荷包 [11] 通过输出晶体管流向视频电压源。信号电流通过电阻导致的压差被片外前置放大器检测为电压输出信号 S11。随后，信号电荷 [12] 和 [13] 作为输出信号的 S12 和 S13 输出，从而完成第一行的读出，如图 5.32(d) 所示。图 5.32(e) 和 (f) 显示了第二行像素的读出。通过最后一行信号的输出，完成一个场的完整读出，如图 5.32(g)～(i) 所示。

回到 MOS 图像传感器的读出操作，当垂直选择开关关断时，PD 的电势被重新设置为视频电压 V_V。在获得一个像素的输出信号后，水平开关关断，此时垂直信号线的电势也将设为视频电压 V_V。这些操作与引起 kTC 噪声的复位操作相同，详见 3.2.1 节。

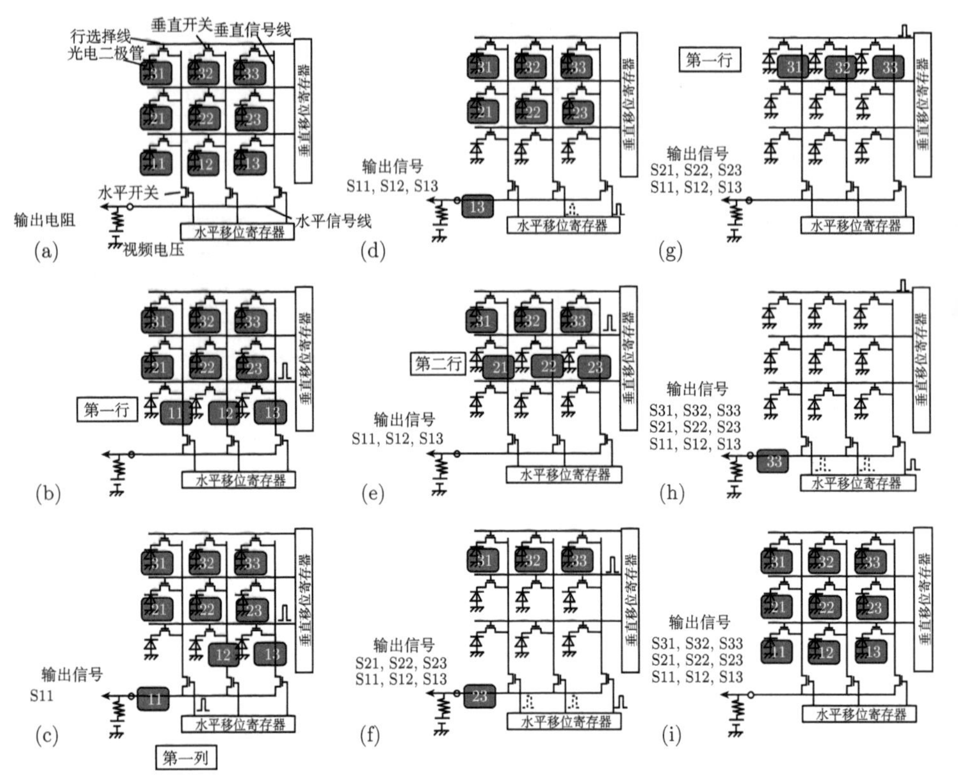

图 5.32 MOS 图像传感器的操作

假设 PD 和垂直信号线的电容分别为 3fF 和 10pF，图 5.33 展示的是 MOS 图像传感器中信号电荷的读出路径，可由式 (3.9) 估算出 PD 和垂直信号线 kTC 噪声的电荷数分别为 20 个电子和 1300 个电子，后者是一个非常大的噪声电子数，而

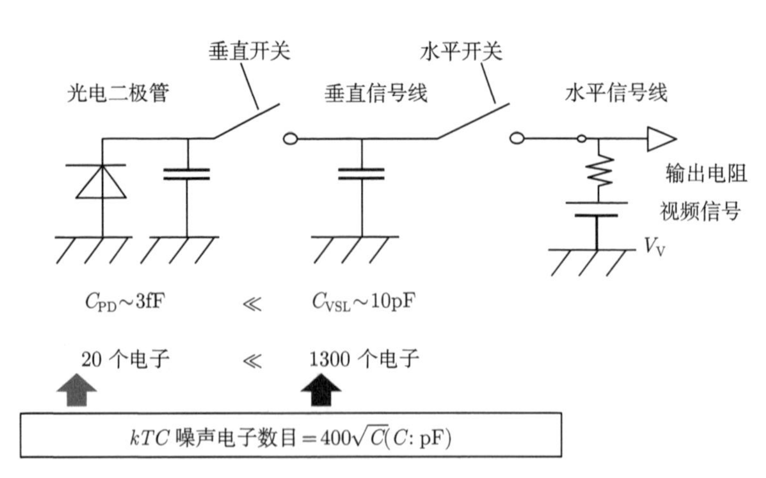

图 5.33 MOS 图像传感器中通过电荷读出路径的 kTC 噪声的电容和数量

水平信号线一直连接到视频电压源，所以不会产生 kTC 噪声。与 CCD 中全部电荷转移不会产生噪声相比，垂直信号线的 kTC 噪声是 MOS 图像传感器的主要缺点。

我们可以看到，CCD 和 MOS 图像传感器之间的曝光时间有很大的不同。在 IT-CCD 中，可以同时处理所有 PD 区域。CCD 中所有像素在同一时间段内开始和结束曝光，如图 5.34(a) 所示；而在 MOS 图像传感器中，每一行都是串行存取的，即每一行的曝光周期串行移位，如图 5.34(b) 所示。CMOS 图像传感器也是如此，这将在 5.3 节中讨论。

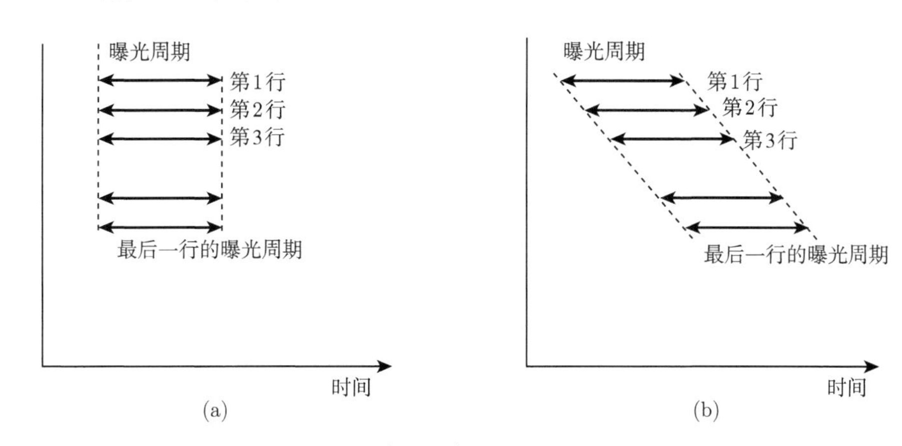

图 5.34 读出时序和曝光周期的比较

(a) CCD，所有行的曝光周期开始时间相同；(b) MOS/CMOS 图像传感器，每行的曝光周期开始时间逐渐增加

5.2.2 MOS 图像传感器的像素技术

溢出保护器件 npn-PD[22] 结构如图 5.35 所示。在这种结构里 PD 被放置于 n 型衬底上形成的 p 阱中，虽然其看起来类似于 5.1.2.1 节里 IT-CCD 中的 VOD 结构，但它们抑制溢出的方式不同。在这种结构中，p 阱处于非耗尽状态。PD、p 阱和 n 型衬底组成双极晶体管，它们分别扮演发射极、基极和集电极的角色。通过读出操作，PD 被设置为视频电压 V_{V}(正电势)，信号电荷开始累积后，PD 电势降低。当 PD 电势下降至 0V 时对应于内建电势差 (0.6V)，随着信号电荷继续累积，其电势下降到负值。由发射极和基极 (PD 和 p 阱) 形成的 pn 结正偏，PD 中的额外多余电荷通过基极 (p 阱) 发射到集电极 (n 型衬底)，电流的方向则与此相反。在 MOS 图像传感器中，这种机制抑制了电荷溢出，而在 IT-CCD 的 VOD 结构中，溢出的抑制是通过耗尽 p 阱将多余的电荷释放到 n 型衬底上实现的，如图 5.18 所示。这与静态感应晶体管 (SIT) 的工作原理相似。在 npn-PD 中，它作为双极晶体管工作，p 阱不会被耗尽。因此，与 IT-CCD 不同，实际生产中不需要调整每个传感器的衬底电压。

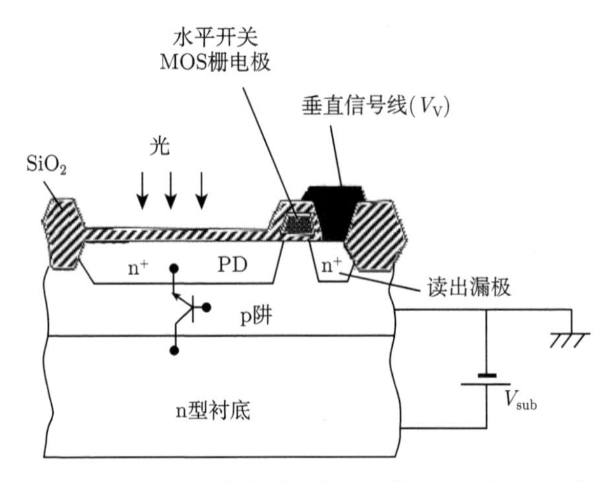

图 5.35　MOS 图像传感器像素中的 npn 型 PD 结构

应当说明的是，如 2.2.2 节所述，npn-PD 还具有降低远红外波段灵敏度的功能，远红外波段的入射光会干扰可见光波段彩色图像的准确获取。

CCD 中漏光现象是势阱在 VCCD 中从上到下移动时，部分入射光或入射光产生的电荷进入 VCCD 通道所导致的。MOS 图像传感器也存在漏光现象，但情况与 CCD 略有不同。在 MOS 图像传感器中，一条垂直信号线连接到多个垂直像素的读出漏极。如果光生载流子的一部分流入读出漏极，则无法将它们与来自 PD 的信号电荷区分开，而是一起输出，也就是说这些电荷会导致漏光现象。由于垂直信号线在每次读出操作时都被重置为视频电压 V_V，故漏光现象积分周期是一个单位的行读出时间，但连接到一条垂直信号线的所有读出漏极都会导致漏光现象的产生。

5.2.3　MOS 图像传感器研究进展

本节将阐述 MOS 图像传感器的相关进展。

5.2.3.1　像素插值阵列成像器件

在第二代 MOS 图像传感器中，开发了如图 5.36 所示的像素插值阵列成像器件 [23]。不同之处在于，第二代图像传感器的像素在水平方向上每两行有半像素间距的位移，而第一代图像传感器中像素以正方形阵列排列，类似于图 5.31(a) 所示。在第二代图像传感器中，两个相邻的行同时被读出，与第一代相同，因此，水平方向上的采样点数量是方形阵列传感器的两倍，这意味着水平分辨率的提高。采样点数量的提升不仅在单色图像中有效，在单片彩色成像系统中也有效，因为其使用了颜色过滤器阵列 [24]。

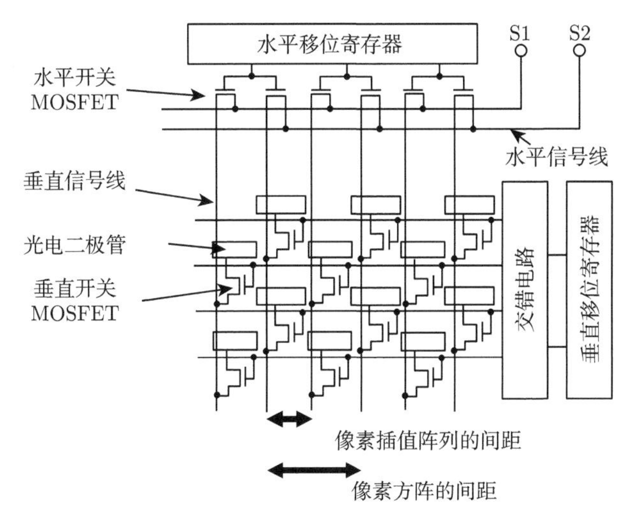

图 5.36 像素插值阵列 MOS 图像传感器配置

5.2.3.2 横向信号线成像器件

第三代 MOS 图像传感器是横向信号线 (TSL) 成像器件 [21,25]。如图 5.33 所示，MOS 图像传感器的主要噪声来源是垂直信号线的 kTC 噪声，而 TSL 中没有设置垂直信号线，器件结构示意图如图 5.37。信号电荷通过每个像素中的垂直和水平 MOSFET 开关直接从 PD 读出到水平信号线。在图中，$V_{\rm R}$、$R_{\rm P}$、$S_{\rm V}$、$C_{\rm V}$、$C_{\rm H}$ 和 $R_{\rm f}$ 分别指复位电压、复位脉冲、行选择信号开关、垂直信号线电容、水平信号线电容和输出电阻。使用这种方法，大部分 kTC 噪声会被去除。PD 剩余的 kTC 噪声约为 20 个电子。由于收集漏光电荷的读出漏极与水平信号线相连，漏光电荷的积分周期为一个像素的读出时间，也就是说，漏光现象减少到千分之一。尽管 TSL 成

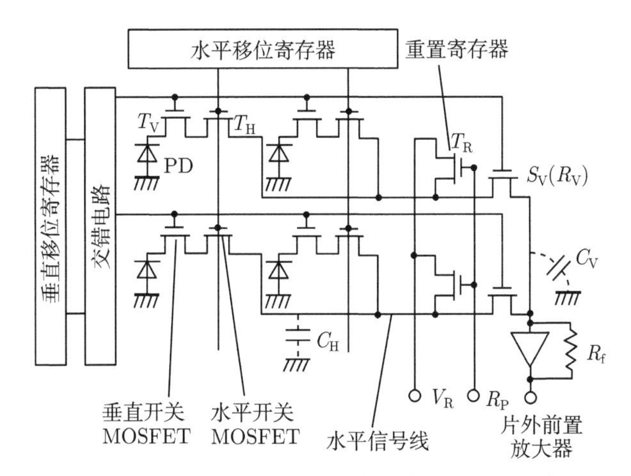

图 5.37 TSL 型 MOS 图像传感器的器件结构

像器需要增加一些复杂的结构，如每个像素中都有垂直和水平开关 MOSFET，并且要对每个像素都进行移位布线，但它通过减少图像传感器本身的噪声，实现了性能上的大幅进步。然而，采用 TSL 结构的 MOS 图像传感器仍然存在大约 300 个电子的随机噪声，这些噪声是由片外前置放大器在当前读出模式下产生的。因此，MOS 图像传感器在 20 世纪 90 年代初消失了，因为它们无法与 CCD 竞争，CCD 在 20 世纪 80 年代中期进入市场，并且在当时拥有较低的噪声，约为 10 个电子。但 MOS 图像传感器并没有完全消失，它们在 20 世纪 90 年代末作为 CMOS 图像传感器重新回到市场。

5.3 CMOS 图像传感器

东芝公司在 1997 年开始大规模生产用于数码相机中的 CMOS 图像传感器。虽然 CMOS 图像传感器被认为是一种“改进的 MOS 图像传感器”，但由于其像素中的晶体管数量较多，在半导体制造技术达到 0.35μm 工艺后才有商业可行性，本节将对 CMOS 图像传感器展开讨论。

最早的 CMOS 图像传感器是由 P. Noble 在 1968 年提出的 [26]。NHK 公司的 F. Andoh 在 1980 年左右开始对此进行研究 [27]，他的工作在国际上被公认为是第一个实质意义上的 CMOS 图像传感器 [28,29]。

5.3.1 CMOS 图像传感器原理

CMOS 图像传感器的基本设计原理是考虑到先前信号的放大可以抑制 MOS 图像传感器垂直信号线上的高水平噪声，而在光电二极管与垂直信号线之间设置一个像素放大器，如图 5.38 所示，对比图 5.30(a) 可以看出放大后的信号由 MOS 开关、金属线以及 MOS 图像传感器处理。

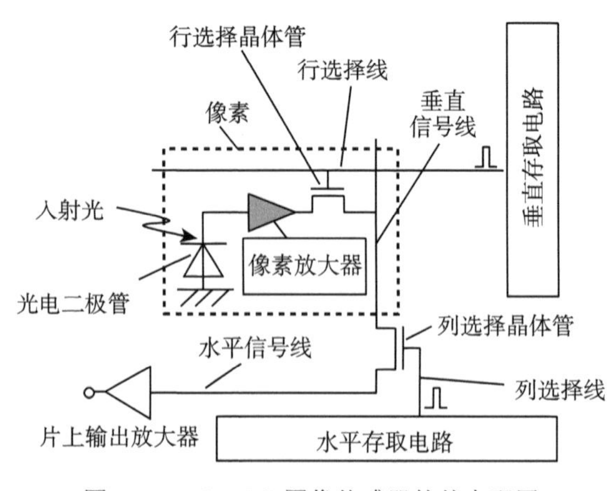

图 5.38 CMOS 图像传感器的基本配置

源跟随放大器是最常用的像素放大器。虽然在每个像素中都存在驱动晶体管(放大晶体管)，但每个垂直信号线或列上仅设置一个公共负载晶体管作为源跟随放大器。如 2.3.2 节描述的，当源跟随放大器的电压增益小于 1 时，电荷量需要乘以源跟随放大器的输出电容与输入电容之比，在实际 CMOS 图像传感器中，该比值为 100~10000。这种乘法放大作用使电路中的后续操作受噪声 (比如作为 MOS 图像传感器致命缺点的 kTC 噪声) 的影响被实际电荷量增益的倒数因子大幅抑制。这也是 CMOS 图像传感器能够在信噪比和灵敏度方面与 CCD 竞争的最重要原因。像素级放大传感器最重要的特点就是电荷量的倍增和极低水平的噪声。

CMOS 图像传感器是基于 CMOS 工艺而制造的，这意味着可以在传感器上嵌入基于 CMOS 工艺的各种功能电路。此外，CMOS 图像传感器随 CMOS 工艺技术的进步而发展，这也是 CMOS 图像传感器可持续发展的根本原因。

从图 1.11 中讨论的功能组件来看，信号电荷在每个像素处的路径顺序为①传感器部件、③信号电荷测量部件和②扫描部件，而在 CCD 和 MOS 图像传感器中，其顺序为①、②和③。

在每个像素中具有电荷放大功能的图像传感器，被称为有源像素传感器 (active pixel sensor，APS)，如 CCD 和 MOS 图像传感器。而不具有这种像素电荷放大功能的图像传感器，被称为无源像素传感器 (passive pixel sensor，PPS)。

5.3.2 CMOS 图像传感器的像素技术

CMOS 图像传感器除在每个像素中都包含一个放大器外，还包含一些其他的必要结构。

5.3.2.1 三晶体管像素结构

一个基本的像素结构如图 5.39 所示。由于单个像素中有三个晶体管，它被称为三晶体管 (3T) 像素结构。该像素与图 5.38 中的像素相对应。光电二极管的 n 型区域直接连到源跟随放大器的驱动晶体管的栅极输入，并通过复位晶体管 RST 直接连接以对电压源 $V_{\rm dd}$ 进行复位。该节点的等效输入电容为 $C_{\rm in}$。驱动晶体管的源极同时也是源跟随放大器的输出，通过行选择晶体管 RS 连接到垂直信号线 TSL。负载晶体管是一个共用晶体管，与垂直信号线上端的驱动晶体管一起组成源跟随放大器。一个垂直信号线连接到多个具有输出电容 $C_{\rm sl}$ 的垂直像素，其电容量为几到几十皮法拉 (pF)。行选择晶体管 RS 和复位晶体管 RST 作为开关晶体管工作，而驱动晶体管在源跟随放大器中作为模拟晶体管工作。通过将 $C_{\rm in}$ 视为 $C_{\rm dif}$，这种结构可以当作是 2.3.1 节和 2.2.2 节中讨论的由驱动和负载晶体管构成的全差分运算放大器。产生的电荷 $Q_{\rm sig}$ 在光电二极管的 n 区被积分，其电压最初被重置为 $V_{\rm in}^{0}(=V_{\rm dd})$，产生的电压 $V_{\rm in}^{\rm sig}$ 由式 (5.3) 表示，其中 $Q_{\rm sig}$ 一项中包括信号电荷的极性，其中在信号电荷为电子的情况下，Q_{sig} 为负值。

$$V_{\text{in}}^{\text{sig}} = V_{\text{in}}^{0} + \frac{Q_{\text{sig}}}{C_{\text{in}}} \tag{5.3}$$

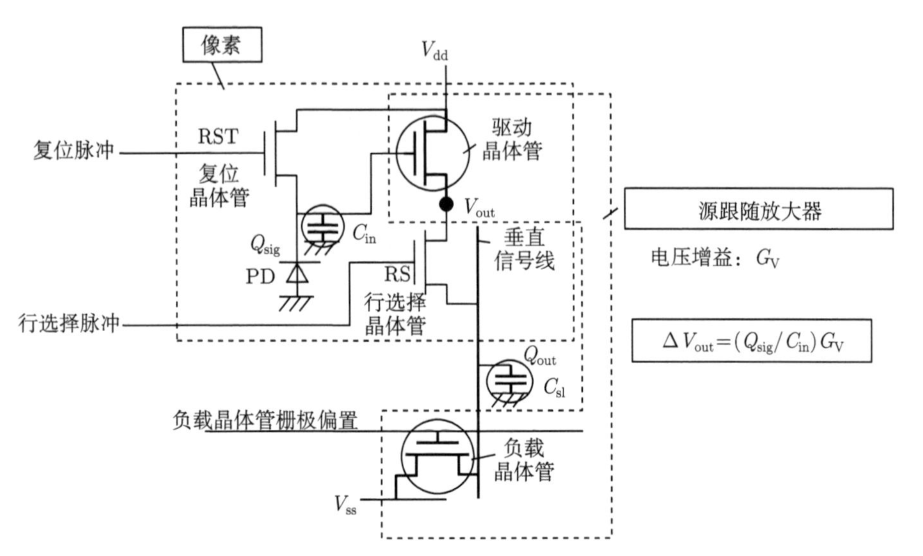

图 5.39 3T 图像传感器像素基本结构

因此，n 掺杂区的电压受产生信号电荷的影响从 V_{in}^{0} 变化到 $V_{\text{in}}^{\text{sig}}$。用 G_{V} 表示源跟随放大器的电压增益；用 V_{th} 表示驱动晶体管的栅极阈值电压；用 ΔV_{in} 表示 n 区的电压变化量 (输入量)；用 V_{out}^{0} 和 $V_{\text{out}}^{\text{sig}}$ 表示源跟随放大器在输入为 V_{in}^{0} 和 $V_{\text{in}}^{\text{sig}}$ 时的输出，则输出的电压变化量 (输出量) 和在输出电容 C_{sl} 上的存储信号电荷量 Q_{out} 显示如下：

$$V_{\text{out}}^{0} = (V_{\text{in}}^{0} - V_{\text{th}})G_{\text{V}} \tag{5.4}$$

$$V_{\text{out}}^{\text{sig}} = (V_{\text{in}}^{\text{sig}} - V_{\text{th}})G_{\text{V}} = \left(V_{\text{in}}^{0} - \frac{Q_{\text{sig}}}{C_{\text{in}}} - V_{\text{th}}\right)G_{\text{V}} \tag{5.5}$$

$$\Delta V_{\text{in}} = V_{\text{in}}^{\text{sig}} - V_{\text{in}}^{0} = \frac{Q_{\text{sig}}}{C_{\text{in}}}\Delta V_{\text{in}} \tag{5.6}$$

$$\Delta V_{\text{out}} = V_{\text{out}}^{\text{sig}} - V_{\text{out}}^{0} = \frac{Q_{\text{sig}}}{C_{\text{in}}}G_{\text{V}} \tag{5.7}$$

$$Q_{\text{out}} = \Delta V_{\text{out}}C_{\text{sl}} = \frac{Q_{\text{sig}}}{C_{\text{in}}}G_{\text{V}}C_{\text{sl}} \tag{5.8}$$

那么，电荷量增益 G_{Q} 表示如下：

$$G_{\mathrm{Q}} = \frac{Q_{\mathrm{out}}}{C_{\mathrm{sig}}} = \frac{C_{\mathrm{sl}}}{C_{\mathrm{in}}} G_{\mathrm{V}} \tag{5.9}$$

电荷量增益是输出与输入电容比和电压增益的乘积。一般情况下，C_{in} 约为飞法拉量级，C_{out} 约为几十皮法拉，而 G_{V} 为 0.7~0.9V。因此，经过放大后入射光产生的信号电荷量增加了 100~10000 倍。这是 CMOS 图像传感器具有良好性能的根本。

当访问需要读取像素的行时，垂直存取电路 (垂直移位寄存器或译码器) 产生的行选择脉冲通过行选择线路被应用于行选择晶体管上，使其处于导通状态以激活源跟随放大器。在源跟随放大器输出 V_{out} 后，垂直存取电路产生的复位脉冲作用于复位晶体管 RST 上，通过将存储在光电二极管上的信号电荷释放到电源电压 V_{dd}，使光电二极管的电压复位到 V_{in}^{0}，随后开始进行下一次曝光。

如公式 (5.5) 所示，源跟随放大器的输出电压取决于驱动晶体管的 V_{th}。采用通用大规模集成电路工艺技术实现的整片阈值电压变化范围为 10~100mV。由于最大的信号电平大约是数百毫伏，直接使用源跟随放大器输出的 V_{out} 会导致图像存在较大的固定模式噪声 (此时的信噪比低于 30 dB)，同时反映了 V_{th} 的变化，这样的噪声水平很难适用于实际应用，这也是此技术迟迟无法实际应用的原因之一。

在公式 (5.5) 中用 V_{dd} 代替 V_{in}^{0}，我们得到以下公式，其中 Q_{sig} 被 $-Q_{\mathrm{sig}}$ 代替以对应实际情况中的电子信号。

$$V_{\mathrm{out}}^{\mathrm{sig}} = -\frac{Q_{\mathrm{sig}}}{C_{\mathrm{in}}} G_{\mathrm{V}} + (V_{\mathrm{dd}} - V_{\mathrm{th}}) G_{\mathrm{V}} \tag{5.10}$$

图 5.40 中显示了 $V_{\mathrm{out}}^{\mathrm{sig}}$ 与电荷量 Q_{sig} 之间的关系。零信号电荷对应的输出电压是 $(V_{\mathrm{dd}} - V_{\mathrm{th}})G_{\mathrm{V}}$，它随着 Q_{sig} 的增加而线性下降，其梯度为 $-G_{\mathrm{V}}/C_{\mathrm{in}}$。梯度代表着灵敏度，分别与 G_{V} 和 C_{in} 成正比和成反比。该直线在纵轴上的截距随 V_{th} 的值而变化，如图 5.41 中的虚线所示。这是由偏移量变化引起的，可以通过计算每个像素存在信号电荷和无信号电荷时的输出电压之差来消除，也就是说由 V_{th} 变化引起的固定模式噪声可被消除。图 5.42 中显示了偏移量消除的例子。图 5.42(a) 显示了一个差分电路 [30]。像素中有无信号电荷时的输出电压分别通过电容 C_{s} 和 C_{0} 采样存储，而差值电压由差分电路获得。图 5.42(b) 展示了一个相关双采样电路 [31]，这部分在 2.3.3 节中已经有所讨论。

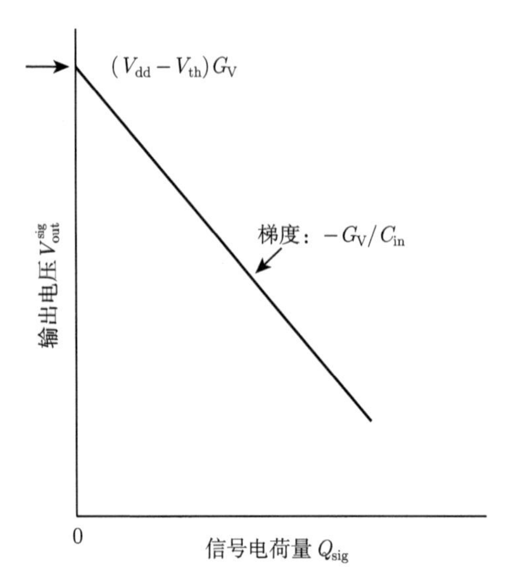

图 5.40　像素输出电压信号与电子电荷数量的依赖性

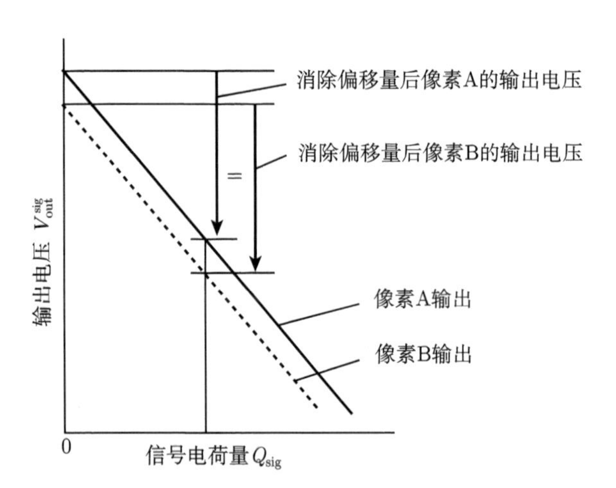

图 5.41　两个像素输出电压信号与信号电荷量的依赖性

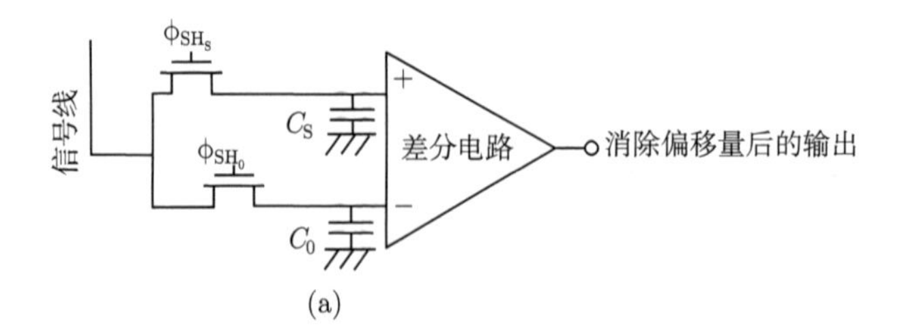

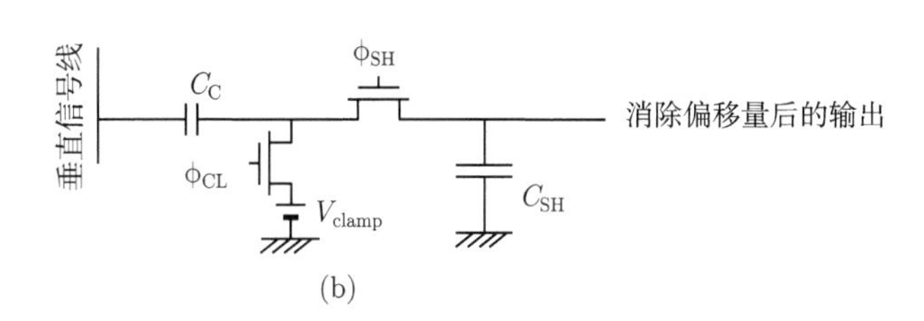

图 5.42 电路消除偏移变化的例子

(a) 差分电路；(b) 相关双采样电路

在目前的小尺寸像素图像传感器中，由于电路尺寸较大，列间距较窄，很难将差分电路作为独立电路放置在每一列中。因此，在传感器输出端或片外差分电路中将差分电路作为公共电路，且需高频驱动。在这种情况下，有无信号电荷的两个信号输出必须独立传输，其传输速率为原始像素信号的两倍，频带频率在10~30MHz。

另一方面，相关双采样电路的体积要小得多，甚至可以在每一列布置一个，在带宽小于 1MHz 的窄带宽内，通过每一列的并行处理进行消除操作。从噪声特性的角度来看，这是一个很大的优势。因此，相关双采样电路比差分电路更适用于消除上述偏移量。东芝公司中首次推出的数码相机中的 CMOS 图像传感器 [32]，其原理就是通过在每一列布置类似于相关双采样的电路以在电荷域进行偏移量的消除 [33]。

在每个像素中加入放大器不仅引起阈值电压变化 (如式 (5.10) 所示)，也会导致梯度变化，即电压灵敏度也会发生变化。但实际上电压灵敏度的变化并不严重，因为阈值电压的变化是由每个晶体管沟道的微观条件随机决定的，相邻像素之间的相关性很低，差异很大，会导致图像质量的急剧下降。另一方面，普遍认为跨导 g_m(在 G_V 方程中可见)，以及 pn 结、栅极和杂散电容 C_{in} 的总电容 (主要决定源跟随放大器的电压增益) 是确定平均因子的宏观参数。这些参数在相邻的像素之间有一定程度的相关性，所以它们彼此之间差异不大。此外，源跟随放大器的电压增益也具有补偿 g_m 变化的作用。

三晶体管 (three-transistor，3T) 像素结构 CMOS 图像传感器的原理图如图 5.43。在工作中，由垂直存取电路产生的行选择脉冲被施加到行选择晶体管 RS 以及 MOS 图像传感器上，使得源跟随放大器处于工作状态，且垂直信号线被设置为源跟随放大器的输出电压，在其上会产生与电压相对应的倍增电荷量。因此，垂直信号线中的放大信号电荷由源跟随放大器提供。这与 MOS 图像传感器完全不同，在 MOS 图像传感器中，垂直信号线上的信号电荷来自 PD 中光照产生的信号电荷。由于 PD 中的信号电荷不移动，而是保持读出操作，这种读出方式被称为无损读出。为了开始下一次曝光，通过把垂直存取电路中产生的复位脉冲施加到复位晶体管 RS 上使 PD 复位，然后将水平存取电路产生的列选择脉冲施加到列选择晶体管 CS 上。垂直信号线的电压由输出部分输出，在偏移量变化被消除后，通过列选择晶体管存取，并以串行输出。在一行的所有列都输出后，进行下一行的操作 (类似 MOS 图像传感器)。

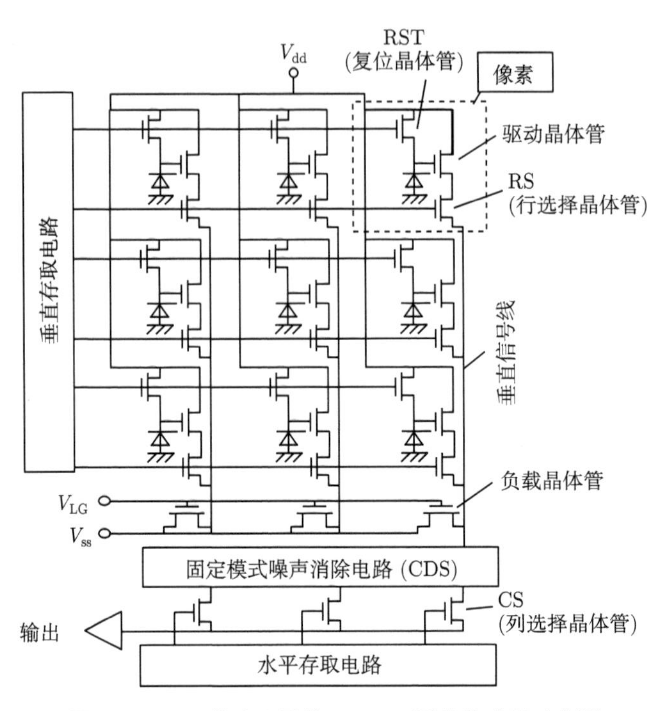

图 5.43　3T 像素配置的 CMOS 图像传感器示意图

图 5.44 为 3T 结构 CMOS 图像传感器中单个像素的读出操作示意图。图 5.44(a) 和 (b) 分别展示了读出时的横截面和电压分布。将电源电压 V_{dd} 和 V_{ss} 分别置为 3V 和 0V。在阶段①时，曝光刚刚结束，信号电荷 Q_{sig} 被存储在光电二极管中。接下来，行选择脉冲被施加到行选择晶体管，以激活源跟随放大器，其中电子开始从 V_{ss} 流向 V_{dd}，如②的图所示。由于光电二极管中存在 Q_{sig} 并与驱动晶体管的栅极相连，所以源跟随放大器输出信号电压。输出后，复位脉冲被施加到复位晶体管，使光电二极管复位到电压 V_{dd}，如③所示。随即，源跟随放大器输出对应于光电二极管中电压重置为 V_{dd} 的电压信号。在下一步，通过对输出②和④作差分以实现偏移量消除。

如上所述，3T 像素结构是 CMOS 图像传感器的一种基本结构。但目前，这种结构并没有被广泛地用于 CMOS 图像传感器，原因是 3T 像素配置有以下三个缺点：①暗电流较大。因为光电二极管的 n 型区直接用金属线连接到驱动晶体管的栅极，无法应用掩埋式光电二极管。②难以实现更高的输出电压。由于光电二极管还具有浮动扩散节点的作用，其电容不能设置过低，否则将难以实现高动态范围，图 5.40 中的梯度也无法提高。③光电二极管的复位 (kTC) 噪声无法被消除。因为信号输出和复位输出的复位情况不同，即两个复位噪声之间没有相关性，但它们之间又存在复位操作，如图 5.44 所示。为了实现复位噪声的消除，需要一个帧存储器来存储先前的复位情况。而偏移量的变化可以通过消除电路来消除。

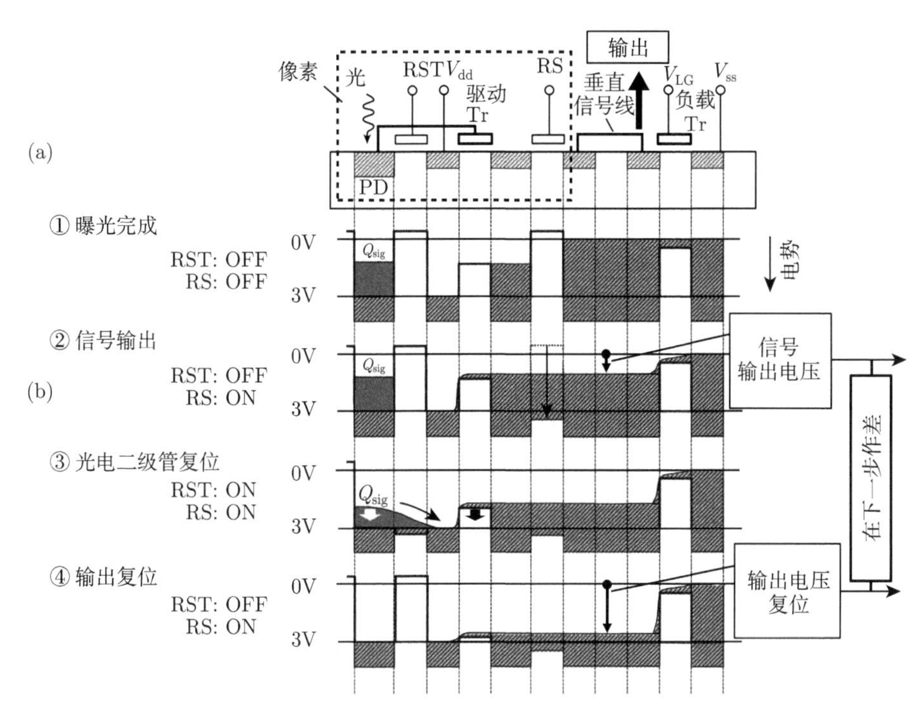

图 5.44 3T 像素结构中一个像素的工作示意图

(a) 器件横截面；(b) 工作中器件电位变化

为了克服这些缺点，高性能 CMOS 图像传感器采用 4T 的像素结构，这将在 5.3.2.2 节中讨论。

5.3.2.2 四晶体管像素结构

图 5.45 中比较了 3T 像素结构和 4T 像素结构。对比 3T 像素结构，4T 像素结构的不同之处在于在光电二极管和驱动晶体管之间引入了独立于光电二极管的浮置扩散电容，以及控制信号电荷从光电二极管到浮置扩散电容的读出转移的传输栅 (transfer gate，TG)。在读出操作过程中，通过向传输晶体管的栅极施加读出脉冲，使光电二极管中的信号电荷被转移到浮动扩散区，浮动扩散区的电压变化由源跟随放大器检测，源跟随放大器由驱动晶体管和负载晶体管组成 (与 3T 像素相同)。

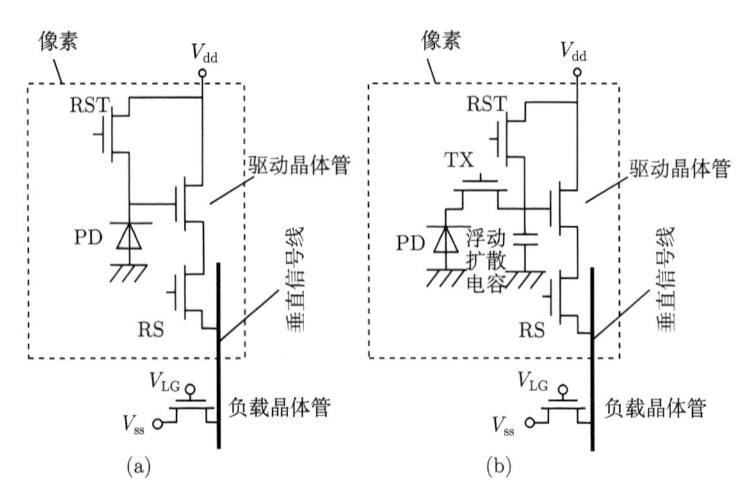

图 5.45　不同像素结构的比较

(a) 3T 像素结构；(b) 4T 像素结构

图 5.46 是由 4T 像素结构组成的 CMOS 图像传感器的示意图。总体来说，除了信号电荷从光电二极管到浮动扩散电容的读出转移以及由光电二极管和浮动扩散电容的复位操作外，其余操作过程与 3T 传感器相同。

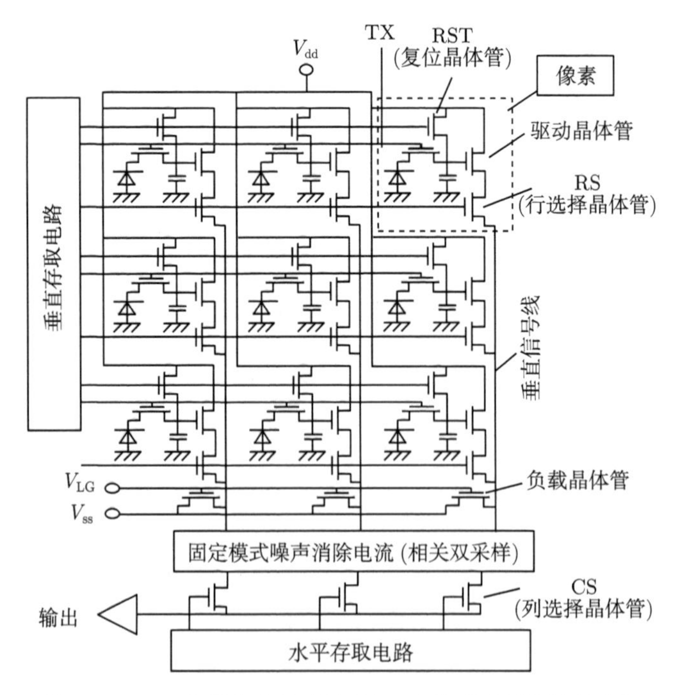

图 5.46　4T 像素结构组成的 CMOS 图像传感器的示意图

图 5.47 是 4T CMOS 图像传感器中单像素的工作时序示意图。图 5.47(a) 和 (b) 分别显示了工作中的横截面图和电位分布。在图 5.47 中，①表示在曝光结束后，光电二极管和浮动扩散区中分别有信号电荷 Q_{sig} 和噪声电荷 Q_{noise} 的累积。最初，通过对行选择晶体管 RS 施加行选择脉冲来激活源跟随放大器，电子开始从 V_{ss} 流向 V_{dd}，如②所示，此时 (在读出操作之前)，累积在浮动扩散区中的噪声电荷 Q_{noise} 也被重置。随后，浮动扩散区的复位电平作为复位输出电压被输出，如③所示。垂直存取电路产生的读出脉冲施加到传输晶体管的栅

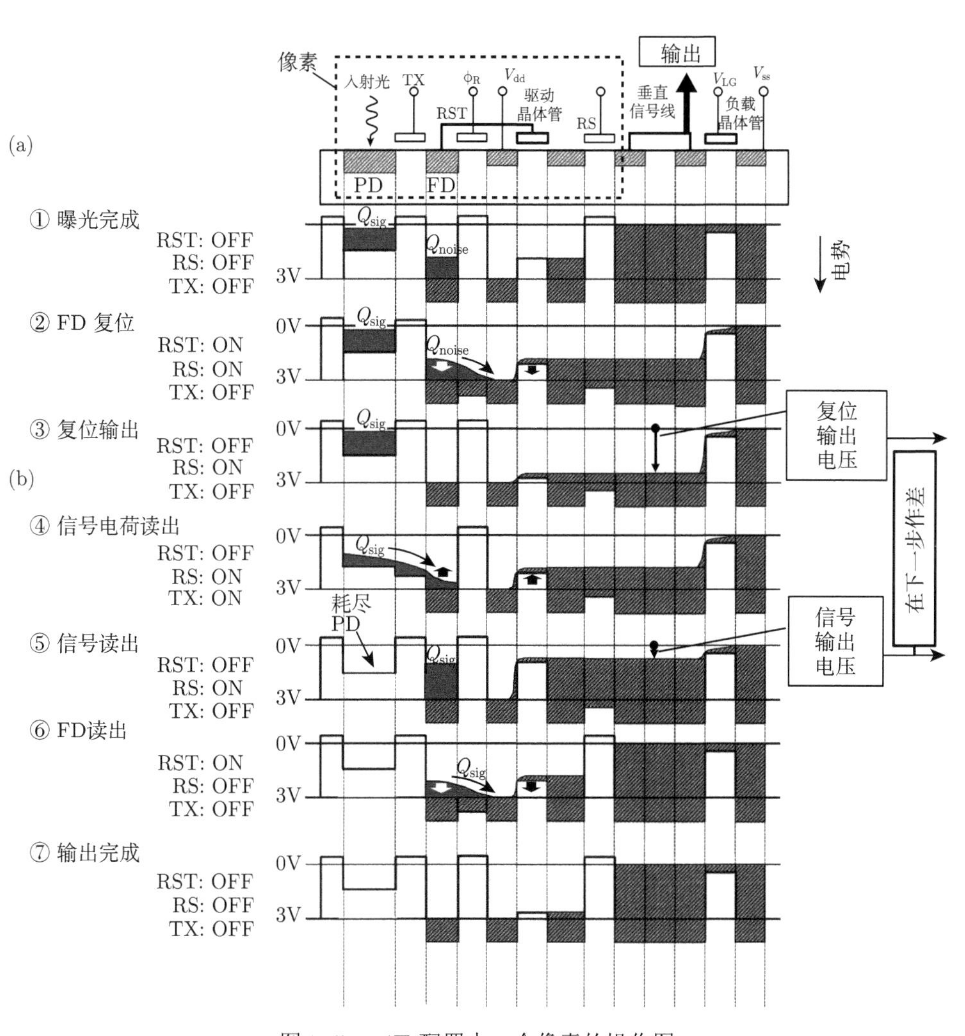

图 5.47 4T 配置中一个像素的操作图

(a) 横截面视图；(b) 按电势分布的操作图

极，因此光电二极管中累积的信号电荷 Q_{sig} 转移到了浮动扩散区中，如④所示。这就是 5.1.2.2 节中提到的电荷转移操作。信号电荷转移使浮动扩散区的电势降低，其电势被源跟随放大器输出为信号输出电压，如⑤所示。在信号完成输出后，浮动扩散区的信号电荷被重置，如⑥所示。然后完成一个读出和输出序列，如⑦所示。当信号电荷转移完成后，下一个曝光周期开始，如⑤所示。

信号输出电压和复位输出电压在浮动扩散区处的复位情况几乎相同，因此在下一步中使用消除电路对两者作差分运算，不仅可以消除偏移量，也可以去除浮动扩散区的 kTC 噪声。由于浮动扩散区的复位操作和信号电荷输出之间的间隔时间很短，故在浮动扩散区的暗电流可以忽略不计。在 4T 像素中，不需要金属布线直接接触光电二极管的 n 型区域，p^+ 层能够完全覆盖 n 型区域以形成掩埋型光电二极管，从而在很大程度上抑制暗电流。此外，在结构上浮动扩散区独立于光电二极管，故可以实现更高的与浮动扩散区电容 C_{in} 成反比的电荷–电压转换系数。以上是 4T 像素结构相对于 3T 像素结构的 CMOS 图像传感器的显著优势。因此，高性能的 CMOS 图像传感器普遍采用 4T 像素结构。

4T 像素结构中的噪声是来自浮动扩散区的复位噪声、阈值电压差异引起的固定模式噪声、$1/f$ 噪声和源跟随放大器中驱动晶体管的热噪声。其中，浮动扩散区引起的复位噪声、V_{th} 变化引起的固定模式噪声、驱动晶体管的部分 $1/f$ 噪声可以通过相关双采样来消除。由于相关双采样的带宽较窄，热噪声的高频成分也会被去除。

5.3.2.3　共享像素结构

IT-CCD 的一个像素是由一个光电二极管和 CCD 的两个电极组成的，如图 5.10 所示。当光电二极管的四周存在隔离层时，由于像素结构中各个部分可以紧邻排列，所以单位像素尺寸较小。对于 4T 像素结构的 CMOS 图像传感器来说，至少需要一个光电二极管和四个晶体管，每个晶体管又由栅极、源极和漏极的两个扩散层以及它们周围的隔离层组成，这导致其需要较大的像素尺寸。这是 CMOS 图像传感器直到 20 世纪 90 年代末才开始批量生产的主要原因，而 MOS 图像传感器和 CCD 的生产在 20 世纪 80 年代初就开始了。为了降低成本，在 MOSFET 制造工艺节点达到 0.35μm 左右后，4T 像素结构才会被制造。尽管如此，4T 像素结构仍至少需要四个晶体管。

作为一种像素缩小方法，小尺寸像素传感器的发展主流是使用共享像素结构 [34]。在图 5.48(a) 所示的双共享像素结构的例子中，两个像素共用相同的复位晶体管、驱动晶体管 (放大晶体管) 和行选择晶体管，而光电二极管、传输 (读出) 晶体管和浮动扩散区则不被共享，且浮动扩散区通过布线连接。由于两个像素有五个晶体管，所以每个像素的晶体管数量减少到 2.5 个。图 5.48(b) 中展示了一个四共享像素结构的例子。由于共享部分与图 5.48(a) 相同，此时四个像素中一共存在七个晶体管。共享像素数量的增加导致浮动扩散区的电容增加，连接的浮动扩散区增加即意味着电荷–电压转换系数的下降，即输出电压和电荷量增益的下降。因此，需要根据系统的整体性能而进行具体设计。

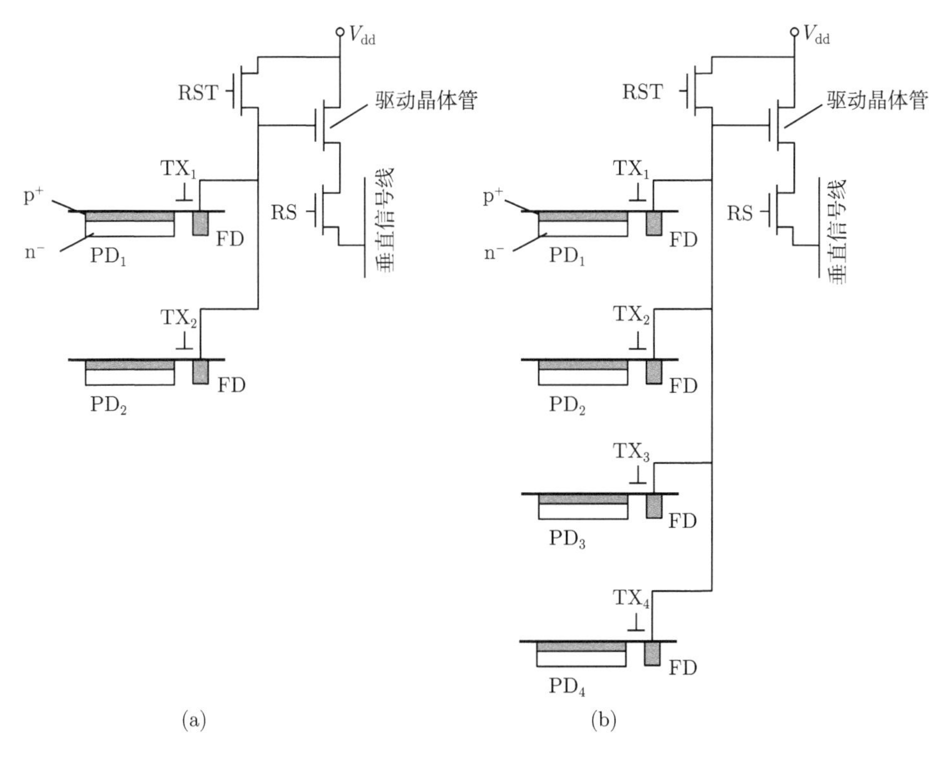

图 5.48 共享像素结构

(a) 二共享像素结构示意图；(b) 四共享像素结构示意图

另一方面，进一步减少晶体管数量的方法是使用浮动扩散区驱动结构 [35,36]，如图 5.49 所示。图 5.49(a) 和 (b) 分别显示了垂直四共享像素结构与水平和垂直四共享像素结构的例子。

与图 5.48(b) 相比，图 5.49(a) 中不含行选择晶体管。在这种情况下，浮动扩散区的电压低于满电荷时的电压，在行选择操作中，只有属于所选行像素的浮动扩散区通过 RST 被置为时钟电压源 V_{dd} 的高压状态。随后，信号电荷就如普通 4T 像素传感器一样从光电二极管转移到浮动扩散区，连接到驱动晶体管栅电极的浮动扩散区被置为更低的电压。如果多个驱动晶体管连接到图 5.47 中⑤的垂直信号线上，而其中只有一个驱动晶体管的栅极电压高于其他的驱动晶体管，显然，从 V_{ss} 到 V_{dd} 的流动电子会选择由像素决定的最低势能通道。这意味着在图像传感器里没有被选中的行中，其驱动晶体管类似关断的状态，即输出放大器输出的信号电荷量几乎全部来自被选像素。

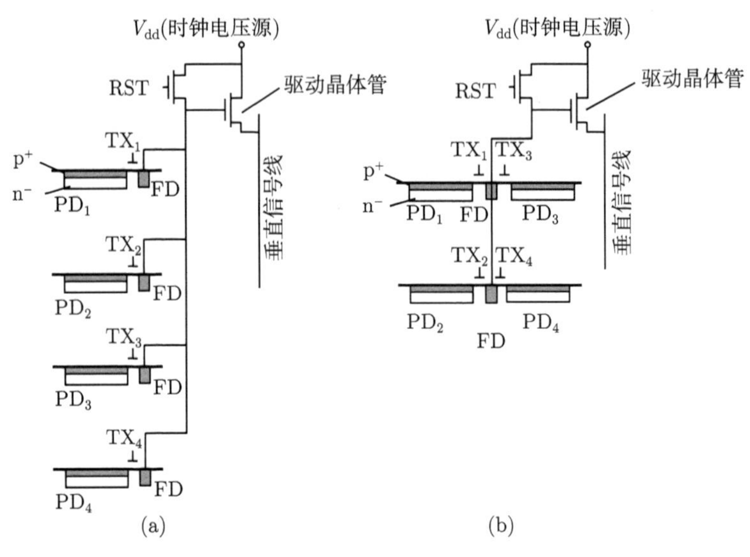

图 5.49　由浮动扩散区驱动结构构成的像素结构

(a) 垂直四共享像素结构；(b) 水平和垂直四共享像素结构

在这种结构中，四个像素使用六个晶体管，所以每个像素的晶体管数量为 1.5。在水平和垂直共享像素的情况下，如图 5.49(b) 所示，浮动扩散区被两个水平像素共享，因此具有浮动扩散区电容较低的优点，即抑制了电荷–电压转换系数的下降。

由于垂直共享像素的配置在水平和垂直方向上都具有平移对称性，图形化工艺过程中的未对准会给所有像素带来同样的影响，保证了像素之间的均匀性。水平和垂直共享像素结构在垂直方向上具有平移对称性，在水平方向上具有反射对称性，所以水平方向的未对准容易给左侧和右侧的像素带来相反的效果，即在偶数列和奇数列之间表现不同。此外也有八共享像素传感器的例子 [37]，这种类型的传感器在水平方向共享两个像素，在垂直方向共享四个像素。

共享像素结构中电荷的移动是通过金属线连接各个部分来实现的，这对于 CCD 是可能的，但对于 CMOS 图像传感器，这是一种减小像素尺寸的有效手段。另一方面，也许可以将 CCD 认定为一种极限条件下的共享像素传感器，因为只有一个输出放大器通过无噪声连接被所有像素共享。

5.3.3 CMOS 图像传感器进展

正如上文所述，CMOS 图像传感器的像素结构和器件构成已经基本发展成熟，现在追求的目标是实现性能的提高，从而与 CCD 竞争。具体地说，由于 4T 像素结构能够通过掩埋型/钉扎型光电二极管和列相关双采样电路以降低像素噪声，所以抑制后续读取电路的噪声变得更加重要。对于图像传感器来说，首先要降低模拟电路中的噪声以提高信噪比，其次对光强信号进行数字化处理时应在降低噪声的基础上加快处理速度，同时还应发展通过提高入射光利用率以提高灵敏度的技术。

5.3.3.1 模拟输出传感器中的降噪电路

信号放大是减小后续电路噪声影响的基础。因此，由新放大器引入的固定模式噪声需要额外的固定模式噪声消除电路来去除。

1) 放大噪声消除器

在模拟电路结构中，以前一级电荷量乘以像素放大器放大倍数作为驱动下一级电路的输入电荷量。由于可用电压范围和电容量有限，往往很难做到在引入新噪声之前完全放大信号。使用列放大器结构可以减少经过相关双采样电路后的噪声影响。虽然可以在图 5.46 中的相关双采样电路之前或之后设置一个放大器，但其电路中的垂直信号线之后还有一个具有抵消偏移变化功能的列放大器 [38]，如图 5.50 所示。

当浮动扩散区复位时，列放大噪声消除器中的开关 ϕ_1 和 ϕ_2 变为导通状态，以保证列放大器的输入部分钳位。ϕ_2 关闭后，读出脉冲施加到传输晶体管的栅极，将光电二极管中的信号电荷转移到浮动扩散区，放大后的差分信号由列放大器输出。列放大器的电压增益 G 由 $G = C_1/C_2$ 给出，增益越高，降噪效果越好。但是，如果放大的信号在电路的电压范围内达到饱和，这样做就没有意义。此外，低电平信号本身需要更高的增益才能获得更高的信噪比。因此，列放大器通过选择最佳电容作为 C_2 来自适应地选择增益。

在该结构中，列放大器本身、像素放大器和噪声消除器的噪声被抑制，并且噪声对基本电路的影响降低至原来的 $1/G$。由于列放大器在带宽小于 1MHz 的情况下并行工作，因此前级产生的较高频率噪声 (例如源跟随放大器中晶体管中的热噪声) 也会降低。放大后的差分信号被采样并保存在各列的采样电容中，然后通过列选择晶体管 CS 输出到水平信号线。

2) 高增益双级降噪器

上述降噪结构不仅消除了像素放大器和列放大器的噪声，也消除了由噪声消除器引起的噪声。降噪结构中的噪声影响也被抑制。如果列放大器增益足够高，则唯一残余的噪声是由 kTC 噪声引起的列放大器输入节点电荷量变化引起的噪声，其会发生在 ϕ_2 变为关断状态时。在参考的电路结构中 [39]，图 5.50 中的噪声消除器的后面是图 5.42(a) 中讨论的差分电路，作为第二级差分电路，如图 5.51 所示。

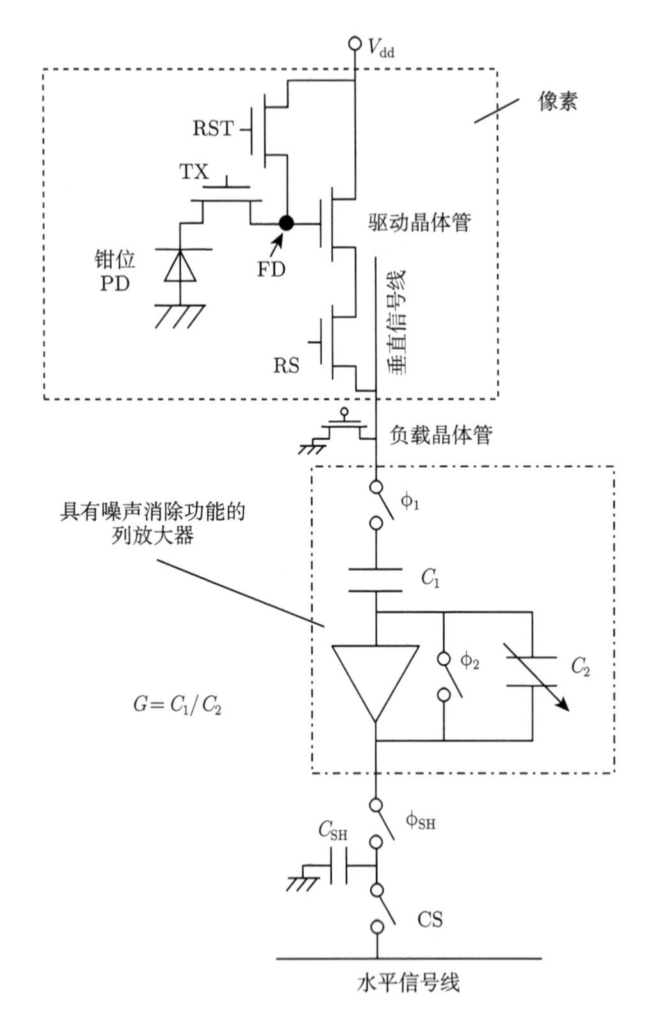

图 5.50　具有降噪功能的列放大示意图

经 Kawahito, S., Sakakibara, M., Handoko, D., Nakamura, N., Satoh, H., Higashi, M., Mabuchi, K., and Sumi, H., Proceedings of the IEEE International Solid-State Circuits Conference, Digest of Technical Papers, 12.7, pp. 224-225, 2003 授权

列放大器对应复位和信号电平情况的输出分别被采样并保持在 C_N 和 C_S 中，它们的差值由第二级差分电路输出。如图 5.42(a) 所示，这种差分电路不是在每列都存在，而是作为公共电路被设置在输出部分，并且需要较宽的带宽。

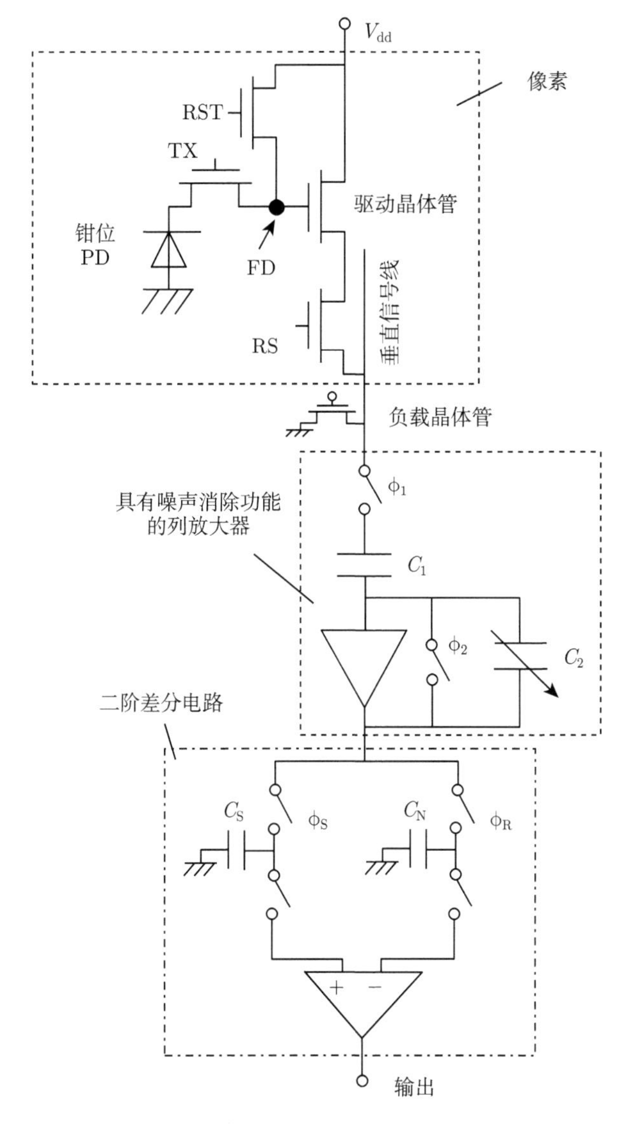

图 5.51　高增益双级降噪器示意图

经 Takahashi, H., Noda, T., Matsuda, T., Watanabe, T., Shinohara, M., Endo, T., Takimoto, S., et al., Proceedings of the IEEE International Solid-State Circuits Conference, Digest of Technical Papers, 28.6, pp. 510-511, San Francisco, CA, 2007 授权

5.3.3.2　数字输出传感器

如 1.2 节和 1.3 节所述，图像信息的四个因素中的三个 (空间、波长、时间) 已经被数字化为成像系统中的内置坐标。图像传感器仅检测进入每个坐标点的光照强度。目前，信号电压是通过检测电荷转移导致的浮动扩散区电势变化而检测到的，它

与光照强度成正比。因此到目前为止，光照强度在本书中一直被看作一个模拟量。

在 20 世纪 90 年代中期数码摄像机出现在市场上之前，图像信息的记录方式为将经过处理①的模拟电压信号记录到录像带中，但从互操作性 (兼容不同系统)、媒体和无损转移的角度来看，数字信号系统是非常必要的。此外，由于数字信号在多种功能和稳定性方面优于模拟处理，因此模拟传感器的输出在信号处理之前通过模数转换器 (analog-to-digital converter, ADC) 进行数字化，如图 5.52 所示。

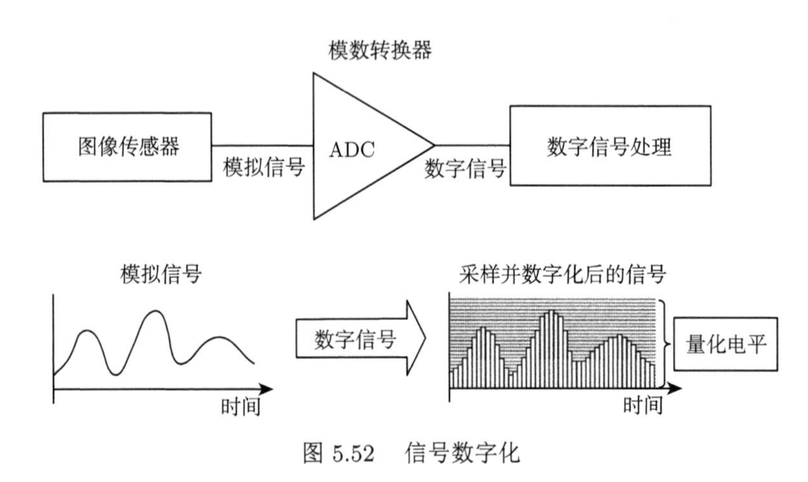

图 5.52 信号数字化

从信噪比的角度来看，这是可取的。因为模拟可以取任意值，所以可以将噪声添加到模拟信号，而数字信号只允许在系统中取一个量化值②。因此，数字信号系统对噪声的容忍度高，这也是转换为数字信号后不会引入额外噪声的优势③。从此意义上说，应该尽早进行模数转换。根据数字化处理的阶段和方法不同，可以添加一些新功能，例如下文将介绍的高速读出功能。

采样和量化对于模数转换是必需的，如图 5.52 的右下角所示。采样是指以特定频率对模拟信号进行采样。在 “L” 位数字系统中，只允许取 “2L” 个数目的离散值。量化是指将采样的模拟值替换为 2L 值中最接近的离散值。光照强度信息数字化分为三个阶段，如下所示 [40,41]。

(1) 芯片级 ADC：在同一芯片上形成独立的 ADC 设备与传感器，无需进行大量开发，如图 5.53(a) 所示。这种类型的 ADC 要求传感器的模拟输出和 ADC 具有相同的频率范围 (约 30MHz)，并具有独立的芯片结构。这种结构不需要来自芯片的高频模拟输出，但也没有额外的功能和带宽优势。

① 曾经有一段时间将模拟信号转换为数字信号以应用高功能数字信号处理，然后再转换回模拟信号以进行模拟记录。

② 对于特定应用需要足够的分辨率。

③ 虽然可以通过算术处理增加噪声成分率，但这并不意味着添加了新的噪声。

(2) 列级 ADC：这种类型的 ADC 在消费级应用中已广泛投入使用。如图 5.53(b) 所示，图像传感器的每列都会设置一个 ADC 传感器。由于模数转换在较低带宽 (<1MHz) 下并行，因此它在噪声性能方面具有优势，且其数字化信号的输出速度是芯片级 ADC 传感器的 10 倍。

(3) 像素级 ADC：在这种配置中，在每个像素内部集成一个 ADC，如图 5.53(c) 所示。由于像素并行处理，即使在更低的带宽下，也可以进行模数转换。由于单个像素内部往往需要集成多个晶体管，并且只用于特殊用途，目前这些传感器仍在研究中 [42]。

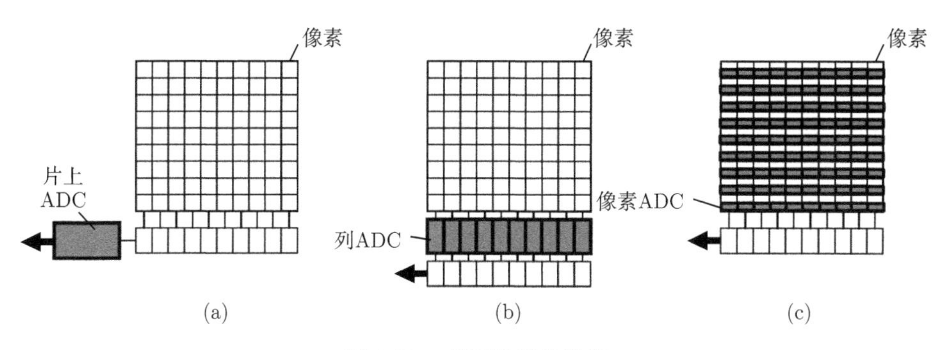

图 5.53　信号数字化阶段

(a) 芯片级 ADC；(b) 列级 ADC；(c) 像素级 ADC

1) 芯片级 ADC 传感器

芯片级 ADC 传感器如图 5.54[43] 所示，由于需要被数字化的模拟信号频率约为 30MHz，因此需要与 ADC 具有相同的带宽。在图中，绿色像素信号和红色/蓝色像素信号分别从顶部和底部读出，因此该传感器具有双通道特性。每个通道都有一个流水线 ADC，可以实现并行处理和高速转换。由于电路尺寸与处理信号的步骤数成正比，流水线 ADC 很难用作列 ADC，然而它们具有高速性能的优势，因此适用于芯片级 ADC。当采用四共享像素结构时，单位像素晶体管数量为 1.75，像素间距为 1.75μm，总像素数为 810 万 (图 5.54)，输出为 12 位，最大帧率为每秒 12 帧。

2) 列级 ADC 传感器

源自像素特性的固定模式噪声可以通过在每一列设置的偏移消除电路来去除，但是由消除电路本身性能差异引起的明亮的列条纹仍然存在。相关双采样电路中也需要一定容量的电容来存储模拟信号，因此随着像素间距的缩小，列电路的电容尺寸会在垂直方向上增加。列级 ADC 是解决该问题的有效方法。目前已经提出的列级 ADC 包括使用时间信息的单斜坡积分型，由最高有效位编码的逐次逼近型和循环型，以及 ΔΣ 型。

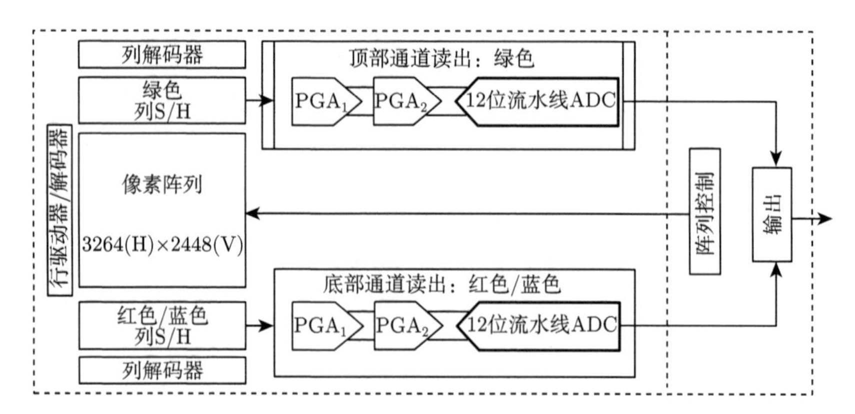

图 5.54 芯片级 ADC 传感器的框图

经 Cho, K., Lee, C., Eikedal, S., Baum, A., Jiang, J., Xul, C., Fan, X., and Kauffman, R., Proceedings of the IEEE International Solid-State Circuits Conference, Digest of Technical Papers, 28.5, pp. 508-509, 2007 授权

A. 单斜坡积分型 ADC

现实中最常使用的列级 ADC 类型是单斜坡积分型 [44,45]。通过在模拟电路中对信号进行处理并与数字区域中的相关双采样相结合，可以实现非常低的固定模式噪声。如图 5.55 所示，它由以下六个部分组成：① 像素阵列，② 行解码器，③ 列并

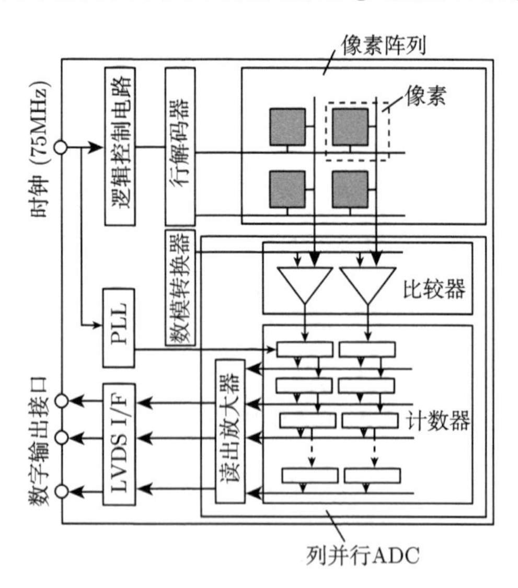

图 5.55 单斜坡集成型 ADC 传感器的系统框图

经 Yoshihara, S., Kikuchi, M., Ito, Y., Inada, Y., Kuramochi, S., Wakabayashi, H., Okano, M., et al., Proceedings of the IEEE International Solid-State Circuits Conference, Digest of Technical Papers, 27.1, pp. 1984-1993, San Francisco, CA, 2006 授权

行 ADC，④ 数模转换器 (digital-to-analog convertor, DAC)，用于生成斜坡信号，⑤ 逻辑控制电路，⑥ 数字输出接口。该传感器由 75MHz 主时钟驱动，通过锁相环电路产生 4 倍于 300MHz 频率的信号，实现了列并行 ADC、单斜坡 ADC 和低压差分信号接口的高速处理。像素输出通过耦合电容连接到比较器输入，斜坡信号则施加到另一个输入，如图 5.56 所示。

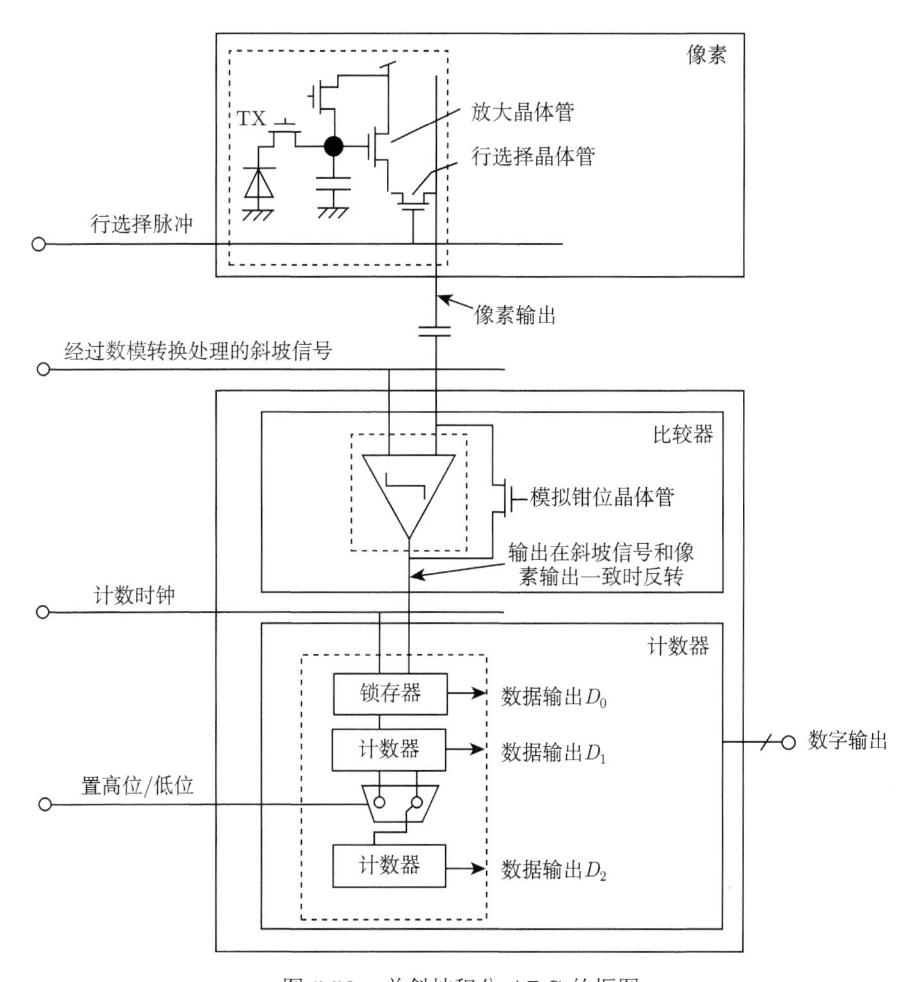

图 5.56 单斜坡积分 ADC 的框图

经 Nitta, Y., Muramatsu, Y., Amano, K., Toyama, T., Yamamoto, J., Mishina, K., Suzuki, A., et al., Proceedings of the IEEE International Solid-State Circuits Conference, Digest of Technical Papers, 27.5, pp. 2024-2031, San Francisco, CA, 2006 授权

在比较器之后是一个计数器，计数器接收上升/下降设置信号以指定计数方向，以在数字电路中实现相关双采样处理。在像素的浮动扩散区复位阶段，比较

器的像素信号输入和输出通过一个模拟钳位晶体管连接到钳位复位信号电平。由于这种操作与模拟相关双采样中的钳位操作相同，消除了比较器输入信号的复位电平变化。这也有助于缩短复位信号的计数周期，如后文所述。

从锁相环 (phase locked loop, PLL) 电路中计数时钟数，将复位信号转换为数字代码，比较器的输出在斜波信号和像素输出一致时反转。在复位信号期间，计数器被设置成通过上/下设置信号进行递减计数，按图 5.57 中的时序实现计数功能。

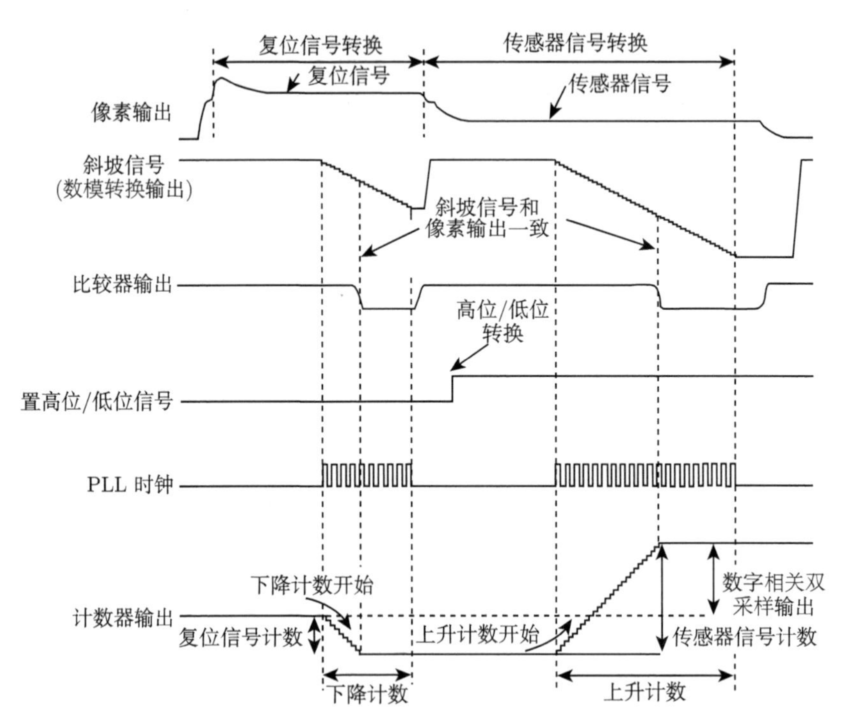

图 5.57　通过单斜坡集成的数字相关双采样的时序图

经 Nitta, Y., Muramatsu, Y., Amano, K., Toyama, T., Yamamoto, J., Mishina, K., Suzuki, A., et al., Proceedings of the IEEE International Solid-State Circuits Conference, Digest of Technical Papers, 27.5, pp. 2024-2031, San Francisco, CA, 2006 授权

之后，光电二极管中的信号电荷被读出到浮动扩散区，在像素输出端输出传感器信号。它们的计数方式与复位信号相同，只是被设置为上升计数。由于复位信号和传感器信号的计数方向相反，计数器以数字方式获得复位信号与传感器信号的差值，如图 5.57 中的计数器输出所示。通过这种方式，在数字域中得到了传感器和复位信号之间的差值，因此称这种方式为数字相关双采样，获得的数字数据被传输到每个计数器块的数据锁存器中。下一行的数据传输和模数转换并行处理。

这种结构具有低噪声的性能优势，这是因为其不仅具有高精度的偏移噪声功能，还具有更低的频率带宽，这要归功于按列并行处理的模数转换。通过列并行模数转换，即使传感器具有 280 万的像素数，也能实现 180f/s[44] 的高帧率以及 12 位的位深。据报道，数字相关双采样的列固定模式噪声的电子数噪声为 0.5。

由于单斜坡积分型 ADC 的电路相当简单，因此可以用于小间距的像素传感器，其低功耗的特性对于图像传感器来说也很合适。另一方面，为了增加数字编码的位数，需要大幅缩短转换时间，因此很难同时实现高速度和高数字分辨率。

B. 逐次逼近型 ADC

逐次逼近型模数转换器 (successive-approximation ADC, SA-ADC) 被用作列 ADC 以实现高速转换。所有位的数字代码从最高位开始计数，直到最低位。DAC 用于将一次转换后的数字代码重新转换为模拟信号，与比较器的输入模拟信号进行比较，以判断第二个最高有效位的数字。通过重复这个比较过程，每次提升一个位的精度。如果位数为 N，逐次逼近型 ADC 需要进行 N 次操作，但仅使用一个比较器就可以完成 N 次重复的模数转换。尽管需要重复操作，但只是用一个比较器，电路可以设计得更加紧凑。

图 5.58 是一个 14 位逐次逼近型 ADC 传感器的框图 [46]。在像素阵列周围，控制部分和输出在左侧，驱动器和 DAC 在右侧，列 ADC 在顶部和底部。图 5.59 是一

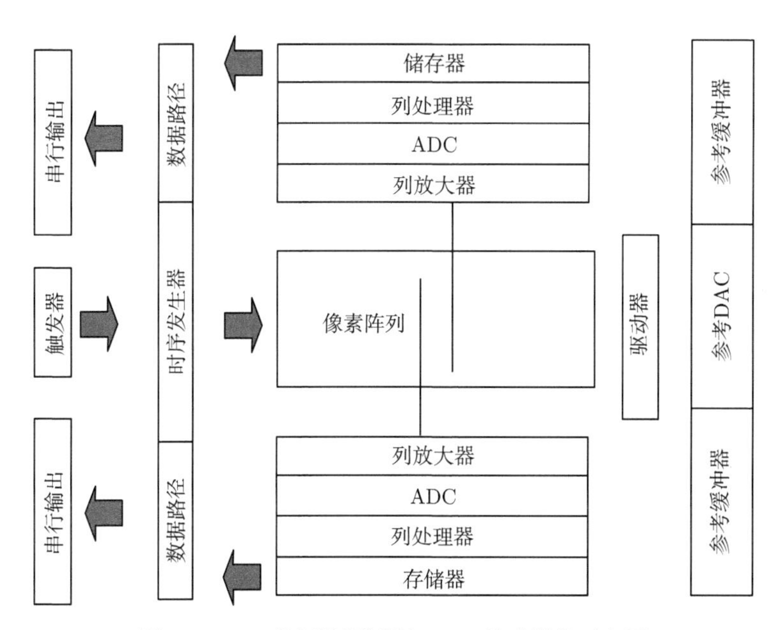

图 5.58 14 位逐次逼近型 ADC 传感器的示意图

经 Matsuo, S., Bales, T. J., Shoda, M., Osawa, S., Kawamura, K., Andersson, A., Haque, M., et al., Transactions on Electron Devices, 56(11), 2380-2389, 2009 授权

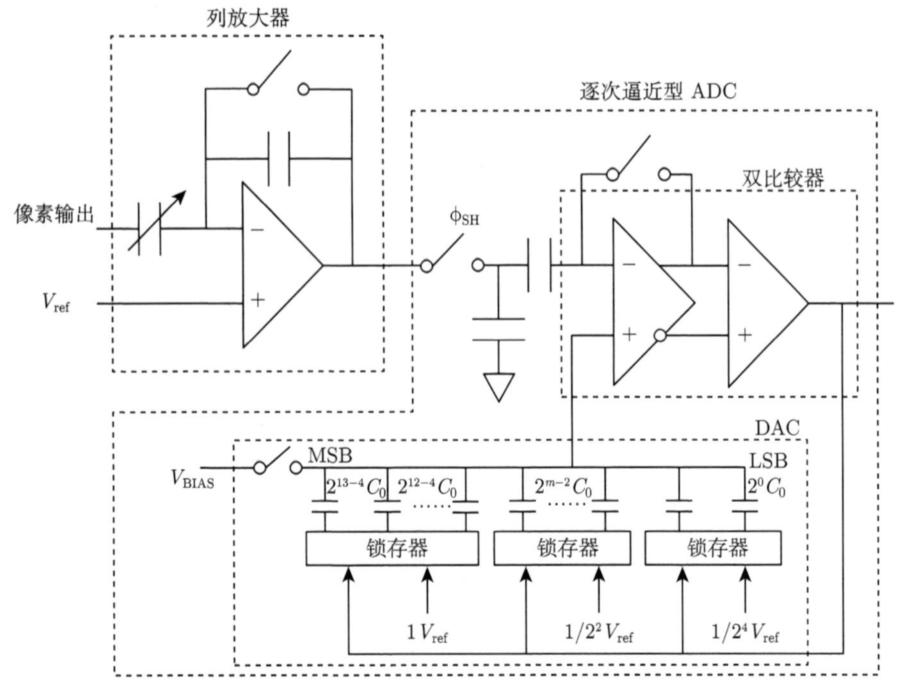

图 5.59　一个 14 位逐次逼近型 ADC 的电路图

经 Matsuo, S., Bales, T. J., Shoda, M., Osawa, S., Kawamura, K., Andersson, A., Haque, M., et al., Transactions on Electron Devices, 56(11), 2380-2389, 2009 授权

个逐次逼近型 ADC 的电路图。为了降低噪声，像素输出经过可变增益放大器进行放大。ADC 由两个比较器和 DAC 组成。在 DAC 中，电容器按照所需的位数和容量进行排列以处理多位数。为了减少电容数量和缩短电路尺寸，使用了三个不同的参考电压，包括标准电压、标准电压的 1/4 和 1/16。虽然逐次逼近型 ADC 在高速性能和低功耗方面通常表现优异，但电容所占用的面积比例会随着数字分辨率的提高而增加。

该传感器的像素间距为 4.2μm，帧率为 60f/s，这对于 890 万的高像素数来说已经比较高了。由于数字相关双采样的存在，列固定模式噪声电子数被抑制到 0.36。

C. 循环型 ADC

在循环型 ADC 中，数字从最高有效位开始逐位比较，并且采用逐次逼近的方式进行计数。由于分辨率是由循环数字决定的，与逐次逼近型 ADC 传感器不同，因此具有高速性能和高分辨率之间的兼容性优势。

图 5.60 是一个循环型 ADC 传感器的框图 [47]。虽然最初电路结构很复杂，但研究人员提出了适用于图像传感器的架构 [48]。图 5.61 显示了一个 13 位循环列并行 ADC 的电路结构。

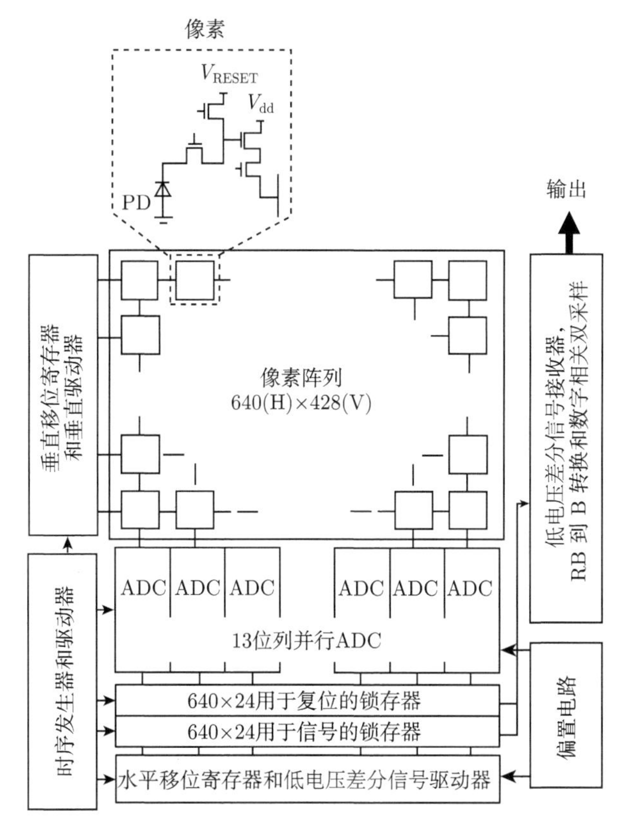

图 5.60　13 位循环型 ADC 传感器的框图

经 Park, J., Aoyama, S., Watanabe, T., Isobe, K., and Kawahito, S., Transactions on Electron Devices, 56, 2414-2422, 2009 授权

该 ADC 是由一个运算跨导放大器 (OTA)、电容 ($C_1 = C$，$C_2 = C/2$)、两个比较器组成的子 ADC 和 DAC。在模数转换之前，通过将所有开关设为开启状态以初始化系统，清除电容中剩余的全部电荷，此操作可以实现高精度的数字相关双采样。在采样过程中，在子 ADC 上施加输入信号，确定最高有效位，并且子 ADC 将 V_{in} 与两个参考电压 (V_{RCH}、V_{RCL}) 进行比较，并产生三种数字代码 $D([D_1, D_0])$，其值为 0、1 或 2。DAC 中的开关由最高有效位的数字控制。由于连接到放大器反相输入端的电容 (C_{1a} 和 C_{2b}) 与 V_{RCH} 或 V_{RCL} 相连，输入 V_{in} 会乘以 2，并从中减去参考电平。放大器输出由电容 C_{1a} 和 C_{2b} 采样，并用于第二位的确定。重复乘法和反馈操作，直到获得所需的数字编码。为了获得 13 位的数字编码，这个过程需要被重复 11 次。该传感器具有 5.6μm 的像素间距和 30 万像素以及 0.1 个电子的极低列固定模式噪声和 390f/s 的高帧率。

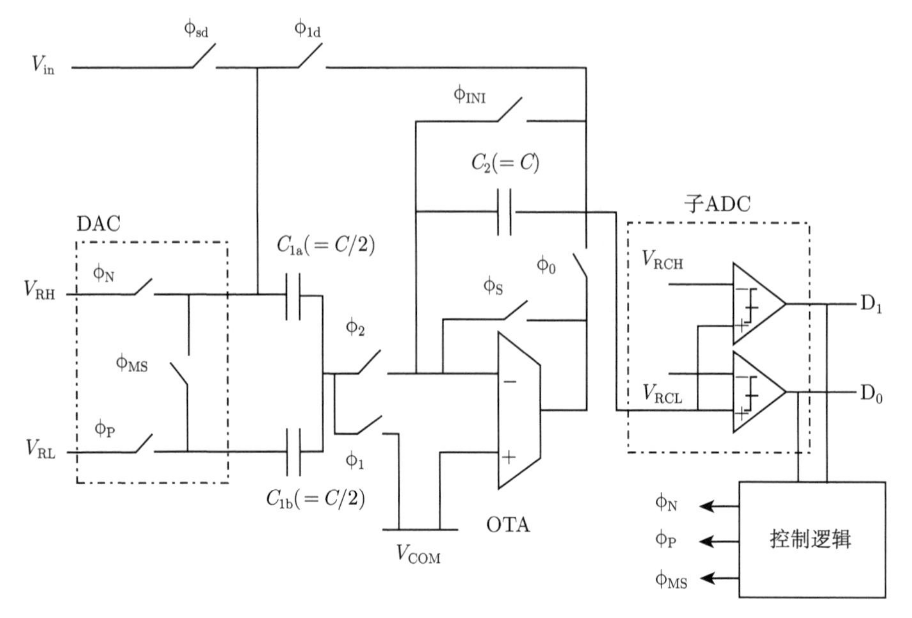

图 5.61　13 位循环列并行 ADC 的电路结构

经 Park, J., Aoyama, S., Watanabe, T., Isobe, K., and Kawahito, S., Transactions on Electron Devices, 56, 2414-2422, 2009 授权

D. ΔΣ 型 ADC

图 5.62 展示了一种 ADC 传感器 [49,50] 的结构框图，用于实现低噪声和宽动态范围。众所周知，ΔΣ 型 ADC 是通过一个高精度的模拟电路来实现采样和噪声整形，最终实现高分辨率。该传感器由像素阵列、列并行 ΔΣ 型 ADC、静态随机存取存储器 (SRAM) 组成。ADC 由 ΔΣ 调制器和抽取滤波器组成。该器件具有顶部和底部输出的双通道输出结构，具有 210 万像素和 2.25μm 的间距。来自像素的信号由 ΔΣ 型 ADC 进行数字化处理后传输到 SRAM，在下一行读取期间通过感应放大器进行输出转换。

图 5.63 和图 5.64 分别展示了一个水平转换的列读出电路原理图和时序图。该结构通过 6.85μs 的水平周期实现了 120f/s 的高帧率。在操作中，像素复位电平输出被输入到二阶 ΔΣ 调制器。由于 ΔΣ 调制器在转换过程中对输入信号进行过采样 (在本例中为 110 倍)，因此通过平均化处理可以实现降噪效果。调制器输出的信号（包括噪声）经过一个二阶减采样滤波器，其输出随时间的二阶函数增加，因此用于表示数字值所需的时钟数要比周期类型的方式少得多。因此，可以实现高速转换。对于一个模数转换，像素输出以 48MHz 的时钟频率在 2.3μs 内采样 110 次。在复位电平转换完成后，时钟停止，复位电平的每个位数都被反转。也

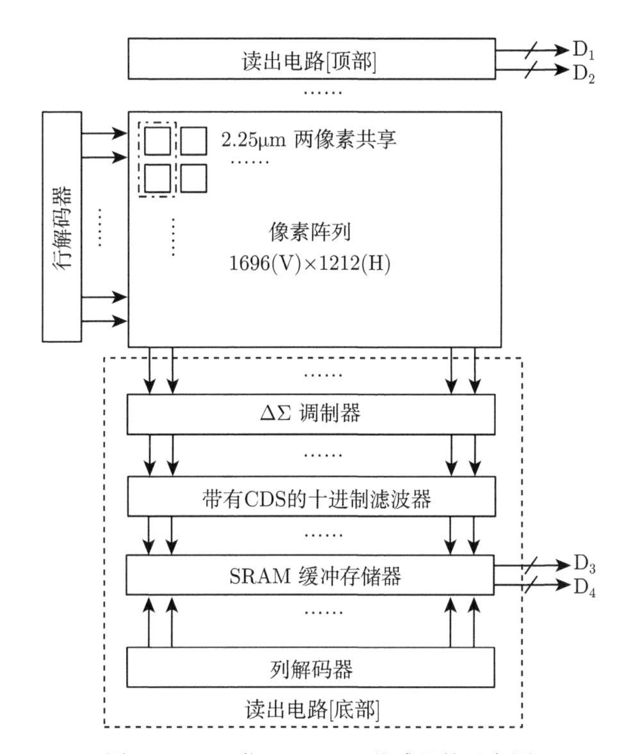

图 5.62 12 位 ΔΣADC 传感器的示意图

经 Chae, Y., Cheon, J., Lim, S., Lee, D., Kwon, M., Yoo, K., Jung, W., Lee, D., Ham, S., and Han, G., Proceedings of the IEEE International Solid-State Circuits Conference, Digest of Technical Papers, 22.1, pp. 394-395, San Francisco, CA, 2010 授权

就是说，从 D_{RST} 得到了 $\overline{D}_{\mathrm{RST}}$，如图 5.64 底部所示。这个负的复位值被用作像素信号电平第二次转换的初始值。通过此操作，可以得到信号电平减去复位电平的数字差值，从而实现数字相关双采样。

采用二阶 ΔΣ 型 ADC 而不是一阶 ΔΣ 型 ADC 的理由如下。

(1) 在一阶 ΔΣ 型 ADC 的情况下，转换 2^N 次才能获得 N 位，要获得 12 位需要超过 1GHz 的高速时钟。

(2) 由于待转换的像素信号是 DC 信号，转换的次数有限，一阶 ΔΣ 型 ADC 无法进行准确转换。

(3) 在一阶 ΔΣ 型 ADC 的情况下，需要高达 70dB 的放大增益以避免转换时的带宽损失。

因此，在 2.25μm 像素间距和双通道输出的条件下，考虑到对于高性能的追求，如在 120f/s 的高帧率下要求具有 12 位的位深度、在 60f/s 下具有 13 位的位深度，并且具有低噪声、低功耗和高动态范围，则该传感器需要采用二阶 ΔΣ 型 ADC。

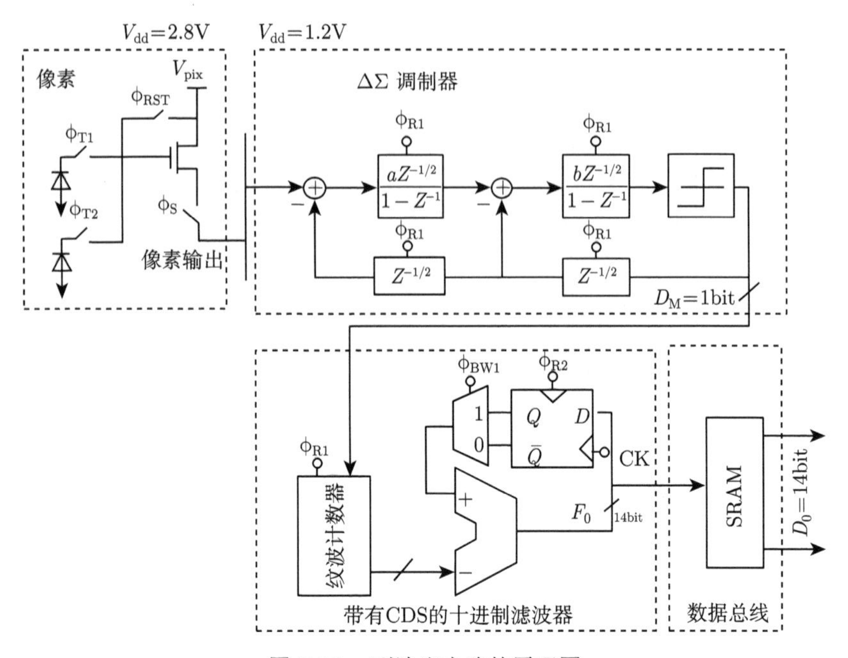

图 5.63 列读出电路的原理图

经 Chae, Y., Cheon, J., Lim, S., Lee, D., Kwon, M., Yoo, K., Jung, W., Lee, D., Ham, S., and Han, G., Proceedings of the IEEE International Solid-State Circuits Conference, Digest of Technical Papers, 22.1, pp. 394-395, San Francisco, CA, 2010 授权

如上所述，列并行 ADC 已经通过各种类型的 ADC 实现，并且其中一些已经成功商业化。随着 CMOS 工艺节点的进步和电路设计技术的发展，最佳技术选择的边界条件可能会发生变化，这是未来发展的目标。

3) 像素级 ADC

如果在像素中进行光照强度信息的模数转换，则在读出过程中不会引入新的噪声。这不仅在信噪比方面具有巨大优势，而且在像素内部和像素间的灵活操作和信号处理中也非常重要。由于是在每个像素中进行处理的，所以可以将其视为是极限情况下的并行处理，这也有益于实现高速性能和灵活时序。此外，根据方法和应用程序的不同，并不是所有图像传感器都会采用基于帧的累积模式。

虽然已经有各种常规方法开发的像素级 ADC，但在这里介绍一种独特的传感器，尽管它通常被归类于宽动态范围传感器，但可以认为是像素级 ADC，即使其并没有使用所谓的“模数转换器”电路。正如在 1.2.3 节的第一个脚注中所述，该传感器是本书中不属于“几乎所有图像传感器”的第一个例子。脉冲光传感器 [51] 的像素电路图和输出如图 5.65(a) 和 (b) 所示。

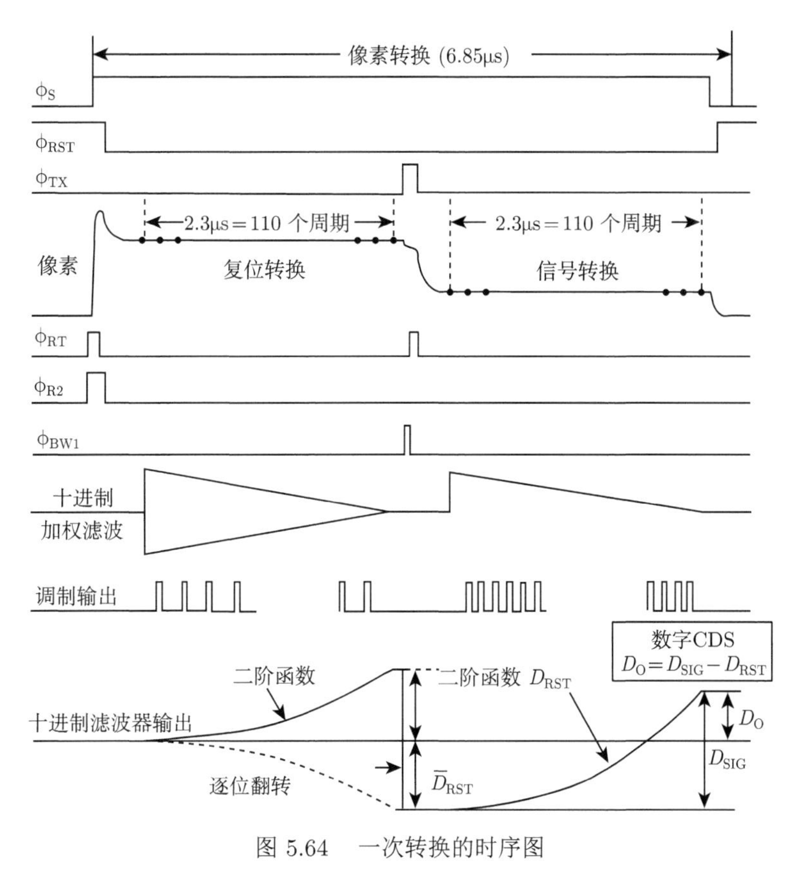

图 5.64 一次转换的时序图

经 Chae, Y., Cheon, J., Lim, S., Kwon, M., Yoo, K., Jung, W., Lee, D., Ham, S., and Han, G., Journal of Solid State Circuits, 46, 236-247, 2011 授权

图像传感器的光电二极管中的 n 型区域连接到电压源 V_{dd}，复位晶体管在光电二极管的 p 型区域和 GND 电平之间形成。p 型区域连接到集成的四级 CMOS 反相器链的第一级输入端。p 型区域的电压在复位操作之后处于 GND 电平，随着信号电荷 (空穴) 的增加而升高。当电压达到第一级反相器的阈值电压时，反相器的输出发生反转，导致后续反相器也反转。最后一级反相器的输出从低或 “0” 变为高或 “1”，使复位晶体管转为导通状态，将光电二极管中的 p 型区域复位至 GND 电平。然后，四个反相器的输出依次反转，直到最后一级反相器的输出切换为低电平或 “0”，使复位晶体管断开，完成复位操作并开始下一次信号电荷的积累。通过一系列的操作，从反相器链的最后一级输出一个脉冲。通过使用光电二极管的电荷容量作为标准单位来测量收集到的电荷量，当光电二极管中积累到预定的电荷量时，输出一个脉冲并对光电二极管进行复位。由于光照较强时输出的时钟脉冲频率更高，而在较暗的区域情况则相反，如图 5.65(b) 所示，可以认为

光强信息被转换为输出脉冲的频率。只需统计脉冲数量进行数字编码，就可以实现像素级别的 A/D 转换。采用四级反相器链是为了通过反相器的时间延迟确保复位晶体管有足够的时间进行复位操作。

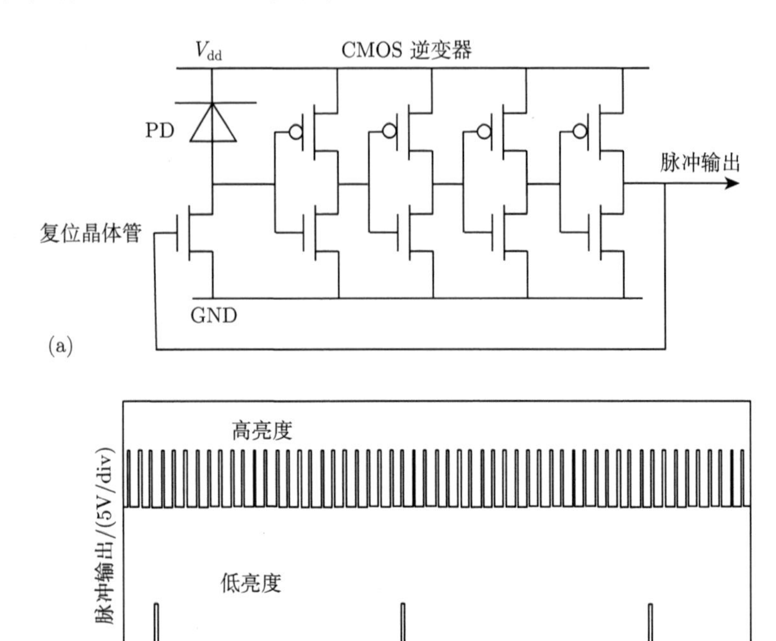

图 5.65　脉冲输出传感器

(a) 像素电路图；(b) 脉冲输出 (经 Yang, W., Proceedings of the IEEE International Solid-State Circuits Conference, 41st ISSCC Digest of Technical Papers, 13. 7, pp. 230-231, San Francisco, CA, 1994 授权)

在这种传感器中，影响量化结果的因素是光电二极管中电荷量的变化。因此，传感器输出的信号不是累积的信号电荷量 S，而是积分信号电荷量在像素 r_k 处达到预定量 ΔS_q 的时间 T，即 $T(\Delta S_q, r_k)$。

由于每个像素中的像素级 ADC 中都包含处理信号的电路，因此每个像素都需要许多晶体管 (此外还存在一些其他问题)，这也是像素级 ADC 仍在研发中，且仅用于特殊用途的原因。但是，如果这类 ADC 可以广泛应用，信号读出过程中的噪声就不会成为问题，而且它们将拥有很好的易用性。这一预测让人想起 CMOS 图像传感器技术，尽管该类图像传感器每个像素需要多个晶体管和全差分运算放大器，而 CCD 则只需要一个共同的全差分运算放大器，但由于晶体管尺寸缩小等，这种技术已经成为主流。

在实现像素级 ADC 的过程中，除了光子散粒噪声之外，不允许存在其他噪声。

因此通过对目前 ADC 电路进行缩小以解决像素级 ADC 传感器是值得怀疑的。

在光电转换中，硅吸收一个光子并产生一个信号电荷。由于光子是光的量子化粒子，因此如果可能的话，对光照强度的最精确测量应该是逐个计数光子。虽然有计数光子的方法，但只适用于光子间隔足够长的情况，也就是目前情况下非常低的照度。这些方法无法在高照度情况下应用，即许多光子同时或连续到达传感器的情况。如果能直接计数每个光子，那将是一个理想的解决方案。但目前只能寄希望于未来的新概念和新技术的出现。

5.3.3.3 提高灵敏度的技术

从信噪比的角度来看，灵敏度是图像传感器最重要的性能问题。除了在 5.3.3.1 节和 5.3.3.2 节中讨论的降噪方法以外，还可以通过诸如反射、吸收等技术来减少串扰以增强信号，从而减少光损耗。

1) 光导 (光导管)

在 5.1.2 节中讨论的片上微透镜，已经被广泛应用于将入射光引导到感光区域，特别是在 CCD 中。在 20 世纪 80 年代初，微透镜被提出用于像素间距约为 10μm、光圈约为 5μm 的器件中，这大约是现在像素间距和孔径宽的十倍。在光圈处的聚焦意味着将入射光线进行会聚，实现光线的精准入射。但入射光线的角度不仅包括垂直分量，还包括大量的斜向分量，这会降低光线聚焦的效率。因此研究出了内部透镜来抑制随着感光孔收缩和镜头聚焦长度缩短而引起的光线聚焦效率的下降。

在 CMOS 图像传感器中，常常需要使用多层金属布线和使用大规模 CMOS 集成电路，这将增加从微透镜的顶部到像素光电二极管的距离，因此光聚焦效率下降得更多。虽然多金属层的三维布线可以减小逻辑器件的成本，但会抑制光学性能，如灵敏度降低和串扰增加，特别是在像素间距较小的情况下。由于受到金属布线对光路造成的屏蔽、反射和衍射等影响，如图 5.66(a) 所示，光学路径宽度接近光波长，因此很难到达相应的光电二极管区域。导光管就是为了抑制这种类型的退化而研制的。

一些入射光线会散射到相邻的光电二极管，这就是串扰。在使用导光管的传感器中，彩色滤光片和光电二极管之间的光路被高折射率材料填充 [52]，如图 5.66(b) 所示。虽然微透镜的功能是聚焦光线，但在使用导光管的传感器中，入射光被限制在高折射率材料中，并被引导至光电二极管，功能类似于漏斗。使用这种方法可以抑制光损耗和串扰。

2) 背照式图像传感器

背照式图像传感器 (backside illuminated sensor, BSIs) 的入射光可以直接从

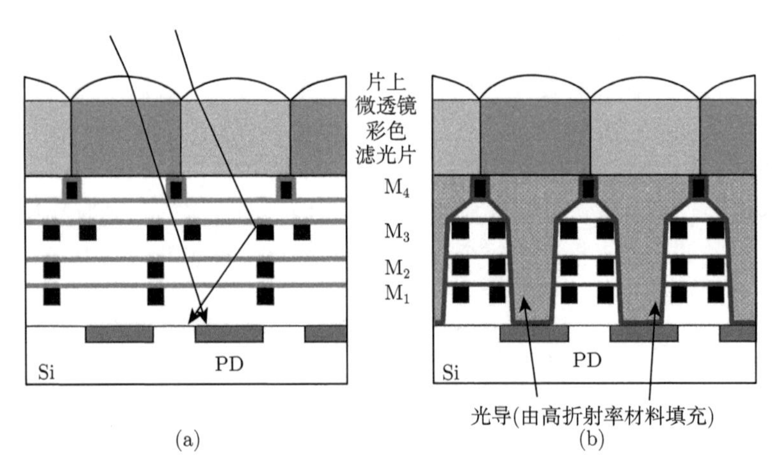

图 5.66　具有四金属层布线像素的 CMOS 图像传感器示意图

(a) 无光导；(b) 有光导 (经 Gambino, J., Leidy, B., Adkisson, J., Jaffe, M., Rassel, R. J., Wynne, J., Ellis-Monaghan, J. et al., Proceedings of the International Electron Devices Meeting, Technical Digest, pp. 5.5.1-5.5.4, San Francisco, CA, 2006 授权)

传感器的背面或基片一侧到达光电二极管，而无须通过金属层。尽管背照式图像传感器早在 1972 年就随着首个 FT-CCD4 被提出，但制造薄硅晶片的加工工艺复杂且昂贵，所以背照式图像传感器仅用于科学测量 [53] 等特殊应用，并且仅应用于单色图像传感器。因此，当背照式图像传感器 [54] 被提出用于消费级单芯片彩色照相机时，一场技术革新浪潮悄然兴起 [55]。图 5.67 展示了正照式图像传感器和背照式图像传感器的器件截面示意图。

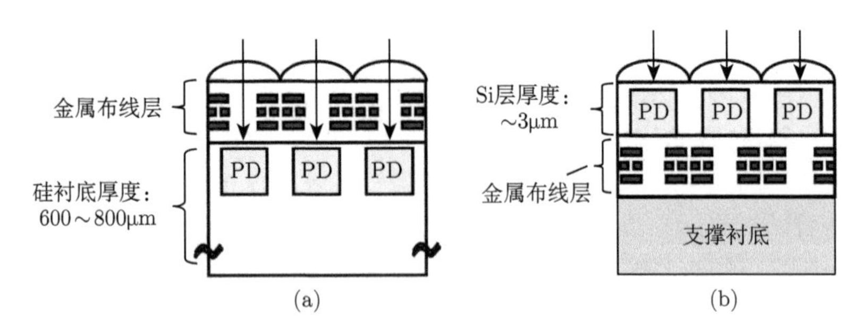

图 5.67　(a) 正照式图像传感器；(b) 背照式图像传感器的简化截面示意图

在正照式图像传感器中，入射光必须穿过金属布线层，而在背照式图像传感器中，光线可以直接到达光电二极管。因此，与正照式图像传感器相比，背照式图像传感器在灵敏度上具有优势。这一点很容易理解，即这种技术对单色传感器来说是有利的。但是，背照式图像传感器在灵敏度上并不是无条件地绝对优于正照式图像传感器。这将在本节和下面的 3) 节中进行详细描述。从像素设计的角度来看，金属布局的灵活性对背照式图像传感器有很大好处。

图 5.68 所示是实现背照式图像传感器结构所需的工艺流程：(a) 在第一个光电二极管中，进行电路和布线而形成正照式图像传感器；(b) 在表面一侧添加一个支撑衬底；(c) 对减薄后的晶圆进行研磨和刻蚀；(d) 处理新的背面表面以抑制暗电流，并形成光屏蔽膜；(e) 形成彩色滤光片和片上微透镜，完成工艺流程。图 5.68(b) ~ (d) 所示的步骤是为背照式图像传感器专门增加的。图像传感器是大规模集成器件的一种，自然是通过半导体行业中的技术 (包括制造工艺) 来制造的。迄今为止，图像传感器的固有技术包括本征吸杂 (IG)[56]、IG-epi 晶圆 [57]、掩埋/钳位光电二极管、彩色滤光片、片上微透镜、玻璃封装等。背照式图像传感器有着广泛的应用领域，无论是在数量上还是质量上都有很大的发展空间。即使新增的工艺增加了制造成本，但其带来的利益超过了该成本。

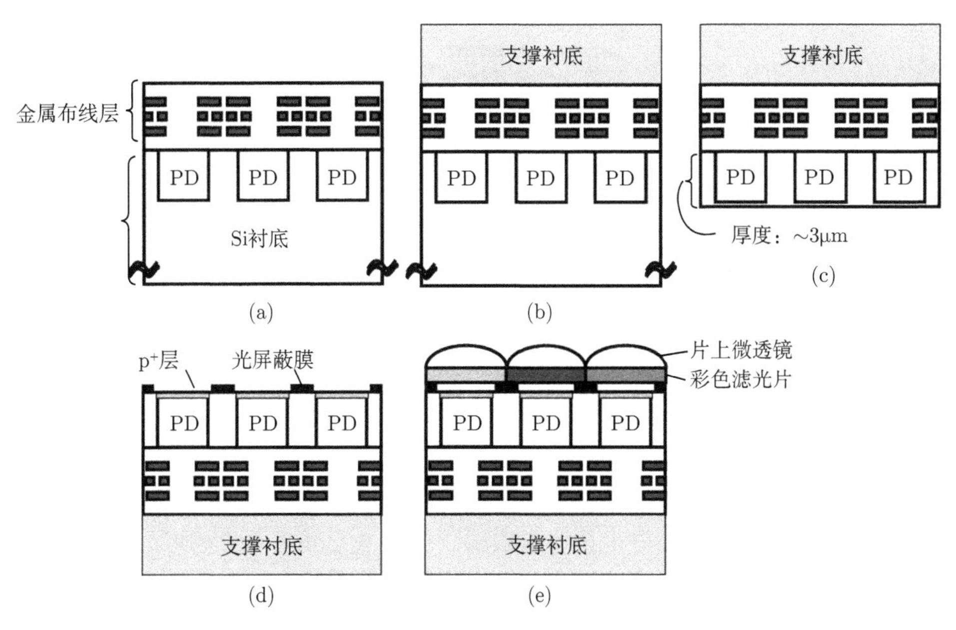

图 5.68 背照式图像传感器的制造过程的概念图

(a) 在硅片上形成电路和布线；(b) 支撑衬底的附着；(c) 晶片减薄；(d) 背面钝化和光屏蔽的形成；(e) 彩色滤光器和片上微透镜的形成

图 5.67 和图 5.68 是概念图。背照式图像传感器具有较好的光学性能 (如灵敏度等) 值得期待，尤其是在小尺寸像素中。

图 5.69 显示了一个实际的背照式图像传感器像素长宽比的横截面视图，其像素间距为 1.0μm，清晰地展示了单芯片彩色照相机中光电二极管的纵横比。显然，

PD 在垂直方向上相当长。正如 2.2 节所讨论的那样，为了能够吸收足够的红光，PD 的深度必须为 3 ~ 3.5μm，这与像素间距相吻合。由于目前的带有颜色的吸收型彩色滤光片的厚度约为 1μm，因此从微型透镜顶部到光电二极管感光表面的距离必须足够长，以有效地引导入射光到达光电二极管。

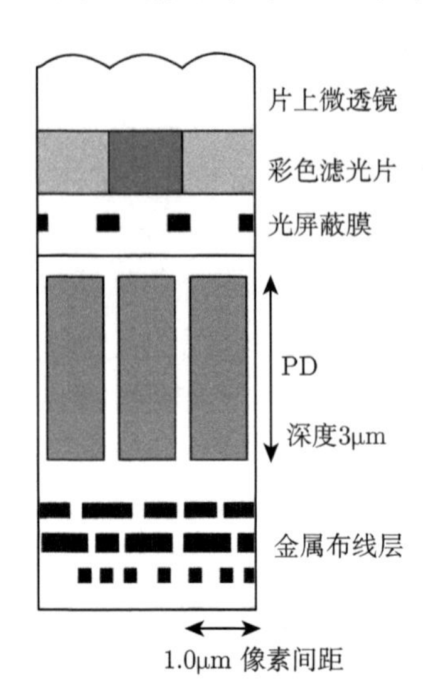

图 5.69　1.0μm 像素间距的实际背照式图像传感器像素长宽比的横截面图

由于彩色滤光片无法控制光的传播方向，所以一部分入射光线进入相邻的像素，从而产生明显的串扰。

在单色相机的情况下，串扰会降低图像的清晰度或空间分辨率的调制传递函数，只有通过边缘信号的增强处理才能进行纠正而不产生额外的副作用。另一方面，在彩色成像器件中由串扰引起的情况完全不同且更严重。串扰不仅会引起空间信息的混合，而且会引起颜色信息的混合，这意味着颜色再现不准确会导致不自然的彩色图像，人眼对该现象非常敏感。虽然信号处理中的矩阵运算可以纠正一定程度的颜色混合，但矩阵中的非对角项对应着混合程度，并被用于修正计算中。由于每个非对角项已经包含噪声，会对计算结果产生影响，因此，色彩串扰往往会因为校正操作引发噪声的显著放大，应尽量抑制。如上所述，彩色相机系统受影响的情况往往与单色相机中不同且更加严重。

为了抑制单芯片彩色相机系统中的不良串扰，可以制造一层光屏蔽膜，如图 5.69 所示。令人遗憾的是，尽管付出了如此多的努力和成本，背照式图像传感器却不得不因上述原因而放弃 100% 的光圈比例。由于串扰水平取决于光线倾斜入射的程度，所以对成像光学元件 (如镜头) 提出了更高的要求。

正如前文所述，背照式图像传感器在对入射光有效利用的方面具有优势。

然而，由于感光材料为硅，在可见光区域的吸收系数较低，并且彩色滤光片相对较厚，因此需要光屏蔽膜来抑制串扰。但由于限制了光圈比例，可以说目前还没有充分发挥背照式图像传感器的潜力，因此使用背照式图像传感器并不总能获得出色的性能。此外对于背照式图像传感器高水平的工艺技术同样不可或缺。

如下面 3) 节所展示的，与先进的正照式图像传感器相比，最初吸引人的光学性能优势 (如灵敏度和入射角依赖性) 并没有得到保持。相反，从制造成本等经济效益的角度来看，背照式图像传感器存在一定劣势。这是一种在单色相机中具有优势但不一定对彩色相机系统也具有相同优势的技术示例，应当认识到单色系统和彩色系统中传感器之间的差异。

堆叠式背照式图像传感器 [58] 引起了人们广泛关注，在传统的背照式图像传感器中，支撑衬底仅起到支撑的作用，它由硅晶体制成，如图 5.70(a) 所示。在堆叠式背照式图像传感器中，它由顶部和底部构成。顶部部分包括像素阵列、行驱动器、负载晶体管和比较器，而底部部分包括控制电路、行解码器、参考电压、计数器、图像处理和输出接口。它们通过一种垂直通孔 (through-silicon via, TSV) 连接在一起，顶部部分向上堆叠，并通过垂直通孔进行连接。顶部部分由一块多晶硅和四层金属层 (1P4M) 组成，包括彩色滤光片和片上微透镜。底部部分采用了 65nm 的 1P7M 逻辑工艺。在传统的背照式图像传感器中，整个芯片都必须使用昂贵的 CIS 工艺，但在堆叠式背照式图像传感器中，可以针对每个芯片选择最合适的工艺。这将在一定程度上弥补传统背照式图像传感器的上述缺点。通过引入各种功能可以将这项技术推广到三维图像传感器，具有像素级 ADC 的图像传感器已经实现。

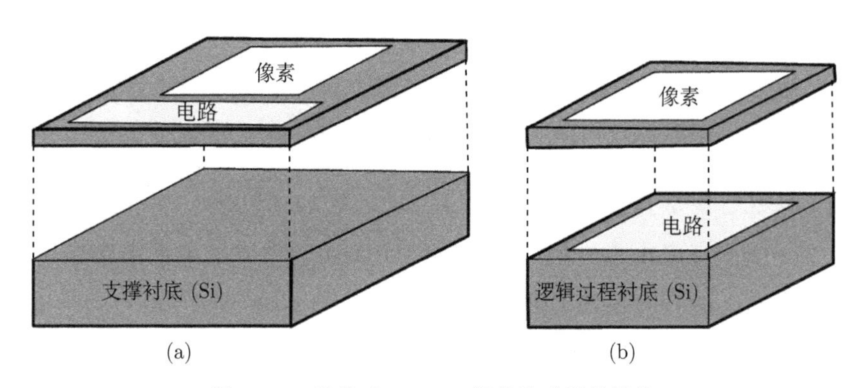

图 5.70 堆叠式 CMOS 图像传感器的结构

(a) 传统背照式图像传感器；(b) 堆叠式背照式图像传感器 (经 Sukegawa, S., Umebayashi, T., Nakajima, T., Kawanobe, H., Koseki, K., Hirota, I., Haruta, T. et al., Proceedings of the IEEE International Solid-State Circuits Conference, Digest of Technical Papers, 27.4, pp. 484-486, 2013 授权)

最先进的背照式图像传感器和最先进的正照式图像传感器在灵敏度和入射角依赖性等光学性能方面具有可比性，这将在下面的第 3) 节讨论。堆叠技术可能会弥补背照式图像传感器在成本效益上的劣势，并可能实现高速处理。

3) 正照式图像传感器

2013 年开发了一款正照式图像传感器 (SmartFSI®①)[59]，其性能与背照式图像传感器相当。其截面图如图 5.71 所示。

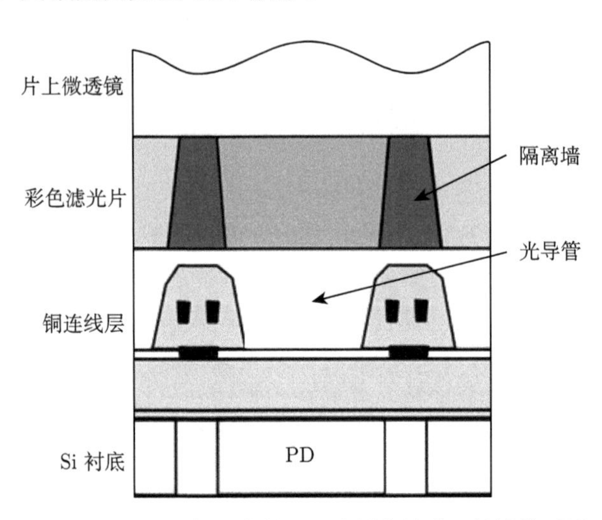

图 5.71 2013 年开发的正照式图像传感器的横截面图

经 Watanabe, H., Hirai, J., Katsuno, M., Tachikawa, K., Tsuji, S., Kataoka, M., Kawagishi, S. et al., Proceedings of the IEEE International Electron Devices Meeting, Technical Digest, 8.3, pp.179-182, Washington, DC, 2011 授权

该结构的像素间距为 1.4μm，结构的关键点在于入射光线如何有效地穿过布线层并传播至光电二极管然后被收集。为此，该结构采用了以下技术：① 通过在每个像素的彩色滤光片之间加入低折射率的隔离墙，然后将光导管添加到彩色滤光片中，可以使入射光向下传播。② 通过缩小低电阻铜层的厚度和宽度，扩大光圈区域并降低光学堆叠高度。③ 通过在光导管的核心部分使用高折射率的 SiN，使原始光导管变浅且功率增强。④ 更厚的光电二极管有效地捕捉引导到光电二极管的较长波长的光。通过使用这些技术，模拟绿光 (520nm 波长) 的量子效率 (quantum efficiency, QE) 为 73.9%，而传统前照式图像传感器和具有光屏蔽膜的背照式图像传感器的量子效率分别为 42.9%和 69.3%。

图 5.72 显示了光子能量沿着光的传播方向从片上微透镜的顶部到左侧的硅表面的衰减情况。横坐标轴的坐标值表示光与硅表面的距离。箭头表示通过绿色滤光

① SmartFSI® 是松下公司的商标。

片的能量损失。它们未从 100%开始变化的原因是，在模拟中减去了从硅表面反射并返回到片上微透镜的光。使用上述先进结构的图像传感器 (SmartFSI 生产的) 的能量损失为 3%，而背照式图像传感器的能量损失为 14%。隔离墙对通过彩色滤光片的光起到限制作用，可以防止能量在带有颜色的滤光片边界处衰减。入射光通过隔离墙之间的彩色滤光片和金属光圈之间的光导管有效地被引导和限制，最终聚焦在光电二极管中。在红色、绿色和蓝色通道中的峰值量子效率分别为 46.3%、72.0%和 63.1%，堆叠式光导管结构具有低的光学、电学串扰，并可以使大入射角的光被收集。最大入射角为 40°(±20°)，对比法线方向入射光，信号衰减量约为 20%。对于 1.12μm 的小像素间距情况也相同 [60]。

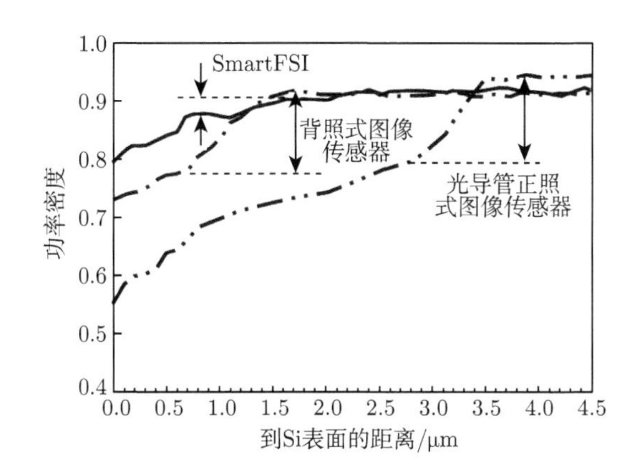

图 5.72 模拟绿光传导路径中的光能损失，箭头表示在彩色滤光片处的能量损失

经 Watanabe, H., Hirai, J., Katsuno, M., Tachikawa, K., Tsuji, S., Kataoka, M., Kawagishi, S. et al., Proceedings of the IEEE International Electron Devices Meeting, Technical Digest, 8.3, pp. 179-182, Washington, DC, 2011 授权

虽然技术 ① 和 ③ 是针对背照式图像传感器和正照式图像传感器共同问题的对策，并且这类技术可能也适用于背照式图像传感器，但成本效益在该行业中非常重要，该方向未来的发展将引起人们的广泛关注。

5.3.3.4 有机传感器

虽然有机传感器并非一定要被归类为 CMOS 图像传感器，但此处暂且将其归为此类。使用有机光电导材料取代硅作为传感器材料是一种新趋势。在描述有机传感器之前，我们先回顾一下硅图像传感器。在 2.2 节中指出，尽管硅是感应可见光的自然选择，但它并不一定是集成电路光电转换部分的最佳材料。由于硅需要 3 ~ 4μm 的厚度才能吸收足够的红光，因此需要具有较高纵横比的光电二极管和较小的像素间距。这种结构很容易带来串扰，在单芯片彩色摄像机中应尽可能避免串扰，因为单芯片彩色摄像机的应用是最广泛的。

5.3.2.2 节中对比了 3T 和 4T 像素结构，并指出最能与 CCD 竞争的是带有掩埋型/钳位光电二极管的 4T 像素结构 CMOS 图像传感器。为了实现钳位，光电二极管必须在信号电荷被读出后处于耗尽状态。这意味着光电二极管中可以累积的最大信号电荷 (电子) 数量与光电二极管的 n 型区域中最大杂质原子 (施主) 数量相同。这限制了满阱容量和动态范围，同时具有较小像素间距的传感器也会存在高照度场景下信噪比较低的问题。

有机图像传感器是克服硅图像传感器自身局限的一种方法。将有机材料应用于 3T 像素结构有两个挑战：首先是利用有机材料作为光电转换部分，需要进行大量的改进以保证高灵敏度和高动态范围，包括材料本身的开发和与硅制造工艺的结合；另一个挑战是将 3T 像素结构与有机光电导材料结合，并利用反馈复位创建带有降噪电路的新像素结构，以克服 3T 像素结构的劣势 [61]。

虽然已经对有机光电导材料进行了相关研究 [62]，但要投入实际使用，追求低噪声读出技术是必不可少的。如图 5.73 所示，一些有机材料在可见光区域的吸收系数 [63] 比硅高一个数量级。因此，有机光导薄膜 (organic photoconductive film, OPF) 的厚度可以减少到小于 0.5μm，而普通光电二极管结构对应的硅图像传感器厚度为 3 ~ 4μm，如图 5.74 所示。这使得光屏蔽层将没有存在的必要，从而可以获得较大的光圈和光入射角，如图 5.74 所示。

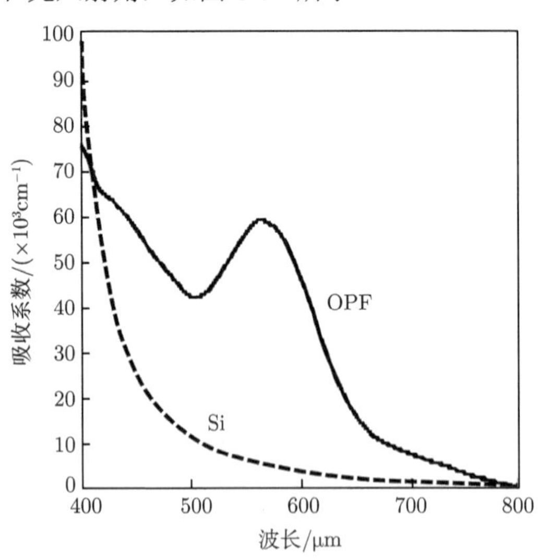

图 5.73 硅和有机光导薄膜的吸收系数

经 Isono, S., Satake, T., Hyakushima, T., Taki, K., Sakaida, R., Kishimura, S., Hirao, S. et al., Proceedings of the 2013 IEEE International Interconnect Technology Conference, paper ID 3030, 2013 授权

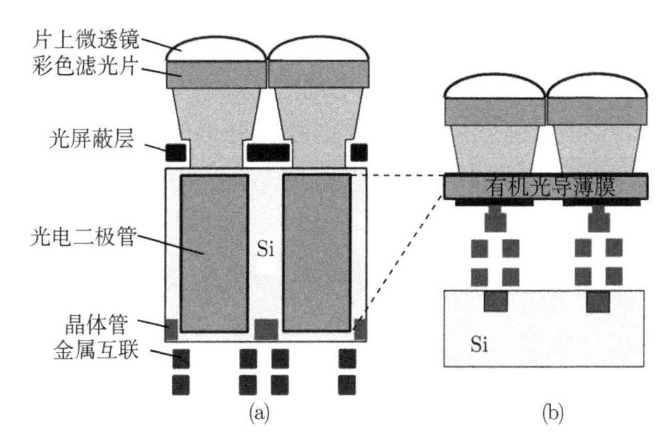

图 5.74 不同结构示意图

(a) 基于硅的光电二极管；(b) 基于有机光导薄膜的光电二极管 (经 Isono, S., Satake, T., Hyakushima, T., Taki, K., Sakaida, R., Kishimura, S., Hirao, S. et al., Proceedings of the 2013 IEEE International Interconnect Technology Conference, paper ID 3030, 2013 授权)

图 5.75 是典型像素的截面示意图 [64]，它是由片上微透镜、彩色滤光片、保护薄膜、顶部透明电极、有机光导薄膜和直接连接到 CMOS 电路的底部像素电极

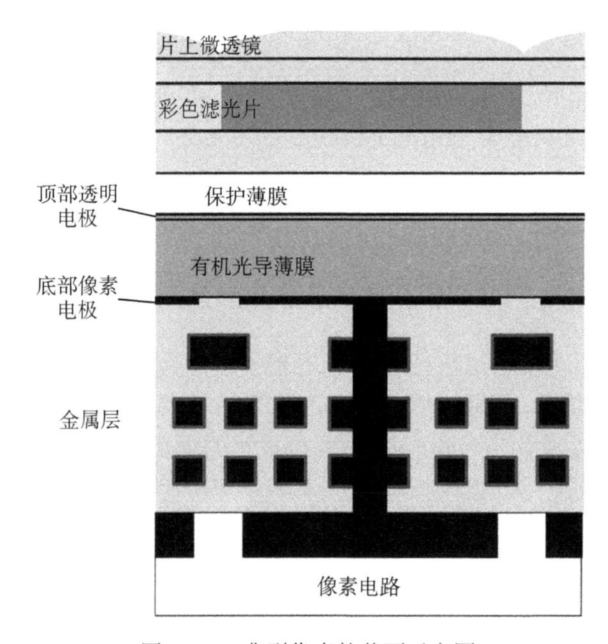

图 5.75 典型像素的截面示意图

经 Mori, M., Hirose, Y., Segawa, M., Miyanaga, I., Miyagawa, R., Ueda, T., Nara, H. et al., 2013 Symposium on VLSI Technology, 2-4, pp. 22-24, Kyoto, 2013 授权

组成的。由于没有遮光层，故可以实现 100% 的理想感光孔比例。通过对顶部透明电极施加正电压 (V_{top})，光生载流子中的空穴被像素电路的底部像素电极收集。

图 5.76 为 525nm 波长的真实情况下有机光导薄膜的量子效率和暗电流特性。可以看出当 $V_{top} < 10V$ 时，量子效率与 V_{top} 成正比，超过 10V 后量子效率就会饱和。由于暗电流随 V_{top} 单调增加，所以综合来看，V_{top} 为 10V 时信噪比最高。

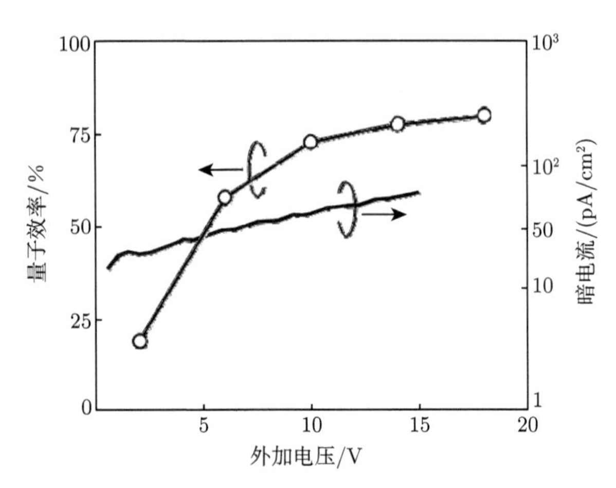

图 5.76　有机光导薄膜的量子效率和暗电流与外加电压的关系

经 Mori, M., Hirose, Y., Segawa, M., Miyanaga, I., Miyagawa, R., Ueda, T., Nara, H. et al., 2013 Symposium on VLSI Technology, 2-4, pp. 22-24, Kyoto, 2013 授权

如上所述，有机光导薄膜 CMOS 图像传感器采用 3T 像素结构，在没有任何优化的情况下，其 kTC 噪声很大，为 38 个电子 [62]。为了解决此问题，采用了列反馈放大器电路 [65]，如图 5.77 所示，其像素电路和时序分别如图 5.77(a) 和 (b) 所示。

列反馈放大器电路是由一个差分放大器和一个源跟随器缓冲器 (图中未显示) 组成的。在复位期间，将锯齿状的复位信号施加到复位门上，降低了低通滤波器的截止频率。通过监测信号电平 V_{sig}(复位电平的输出) 并将其从列反馈放大器输出反馈到复位电压，使复位电平在图 5.77(b) 中所示的时序和操作顺序下降到设定电压，最终可以实现小于 $3e^-$ 的本底噪声。

为了将满阱容量扩展到尽可能高的水平，需要引入一个大的存储电容 (SC)，如图 5.77 所示。该存储电容可以使收集的电荷形成的电势最大，达到其击穿电压，这是通过优化掺杂分布实现的。因此，驱动晶体管 M_2 的输入可以提高至 V_{dd}，从而提高饱和电荷量。图 5.78 展示了一个有机光导薄膜 CMOS 图像传感器的框图。

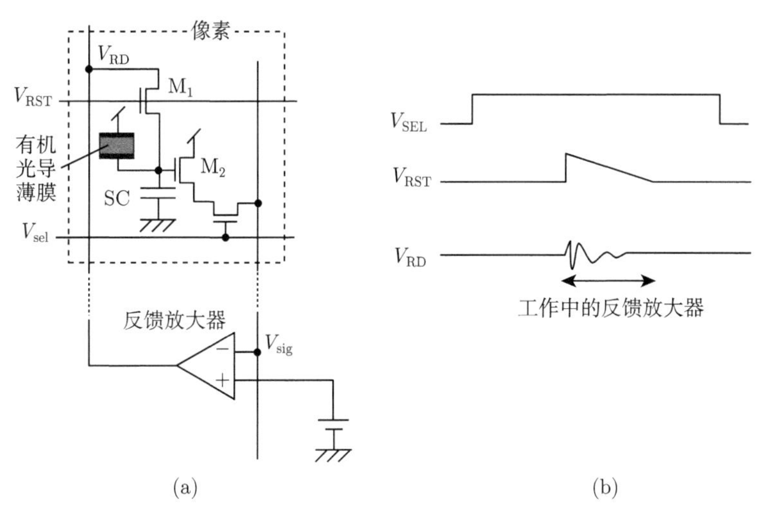

图 5.77 噪声抑制

(a) 噪声抑制电路的原理图；(b) 噪声抑制操作的时序图和操作顺序 (经 Ishii, M., Kasuga, S., Yazawa, K., Sakata, Y., Okino, T., Sato, Y., Hirase, J. et al., 2013 Symposium on VLSI Circuits, 2-3, pp. 8-9, Kyoto, 2013 授权)

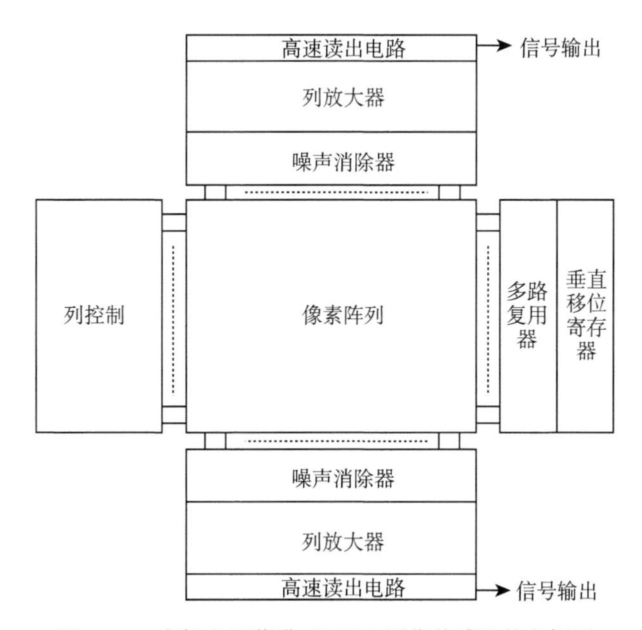

图 5.78 有机光导薄膜 CMOS 图像传感器的方框图

经 Mori, M., Hirose, Y., Segawa, M., Miyanaga, I., Miyagawa, R., Ueda, T., Nara, H. et al., 2013 Symposium on VLSI Technology, 2-4, pp. 22-24, Kyoto, 2013 授权

表 5.2 显示了 3.0μm、1.75μm 和 0.9μm 三种像素间距的芯片的性能。对于 3.0μm 的像素，在 5.0V 的 V_{dd} 下，饱和电荷为 77000 个电子。最小的像素尺寸为 0.9μm，其动态范围为 68dB，饱和电荷为 6500 个电子。在灵敏度降低 20%的情况下，入射角度超过 60°(±30°)。

表 5.2 具有不同像素尺寸的开发传感器的芯片性能

	3.0μm	1.75μm	0.9μm
V_{dd}/V	5.0	5.0	2.8
像素个数	999(H) × 630(V)	1690(H) × 1090(V)	1880(H) × 1600(V)
满阱容量/e^-	77000	60000	6500
灵敏度/(e^-/(lx · s))	35500	12500	3200
读出噪声/e^-	2.9	2.7	2.5
动态范围/dB	88	87	68
图像滞后		低于检测水平	

5.4 电子快门

4.3 节简要介绍了电子快门的基础概念。虽然电子快门是控制曝光量和曝光时间的重要技术，但电荷转移型 CCD 传感器、X-Y 寻址型 MOS 以及 CMOS 图像传感器的电子快门差异巨大。在 CCD 中所有像素的曝光时间都是相同的；而对于 MOS 和 CMOS 图像传感器，则以每一行为序逐行曝光，且每行的曝光时间相同，如图 5.34 所示。

5.4.1 CCD 图像传感器的电子快门

如图 5.23 所示，在具有 VOD 结构的 IT-CCD 的电子快门操作中，集成在所有光电二极管中的所有信号电荷都会在开始时释放到 n 型硅衬底上。此操作称为全局复位。放电完成后，所有像素同时开始收集信号电荷，即曝光。然后，在曝光结束时，所有像素收集的信号电荷同时被读出至 VCCD。因此，在电子快门操作中，曝光开始时间被延迟，通过释放每个光电二极管中的所有电荷来控制曝光期的时间，而读出时间则与正常曝光模式保持一致。所有像素同时曝光的快门模式称为全局快门。

5.4.2 MOS 和 CMOS 图像传感器的电子快门

由于在 MOS 和 CMOS 图像传感器中，每个光电二极管的复位操作都是在正常曝光模式下的读出操作中完成的，没有电子快门，因此每一行的曝光期会不间断地重复，如图 5.79(a) 所示。

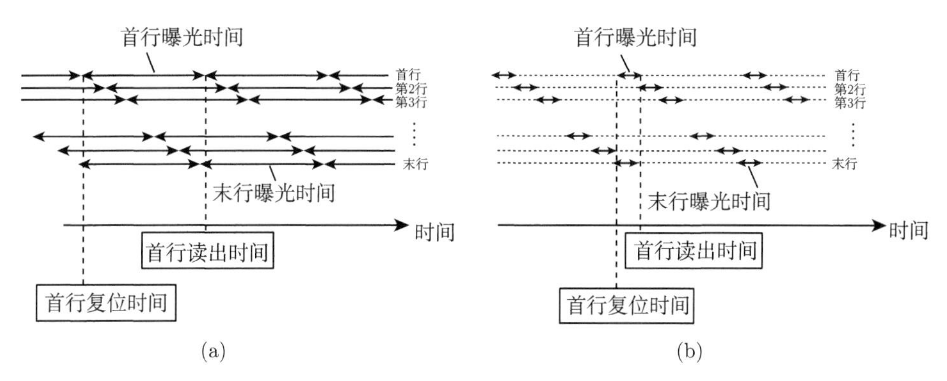

图 5.79　MOS 和 CMOS 图像传感器中每行的曝光时间

(a) 正常曝光模式；(b) 电子快门模式

由于 MOS 和 CMOS 图像传感器是 X-Y 寻址型的，因此移位寄存器或译码器等垂直存取电路产生的行选择脉冲会被施加到行选择晶体管上，使其导通。读出时序由垂直存取电路决定。如图 5.79(b) 所示，在电子快门模式下，复位操作必须在读出时序之前的曝光期间进行，以设置曝光时间。因此，复位操作所需的时钟脉冲与读出操作序列所需的时钟脉冲不同，所以需要两套行存取信号。许多 CMOS 图像传感器有两个垂直存取电路：一个用于读出，另一个用于复位，如图 5.80 所示。

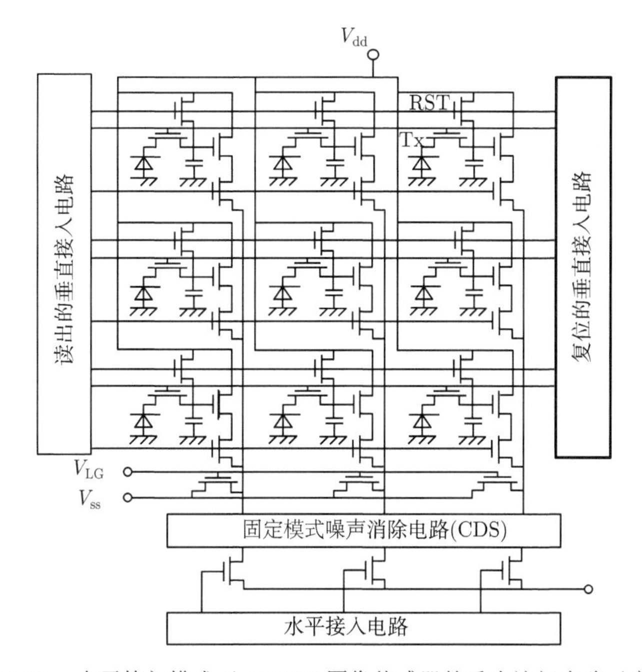

图 5.80　电子快门模式下 CMOS 图像传感器的垂直访问电路示意图

由于每一行的曝光时间都依时序进行曝光，因此拍摄高速移动物体时，图像会因曝光区域随时间移动而与实际形状大相径庭，如图 5.79(b) 所示。

图 5.81 所示为捕捉到的静止图像，即旋转风扇的图像。图 5.81(a) 和 (b) 分别是 CMOS 图像传感器在电子快门模式下拍摄到的静止风扇和旋转风扇图像。在 CMOS 图像传感器中，曝光时间从第一行移至最后一行。除速度外，这种行为与单镜头反光照相机中使用的焦平面快门相同。如图 5.81(c) 所示，曝光区域从上到下。其中，风扇按顺时针方向转动。因此，读者可以直观地看到曝光区域是如何在旋转的风扇上随时间移动的。

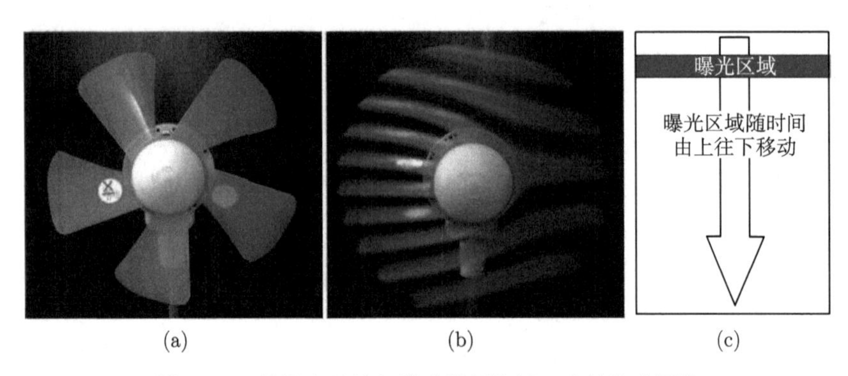

(a)　(b)　(c)

图 5.81　使用电子快门模式捕捉旋转风扇的静止图像

(a) 静止物体图像；(b) CMOS 图像传感器捕捉到的旋转风扇的静止图像；(c) 曝光区域随时间的转移

在风扇的右半部分，曝光区域和风扇叶片的移动方向相同：向下。这表明，在曝光期间，有五个叶片领先于曝光区域。另一方面，在风扇的左半部分，由于曝光区域和风扇叶片的移动方向相反，因此可以看到更多叶片穿过曝光区。在曝光期间，左右两侧的叶片都从一侧移动到了另一侧。

很明显，要实现较小的失真，就必须缩短曝光区域从上到下的时间。这也是高速读出 CMOS 图像传感器的发展受到关注的原因之一。具有一定性能的 CMOS 图像传感器相机都配备了机械快门系统，通过同时控制整个图像的曝光时间来避免这些现象。

在 CCD 中，由于所有像素的曝光时间相同，因此不会出现这些现象，但会造成模糊。CCD 的电子快门模式称为全局快门模式，而 CMOS 图像传感器的电子快门模式称为滚动快门模式。

为什么 MOS 和 CMOS 图像传感器不能使用全局快门模式拍摄静止图像？在 CCD 中，集成在所有像素中的信号电荷会同时传输到 VCCD。这意味着 VCCD 可以接收并存储与像素数量相同的信号电荷，即它起着帧存储器的作用。另一方面，在 MOS 图像传感器中，当信号电荷被读出到垂直信号线时，由于是金属布线，每条信号线每次只能独立接收一个信号电荷包。因此，信号线只能接收一行像素相对应的信号电荷包；作为整个传感器，它有行存储器，但没有帧存储器。

那么四晶体管像素配置的 CMOS 图像传感器如何？由于它在每个像素上都有一个浮置扩散节点，因此可以通过将信号电荷包从每个光电二极管传输到每个像素上的浮置扩散节点来发挥帧存储器的作用。但浮置扩散节点是通过杂质浓度足够高的欧姆接触连接到金属线上，因此会产生较大的暗电流。在浮置扩散节点中存储时所产生的暗电流会导致图像质量严重下降，以至于这种方式获得的图像无法实际应用。因此，尽管浮置扩散节点具有帧存储器的功能，但其性能水平较差。另一方面，除了在图像区域外形成 MOS 电容器外，还有人提出了使用类似结构 [66] 的方法，即埋入式光电二极管、MOS 电容器 [67] 和堆叠式 PIP 电容器，从而在较窄的区域内获得高电容，并通过低杂质浓度扩散 [68] 获得低漏电流。

对于在每个像素中形成存储部分的传感器来说，还存在另一个问题，就是在信号电荷存储期间，由于邻近像素受到高照度照射，电荷或光混入存储器，从而产生噪声。其机理类似于 CCD 和 MOS 图像传感器中的漏光现象。这种现象会严重降低图像质量，因此相关研究人员正在努力将其降低到可以实际应用的水平。

此外，与 CCD 和 MOS 图像传感器不同，CMOS 图像传感器之所以不会出现漏光现象，并不是因为电荷或光线不会混入像素漏极，而是因为像素输出电压是由源跟随放大器决定的，与混合程度无关，也即不受电荷混合的影响。

5.5 各类图像传感器的现状与前景比较

图 5.82 从噪声和信噪比的角度对三种图像传感器进行了比较。

MOS 图像传感器在 20 世纪 80 年代初因应用大规模集成电路处理技术而大放异彩，一经问世便垄断了市场。

由于结构中垂直信号线的存在，MOS 图像传感器工作时会产生较多的 kTC 噪声。虽然 MOS 图像传感器通过去除 TSL 图像传感器中的垂直信号线本身来消除 kTC 噪声，但由于电流读出，片外放大器的时域噪声又限制了信噪比的提高，因此，MOS 图像传感器在后来投放市场时无法与 CCD 竞争。

由于各种低噪声技术的发展，CCD 如虎添翼，同时兼具了完全转移和低噪声的优点，因此从 20 世纪 80 年代中期开始的大约二十年间，CCD 一直是市场的领导者。

直到 20 世纪 90 年代末，随着半导体工艺节点的进步，例如 0.35μm 晶体管工艺技术使得一个像素内可以集成 3 ~ 4 个晶体管，COMS 图像传感器才开始逐渐进入市场。在 2005 年左右，配备 CMOS 图像传感器的手机摄像头被广泛使用，但评价很低。因为与 CCD 相比，此时的 CMOS 图像传感器的图像质量相当低。但是，

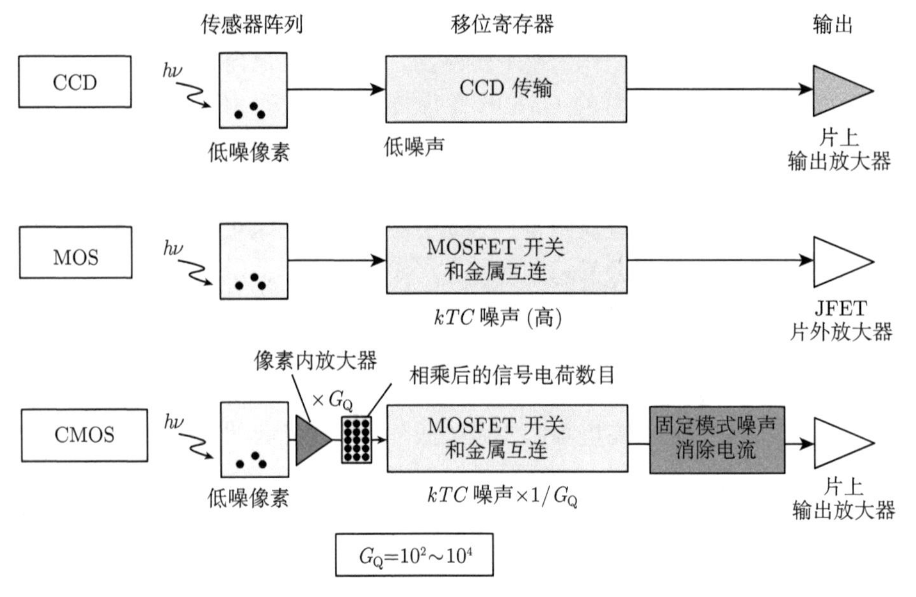

图 5.82　三类传感器关于噪声和信噪比的比较

CMOS 图像传感器最初是希望通过在像素级进行电荷量倍增来抑制噪声影响，并在下一阶段引入噪声，消除由像素放大器特性变化引起的固定模式噪声。因此，CMOS 图像传感器通过引用 CCD 所积累的像素技术实现了低噪声光电二极管，并通过大量增加像素放大器的电荷量，将噪声影响抑制到可忽略不计的水平，从而达到与 CCD 相媲美的水平。据报道，传感器的噪声电子数小于 1。这是由于列电路特性的变化，以及列放大器和列 A/D 转换器等电路技术的进步，实现了固定模式噪声的额外修正，从而实现了这一目标。因此，CMOS 图像传感器具备了优于 CCD 的信噪比性能。相关研究人员正在利用堆叠式背照式图像传感器、先进正照式图像传感器以及有机传感器以取得进一步的进展。

CCD 则一直致力于降噪像素技术的研究，希望通过充分利用低噪声性能实现电荷的完全转移。对于 CMOS 图像传感器，如果要通过像素放大器信号电荷数的高倍增益，获得高信噪比，同样需要低噪像素技术。

虽然 CCD 在成像领域占据了约二十年的主导地位，但 CMOS 图像传感器在低噪声性能方面取得了很多进步。目前，对于 CCD，它们能以合理的成本采集到适合实际使用的高质量图像，并能在不增加成本的情况下实现全局快门模式。

CCD“天生丽质，不施粉黛”：它只使用了基本的“美容”技术，如器件结构和工艺技术。另一方面，CMOS 图像传感器通过使用基本的“美容”技术，即 CCD 的像素技术取得了进步。这意味着，高性能 CMOS 图像传感器无法通过低成本的基础 CMOS 逻辑工艺来制造。可以说，CMOS 图像传感器的美丽是通过整容

术 (即电路技术) 进一步发展起来的。

图 5.83 总结了在选择工艺技术时应考虑的因素，并不局限于图像传感器。每种图像传感器都有许多限制信噪比的噪声源。其中一些源于不可避免的物理特性，如 kTC 噪声，另一些则源于当时的工艺水平。最重要的是要评估哪些是必要的，因为噪声是决定图像传感器性能水平的主要因素，也决定了图像传感器的价值。

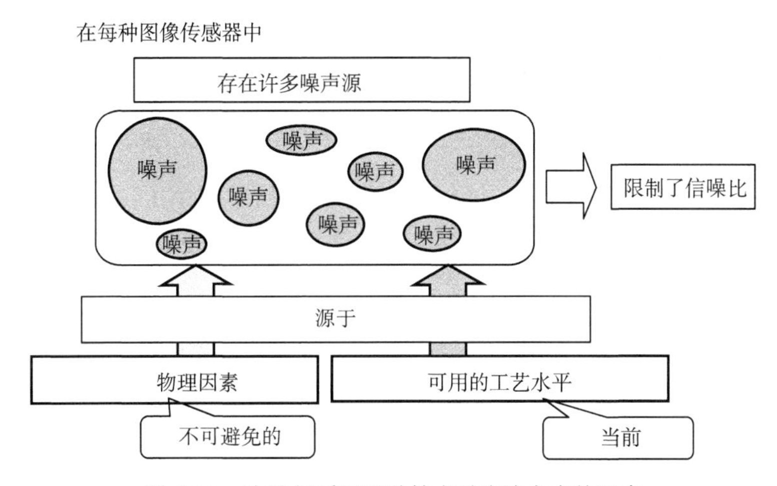

图 5.83　在选择采用哪种技术时应该考虑的因素

在 MOS 和 CMOS 图像传感器中，它们都可以利用 MOS 和 CMOS 技术，因此 MOS 图像传感器逐渐成为主要竞争者。这两种图像传感器都能享受 MOS/CMOS 技术进步带来的好处，如晶体管尺寸缩小、低功耗和低电压。正如 CMOS 图像传感器中的列并行 ADC 所示，人们对片上功能电路寄予厚望。例如 1990 年研究者们首次开发出了名为 ASIC VISION[70] 的片上相机 [69]。

参 考 文 献

[1] T. Kuroda, Japan in the world of image sensors—What Japan has been playing the role of, and what could be learnt from the history, Journal of ITE, 65(3), 336-341, 2011. https://www.jstage. jst.go.jp/article/itej/65/3/65_3_336/_pdf (accessed January 10, 2014).

[2] W. S. Boyle, G. E. Smith, Charge coupled semiconductor devices, Bell System Technical Journal, 49, 587-593, 1970.

[3] R. H. Walden, R. H. Krambeck, R. J. Strain, J. McKenma, N. L. Schryer, G. E. Smith, The buried channel charge coupled device, Bell System Technical Journal, 51, 1635-1640, 1972.

[4] M. F. Tompsett, G. F. Amelio, W. J. Bertran, R. R. Buckley, W. J. Mcnamara, J.

C. Mikkelsen, D. A. Sealer, Charge-coupled imaging devices: Experimental results, Transactions on Electron Device, 18(11), 992-996, 1971.

[5] G. F. Amelio, Physics and applications of charge-coupled devices, IEEE Intercon, 1/3, 1973.

[6] S. Okamoto, T. Kuroda, Japan patent, 3303384 (May 10, 2002).

[7] Y. Sone, K. Ishikawa, S. Hashimoto, T. Kuroda, Y. Ohkubo, A single chip CCD color camera system using field integration mode, Journal of the Institute of Television Engineers of Japan, 37(10), 855-862, 1983.

[8] Y. Ishihara, K. Tanigaki, A high photosensitivity IL-CCD image sensor with monolithic resin lens array, in Proceedings of the International Electron Devices Meeting, 19-3, pp. 497-500, 1983, Washington, DC.

[9] A. Tsukamoto, W. Kamisaka, H. Senda, H. Niisoe, H. Aoki, T. Otagaki, Y. Shigeta, et al., High sensitivity pixel technology for a 1/4-inch PAL 430kpixel IT-CCD, in Proceedings of the IEEE Custom Integrated Circuits Conference, pp. 39-42. 5-8 May 1996, San Diego, CA.

[10] C. H. Sequin, Blooming suppression in charge coupled area imaging, Bell System Technical Journal, 51, 1923-1926, 1972. http://www.alcatel.hu/bstj/vol51-1972/articles/bstj51-8-1923. pdf (accessed January 10, 2014).

[11] Y. Ishihara, E. Oda, H. Tanigawa, A. Kohno, N. Teranishi, E. Takeuchi, I. Akiyama, T. Kamata, Interline CCD image sensor with an antiblooming structure, in Proceedings of the IEEE International Solid-State Circuits Conference Digest of Technical Papers, pp. 168-169. 10-12 February 1982, San Francisco, CA.

[12] T. Kuroda, K. Horii, S. Matsumoto, Y. Hiroshima, High performance interline transfer CCD, National Technical Report, 28(2), 12: 107-116, 1982.

[13] N. Teranishi, A. Kohno, Y. Ishihara, E. Oda, K. Arai, No image lag photodiode structure in the interline CCD image sensor, IEDM Digest of Technical Papers, 12(6), 324-327, 1982.

[14] T. Kuroda, K. Horii, Japan Patent, 1996064 (March 13, 1992).

[15] T. Kozono, T. Kuroda, Y. Matsuda, T. Yamaguchi, T. Kuriyama, S. Matsumoto, E. Fujii, Y. Hiroshima, K. Horii, Small image size CCD sensor, ITE Technical Report, TEBS 109-5, pp. 25-30, 1986.

[16] B. C. Burkey, W. C. Chang, J. Littlehale, T. H. Lee, T. J. Tredwell, J. P. Lavine, E. A. Trabka, The pinned photodiode for an interline-transfer CCD image sensor, IEDM Digest of Technical Papers, 2(3), 28-31, 1984.

[17] K. Horii, T. Kuroda, T. Kunii, A new configuration of CCD imager with a very low smear level, Electron Device Letters, EDL-2, 12, 1981.

[18] G. P. Weckler, A silicon photodevice to operate in a photon flux integration mode, in Proceedings of International Electron Devices Meeting Digest of Technical Papers, 10-5 October 1965, Washington, DC.

[19] G. P. Weckler, Operation of p-n junction photodetectors in a photon flux integrating

mode, Journal of Solid-State Circuits, 2, 65-73, 1967.

[20] M. Masuda, M. Noda, Y. Saito, S. Ohba, K. Takahashi, T. Fujita, Solid state color camera with single-chip MOS imager, ITE Technical Report, 4, 41, TEBC69-1, pp. 1-6, February 1981.

[21] I. Takemoto, MOS imager, Journal of ITE, 40(11), 1067-1072, 1986.

[22] M. Aoki, H. Ando, S. Ohba, I. Takemoto, S. Nagahara, T. Nakano, M. Kubo, T. Fujita, 2/3″ inch format MOS single-chip color imager, IEEE Transactions on Electron Devices, ED-29(4), 745-750, 1982.

[23] K. Takahashi, N. Ozawa, M. Aoki, I. Takemoto, T. Suzuki, T. Miyazawa, S. Nagahara, High resolution MOS area imaging device, ITE Technical Report, 9, 17, ED-623, pp. 13-18, February 1982.

[24] K. Takahashi, S. Nagahara, I. Takemoto, M. Aoki, N. Ozawa, T. Suzuki, High resolution MOS area sensor, Journal of the Institute of Television Engineers of Japan, 37(10), 812-818, 1983.

[25] I. Takemoto, T. Miyazawa, S. Nishizawa, M. Uhehara, M. Nakai, T. Akiyama, TSL (transversal signal line) solid state imager, ITE Technical Report, 9, 17, ED-891, pp. 49-54, September 1985.

[26] P. Noble, Self-scanned silicon image detector arrays, Transactions on Electron Devices, ED-15, 202-209, 1968.

[27] F. Andoh, J. Matsuzaki, An imaging device with amplifier in each photo sensing element, in Proceeding of IEICE General Conference, No.1159, 1981, Tokyo.

[28] F. Andoh, K. Taketoshi, J. Yamazaki, M. Sugawara, Y. Fujita, K. Mitani, Y. Matuzawa, K. Miyata, S. Araki, A 250000-pixel image sensor with FET amplification at each pixel for high-speed television cameras, in Proceedings of the IEEE International Solid-State Circuits Conference Digest of Technical Papers, pp. 212-213. 14-16 February 1990, San Francisco, CA.

[29] A. Theuwissen, 50 years of solid-state image sensors at ISSCC, in Proceedings of the IEEE International Solid-State Circuits Conference Digest of Technical Papers, S26, 2003, San Francisco, CA.

[30] N. Tanaka, S. Hashimoto, M. Shinohara, S. Sugawa, M. Morishita, S. Matsumoto, Y. Nakamura, T. Ohmi, A 310 kpixel bipolar imager (BASIS), in Proceedings of the IEEE International Solid-State Circuits Conference Digest of Technical Papers, WPM 8.5, pp. 96-97, 1989, New York.

[31] J. Hynecek, A new device architecture suitable for high-resolution and high-performance image sensors, Transactions on Electron Devices, 35(5), 646-652, 1988.

[32] E. Oba, K. Mabuchi, Y. Lida, N. Nakamura, H. Miura, A 1/4inch 330 ksquare pixel progressive scan CMOS active pixel image sensor, in Proceedings of the IEEE International Solid-State Circuits Conference Digest of Technical Papers, pp. 180-181, 1997, San Francisco, CA.

[33] Y. Matsunaga, Y. Endo, Noise cancel circuit for CMOS image sensor, ITE Technical

Report, 22(3), 7-11, 1998.

[34] M. Mori, M. Katsuno, S. Kasuga, T. Murata, T. Yamaguchi, A 1/4in 2Mpixel CMOS image sensor with 1.75transistor/pixel, in Proceedings of the IEEE International Solid-State Circuits Conference Digest of Technical Papers, 6.2, pp. 80-81, 2004, San Francisco, CA.

[35] K. Mabuchi, N. Nakamura, E. Funatsu, T. Abe, T. Umeda, T. Hoshino, R. Suzuki, H. Sumi, CMOS image sensor using a floating diffusion driving buried photodiode, in Proceedings of the IEEE International Solid-State Circuits Conference Digest of Technical Papers, 6.3, pp. 82-83, 2004, San Francisco, CA.

[36] H. Takahashi, M. Kinoshita, K. Morita, T. Shirai, T. Sato, T. Kimura, H. Yuzurihara, S. Inoue, A 3.9μm pixel pitch VGA format 10b digital image sensor with 1.5-transistor/pixel, in Proceedings of the IEEE International Solid-State Circuits Conference Digest of Technical Papers, 6.1, pp. 108-109, 2004, San Francisco, CA.

[37] K. Itonaga, K. Mizuta, T. Kataoka, M. Yanagita, H. Ikeda, H. Ishiwata, Y. Tanaka, et al., Extremely-low-noise CMOS image sensor with high saturation capacity, in Proceedings of the IEEE International Electron Devices Meeting Digest of Technical Papers 8.1.1-8.1.4, pp. 171-174. 5-7 December 2011, Washington, DC.

[38] S. Kawahito, M. Sakakibara, D. Handoko, N. Nakamura, H. Satoh, M. Higashi, K Mabuchi, H. Sumi, A column-based pixel-gain-adaptive CMOS image sensor for low-light-level imaging, in Proceedings of the IEEE International Solid-State Circuits Conference Digest of Technical Papers, 12.7, pp. 224-225, 2003, San Francisco, CA.

[39] H. Takahashi, T. Noda, T. Matsuda, T. Watanabe, M. Shinohara, T. Endo, S. Takimoto, et al., A 1/2.7inch low-noise CMOS image sensor for full HD camcorders, in Proceedings of the IEEE International Solid-State Circuits Conference Digest of Technical Papers, 28.6, pp. 510-511. 11-15 February 2007, San Francisco, CA.

[40] B. Pain, E. Fossum, Approaches and analysis for on-focal-plane analog-to-digital conversion, in Proceedings of the SPIE, Volume 2226, Aerospace Sensing—Infrared Readout Electronics II, pp. 1-11, 1994, San Diego, CA.

[41] B. Fowler, D. Yang, A. E. Gamal, Techniques for pixel level analog to digital conversion Aerosense, 98, 3360-3361, 1998. http://www-isl.stanford.edu/~abbas/group/papers_and_ pub/aerosense98_slide.pdf (accessed January 10, 2014).

[42] F. Andoh, M. Nakayaka, H. Shimamoto, Y. Fujita, A digital pixel image sensor with 1-bit ADC and 8-bit pulse counter in each pixel, IISW, P1, (1999). http://www.imagesensors.org/Past%20Workshops/1999%20Workshop/1999%20Papers/12%20Andoh%20et%20al.pdf (accessed January 10, 2014).

[43] K. Cho, C. Lee, S. Eikedal, A. Baum, J. Jiang, C. Xul, X. Fan, R. Kauffman, A 1/2.5 inch 8.lMpixel CMOS image sensor for digital cameras, in Proceedings of the IEEE International Solid-State Circuits Conference Digest of Technical Papers, 28.5, pp. 508-509, 2007, San Francisco, CA.

[44] Y. Nitta, Y. Muramatsu, K. Amano, T. Toyama, J. Yamamoto, K. Mishina, A. Suzuki

et al., Highspeed digital double sampling with analog CDS on column parallel ADC architecture for low noise active pixel sensor, in Proceedings of the IEEE International Solid-State Circuits Conference Digest of Technical Papers, 27.5, pp. 2024-2031. 6-9 February 2006, San Francisco, CA.

[45] S. Yoshihara, M. Kikuchi, Y. Ito, Y. Inada, S. Kuramochi, H. Wakabayashi, M. Okano, et al., A 1/1.8-inch 6.4Mpixel 60frames/s CMOS image sensor with seamless mode change, in Proceedings of the IEEE International Solid-State Circuits Conference Digest of Technical Papers, 27.1, pp. 1984-1993. 6-9 February 2006, San Francisco, CA.

[46] S. Matsuo, T. J. Bales, M. Shoda, S. Osawa, K. Kawamura, A. Andersson, M. Haque, et al., 8.9-megapixel video image sensor with 14-b column-parallel SA-ADC, Transactions on Electron Devices, 56(11), 2380-2389, 2009.

[47] J. Park, S. Aoyama, T. Watanabe, K. Isobe, S. Kawahito, A high-speed low-noise CMOS image sensor with 13-b column-parallel single-ended cyclic ADCs, Transactions on Electron Devices, 56(11), 2414-2422, 2009.

[48] J. Park, S. Aoyama, T. Watanabe, T. Akahori, T. Kosugi, K. Isobe, Y. Kaneko, et al., A 0.1e$^-$ vertical FPN 4.7e$^-$ read noise 71dB DR CMOS image sensor with 13b column-parallel single-ended cyclic ADCs, in Proceedings of the IEEE International Solid-State Circuits Conference Digest of Technical Papers, 15.3, pp. 268-269. 8-12 February 2009, San Francisco, CA.

[49] Y. Chae, J. Cheon, S. Lim, D. Lee, M. Kwon, K. Yoo, W. Jung, D. Lee, S. Ham, G. Han, A 2.1Mpixel 120frame/s CMOS image sensor with column-parallel $\Delta\Sigma$ ADC architecture, in Proceedings of the IEEE International Solid-State Circuits Conference Digest of Technical Papers, 22.1, pp. 394-395. 7-11 February 2010, San Francisco, CA.

[50] Y. Chae, J. Cheon, S. Lim, M. Kwon, K. Yoo, W. Jung, D. Lee, S. Ham, G. Han, A 2.1 Mpixels, 120frame/s CMOS image sensor with column-parallel 16 ADC architecture, Journal of Solid State Circuits, 46(1), 236-247, 2011.

[51] W. Yang, A wide-dynamic-range, low-power photosensor array, in Proceedings of the IEEE International Solid-State Circuits Conference, 41st ISSCC Digest of Technical Papers, 13.7, pp. 230-231. 16-18 February 1994, San Francisco, CA.

[52] J. Gambino, B. Leidy, J. Adkisson, M. Jaffe, R. J. Rassel, J. Wynne, J. Ellis-Monaghan, et al., CMOS imager with copper wiring and lightpipe, in Proceedings of the International Electron Devices Meeting, Technical Digest, pp. 5.5.1-5.5.4. 11-13 December 2006, San Francisco, CA.

[53] J. Tower, P. Swain, F. Hsueh, R. Dawson, P. Levine, G. Meray, J. Andrews, et al., Large format backside illuminated CCD imager for space surveillance, Transactions on Electron Devices, 50(1), 218-224, 2003.

[54] S. Iwabuchi, Y. Maruyama, Y. Ohgishi, M. Muramatsu, N. Karasawa, T. Hirayama, A back illuminated high-sensitivity small-pixel color CMOS image sensor with flexible layout of metal wiring, in Proceedings of the IEEE International Solid-State Circuits Conference Digest of Technical Papers, 16.8, pp. 1171-1178. 6-9 February 2006, San

Francisco, CA.

[55] Papers in IISW 2009, Backside Illumination Symposium, IISW (June 2009). http://www.imagesensors.org/Past%20Workshops/2009%20Workshop/2009%20Papers/2009%20IISW%20 Program.htm (accessed January 10, 2014).

[56] M. Nakai, K. Watanabe, I. Takemoto, S. Shimada, T. Nagano, Si substrate for low noise color image sensor, in Proceeding of ITE General Conference, pp. 21-22, 1982, Tokyo.

[57] Y. Hiroshima, T. Kuroda, S. Matsumoto, K. Horii, T. Kunii, CCD image sensor fabricated on EPI-wafers, IEICE Technical Report, SSD81-129, pp. 103-108, February 1982.

[58] S. Sukegawa, T. Umebayashi, T. Nakajima, H. Kawanobe, K. Koseki, I. Hirota, T. Haruta, et al., A 1/4-inch 8Mpixel back-illuminated stacked CMOS image sensor, in Proceedings of the IEEE International Solid-State Circuits Conference Digest of Technical Papers, 27.4, pp. 484-486, 2013, San Francisco, CA.

[59] H. Watanabe, J. Hirai, M. Katsuno, K. Tachikawa, S. Tsuji, M. Kataoka, S. Kawagishi, et al., A 1.4μm front-side illuminated image sensor with novel light guiding structure consisting of stacked lightpipes, in Proceedings of the IEEE International Electron Devices Meeting, Technical Digest, 8.3, pp. 179-182. 5-7 December 2011, Washington, DC.

[60] N. Teranishi, H. Watanabe, T. Ueda, N. Sengoku, Evolution of optical structure in image sensors, in Proceedings of the IEEE International Electron Devices Meeting, Technical Digest, 24.1, pp. 533-536. 10-13 December 2012, San Francisco, CA.

[61] T. Kuroda, M. Masuyama, U.S. Patent 6469740.

[62] M. Ihama, H. Inomata, H. Asano, S. Imai, T. Mitsui, Y. Imada, M. Hayashi, et al., CMOS image sensor with an overlaid organic photoelectric conversion layer, IISW, p33, 2011.

[63] S. Isono, T. Satake, T. Hyakushima, K. Taki, R. Sakaida, S. Kishimura, S. Hirao, et al., A 0.9μm pixel size image sensor realized by introducing organic photoconductive film into the BEOL process, in Proceedings of the 2013 IEEE International Interconnect Technology Conference, paper ID 3030, 2013, Hokkaido, Japan.

[64] M. Mori, Y. Hirose, M. Segawa, I. Miyanaga, R. Miyagawa, T. Ueda, H. Nara, et al., Thin organic photoconductive film image sensors with extremely high saturation of 8500 electrons/μm^2, in 2013 Symposium on VLSI Technology, 2-4, pp. 22-24. 11-13 June 2013, Kyoto.

[65] M. Ishii, S. Kasuga, K. Yazawa, Y. Sakata, T. Okino, Y. Sato, J. Hirase, et al., An ultra-low noise photoconductive film image sensor with a high-speed column feedback amplifier noise canceller, in 2013 Symposium on VLSI Circuits, 2-3, pp. 8-9. 12-14 June 2013, Kyoto.

[66] K. Yasutomi, S. Itoh, S. Kawahito, A 2.7e^- Temporal noise 99.7% shutter efficiency 92 dB dynamic range CMOS image sensor with dual global shutter pixels, in Proceedings of the IEEE International Solid-State Circuits Conference Digest of Technical Papers, 22.3, pp. 398-399, 2010, San Francisco, CA.

[67] M. Sakakibara, Y. Oike, T. Takatsuka, A. Kato, K. Honda, T. Taura, T. Machida, et al., An 83dB-dynamic- range single-exposure global-shutter CMOS image sensor with in-pixel dual storage, in Proceedings of the IEEE International Solid-State Circuits Conference Digest of Technical Papers, 22.1, pp. 380-382. 19-23 February 2012, San Francisco, CA.

[68] Y. Tochigi, K. Hanzawa, Y. Kato, R. Kuroda, H. Mutoh, R. Hirose, H. Tominaga, K. Takubo, Y. Kondo, S. Sugawa, A global-shutter CMOS image sensor with readout speed of 1Tpixel/s burst and 780Mpixel/s continuous, in Proceedings of the IEEE International Solid-State Circuits Conference Digest of Technical Papers, 22.2, pp. 382-384. 19-23 February 2012.

[69] S. G. Smith, J. E. D. Hurwitz, M. J. Torrie, D. J. Baxter, A. A. Murray, P. Likoudis, A. J. Holmes, et al., A single-chip CMOS 306 $\times$ 244-pixel NTSC video camera and a descendant coprocessor device, Journal of Solid State Circuits, 33(12), 2104-2111, 1998.

[70] D. Renshaw, P. B. Denyer, G. Wang, M. Lu, ASIC vision, in Proceedings of the IEEE 1990 Custom Integrated Circuits Conference, pp. 7.3.1-7.3.4, May 1990, Boston, MA.

第 6 章 像素坐标点数字化对图像质量的影响

第 1 章描述了构建图像信息的各个元素 (光照强度、空间、波长、时间) 以及除光强外的其他元素是如何转换为图像中像素灰度值的过程。图像传感器测量入射到每个像素坐标的光子数目，即传感器会收集穿过滤光片到达像素区域的入射光子，并在每帧曝光期间进行积分，这一过程被称为在每个像素位置的光子数采样，本章将讨论在单个像素处的采样过程。

6.1 采样和采样定理

以空间采样为例，图像传感器对在二维像素面阵上每个像素中产生的光生电荷信号进行积分。在一个积分周期内每个像素只有一个输出信号，且信号值正比于该像素的入射光强信息。因此，如果像素数较少，或采样周期、空间频率较低，则基于空间信息的图像质量会降低，如图 6.1 所示。

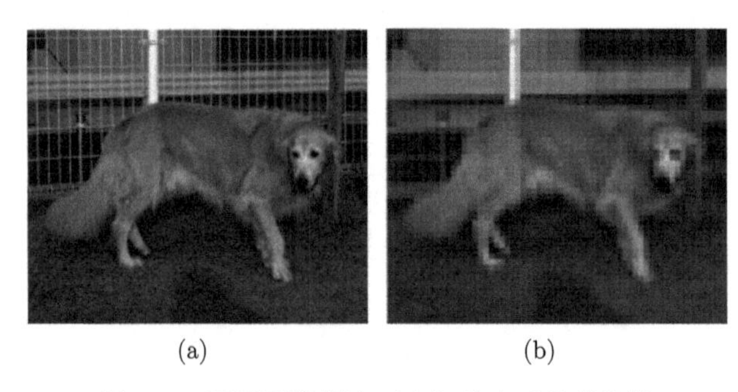

(a) (b)

图 6.1 不同采样频率下空间信息质量的比较

(a) 像素大小为 1318 × 1106 的图像；(b) 像素大小为 64 × 54 的图像 (无平滑)

图 6.2 展示了所采集图像信息的空间频率的分布情况。上框中实线表示三种不同频率的四种输入信号。下框表示以正弦波曲线的频率 f_s 为采样频率，采样间距 p 表示为 $1/f_\mathrm{s}$，在振幅最大点处进行采样，如图中向上箭头所示。当输入信号频率相比于采样频率 f_s 足够低时，如图 6.2(d) 所示，通过拟合采样点 (用实心圆圈表示) 得到的曲线准确地复现了与输入信号相同的波形，且振幅和频率均一致。

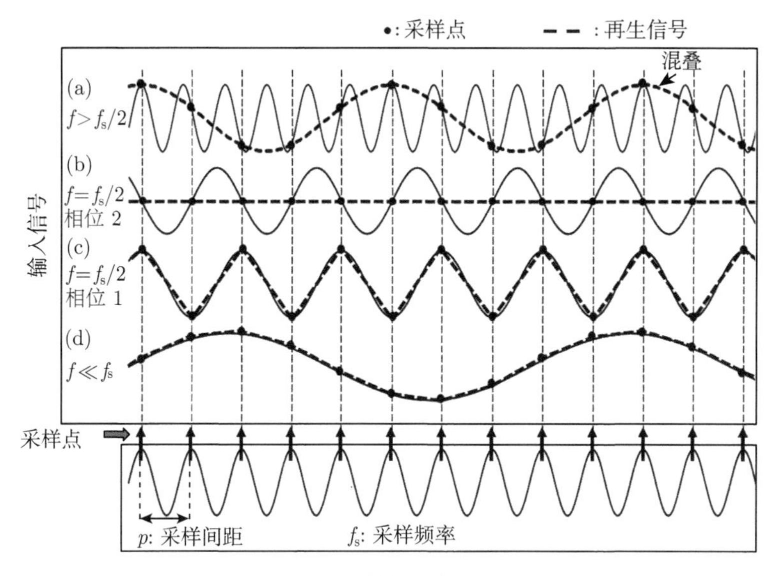

图 6.2 采样和采样定理

那么如何才能复现高频信号呢？当信号频率为采样频率的一半时，即 $f = f_s/2$，如图 6.2(c) 所示，波峰和波谷的位置与实心圆圈所示采样点的位置相吻合。虽然表现为三角波形，但却保留了原有振幅和频率。当然这属于波峰和波谷与采样点一致的情况，因此不难理解，凡是频率高于 $f_s/2$ 的输入信号不能通过采样频率 f_s 而被准确复现。因此，可复现信号的最大频率为采样频率的一半，该频率被称为奈奎斯特频率，且该关系被称为奈奎斯特定理或采样定理。

将采样间距和奈奎斯特频率分别表示为 p 和 f_N，我们得到以下关系：

$$f_N = \frac{1}{2}f_s = \frac{1}{2p} \tag{6.1}$$

然而并非所有频率为 $f_s/2$ 的输入信号都可以被精准复现。图 6.2(b) 与 (c) 中的输入信号的频率相同，均为 $f_s/2$，唯一的区别是相位延迟了 1/4 周期。采样点的位置位于波峰和波谷的中间 (对应于图像中的灰色区域)。如图 6.2(b) 所示，通过采样点拟合而得到的信号曲线是一条水平直线，且没有振幅。这种情况下，振幅和频率都不会被保留。因此，相位也非常重要，特别是在奈奎斯特频率附近，随后将继续分析。

如图 6.2(a) 所示的频率高于奈奎斯特频率的输入信号，通过采样点拟合获得的复现信号则远不同于原始输入信号，这种错误信号被称为混叠噪声，需要更高的采样频率才能获得更高奈奎斯特频率信号的准确信息。

以上描述是基于采样宽度为无穷小的假设，而实际采样过程中并不能达到零采样宽度，只是有限小的采样宽度。如图 6.3 显示了采样宽度对采样结果的影响，在采样宽度无穷小的情况下，能够在采样结果中得到输入信号的最大和最小值。然而，在有限采样宽度的情况下，采样操作是在采样周期内通过积分或平均来进行的，信号的最大值和最小值不能作为采样点。因此，以更窄的采样宽度进行采样，可以获得更大的采样信号幅度。

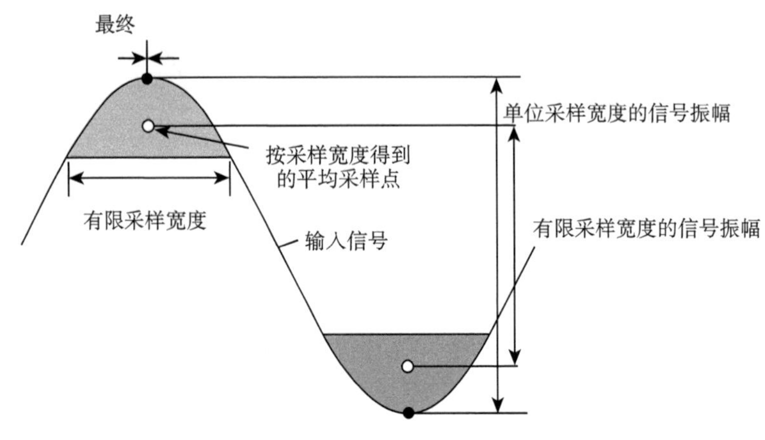

图 6.3　采样宽度和采样信号幅度

6.2　空间域采样

空间域采样如图 6.4(a) 所示，像素在实空间中以间距 p 和光圈孔径 a 周期排列。只有通过光圈孔径的光才能到达传感器，因此仅在光圈孔径区域进行采样，即光圈孔径宽度等同于采样宽度。其中采样间距为 p，采样频率 f_s 为 $1/p$，采样宽度为 a。在此条件下，正弦波输入信号的采样信号幅度与频率的关系如图 6.4(b) 所示，根据采样频率而进行频率归一化处理，图中展示了宽间比 a/p 分别为 1、0.5 和 0.2 的三种情况。如 6.1 节所述，间距越大，幅值越低，尤其是在高频区域。信号幅值表现出传递系统的空间频率响应特性，称为调制传递函数 (modulation transfer function, MTF)。如图 6.1 所示，若要获得更高频率的信息，需要更高的奈奎斯特频率，即更小的像素间距。虽然更窄的距离能够获得更高的幅值，但在通常应用中并不强调幅值性能，因为距离越窄，灵敏度也就越低，而高灵敏度更是成像系统的首选。

接下来，通过 spreadsheet 软件简单模拟通过空间采样获得的图像。设定输入参数，使用圆域板图 (circular zone plate, CZP) 获取信号，该图通常用于检查错误信号的频率。图 6.5 是以数学形式绘制的计算图，信号的空间频率正比于圆心距离的平方。沿图 6.5 中所示的箭头，从中心到右边缘的波形如图 6.6(a) 所示。

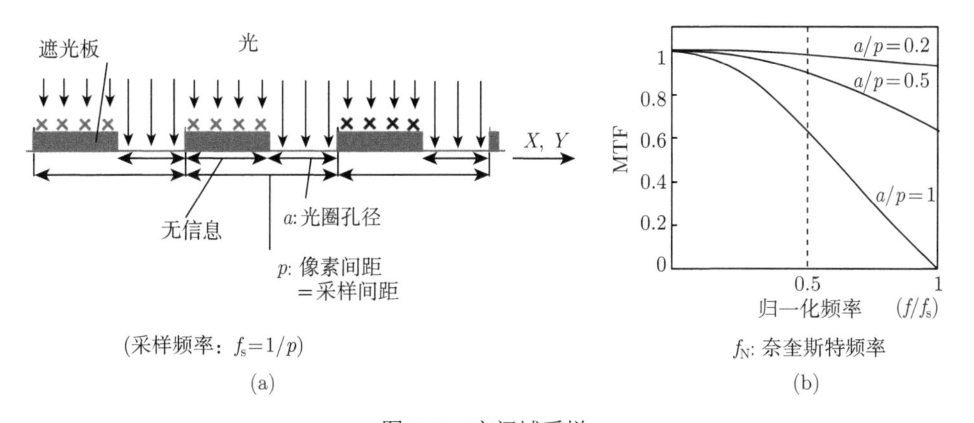

图 6.4　空间域采样

(a) 按光圈孔径进行空间域采样的示意图；(b) MTF 与频率的关系

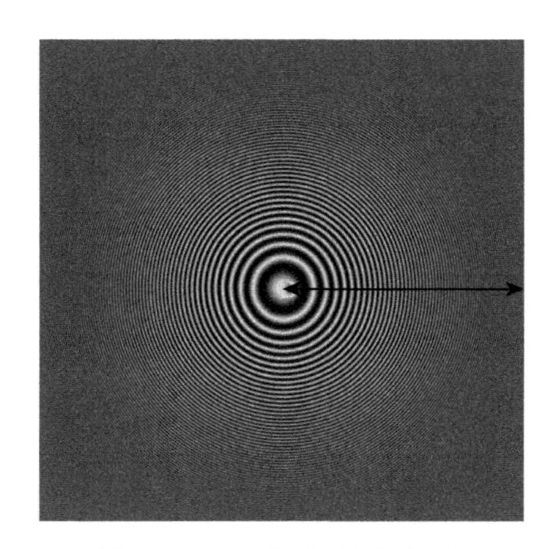

图 6.5　CZP 图表 (计算图纸)

图 6.6(b) 显示了孔径的周期性，即采样频率。为了突出采样效果，选择较宽的间隔，并将宽间比 a/p 设置为 0.5。根据图 6.6(b) 中的间距进行采样得到图 6.6(a) 中的波形，使用计算软件将图 6.6(a) 和 (b) 的信号相乘，将图 6.6(b) 中孔径区域外的值均置为零，计算结果如图 6.6(c) 和 (d) 所示。可见即使在比奈奎斯特频率更低的频率区域也能看到调幅，这表明根据采样条件并不能准确复现幅值。另外，图 6.6(c) 和 (d) 中在高于奈奎斯特频率的区域所显示的波形是完全不同于输入信号的错误信号。确切地说，图 6.6(c) 显示了轴上奈奎斯特频率的对称性，正如“折叠噪声”之意。

在实际成像系统中，通过光学低通滤波器 (optical low-pass filter, OLPF) 消除或减少奈奎斯特频率及以上的信号分量，以避免错误信号的影响，如图 6.6(a)

所示。而图 6.6(c) 和 (d) 之间的区别在于采样相位，虽然奈奎斯特频率处的幅值在图 6.6(c) 中被保留，但在图 6.6(d) 中却为零，这是由采样相位之间的差异造成的，如图 6.2 所示。图 6.6(c) 和 (d) 中的采样相位分别对应于图 6.2(b) 和 (c) 中的采样相位。

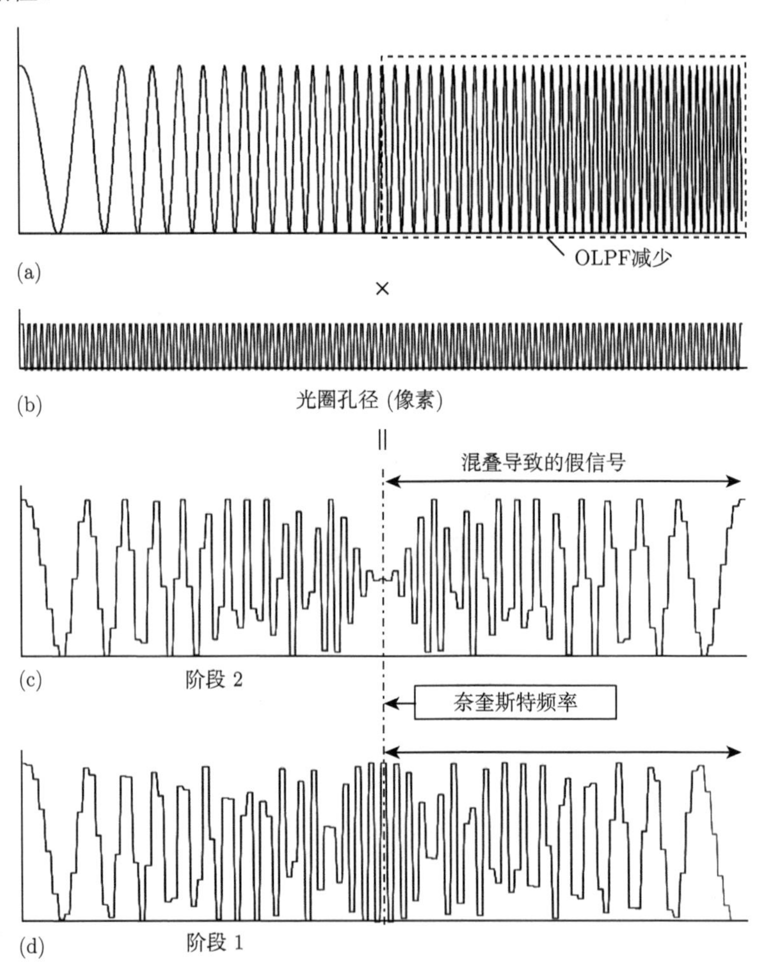

图 6.6　使用 spreadsheet 软件模拟 CZP 模式

(a) CZP 模式输入信号的波形；(b) 采样间距；(c)、(d) 计算结果

如图 6.7(a) 和 (b) 显示了由图像传感器拍摄的 CZP 图的真实照片。在 CZP 图中，穿过中心的线的左右边缘的分辨率意味着 600 条 TV 线[①]，而顶部和底部边缘对应于 450 条 TV 线。图 6.7(a) 是不含 OLPF 的 CCD 所拍摄的高清 CZP 图，该 CCD 具有以 4.1μm 为间距的方形像素，分辨率为 955(H) × 550(V)。图 6.7(a)

① 在 TV 线表达中，一对黑白线被看作两条线。

中存在表现为同心圆的虚假信号，尤其是在图像信号幅值测量图中的 550 条 TV 线对应的奈奎斯特频率处观察到的强信号。图 6.7(b) 是含 OLPF 的图像传感器所拍摄的照片，图中错误信号几乎被抑制到难以被观察到的水平，且在奈奎斯特频率处幅度几乎为零。比较图 6.7(a) 和 (b) 的幅度图可以看出，受 OLPF 的影响，图 6.7(b) 中奈奎斯特频率处的错误信号已被完全消除，且幅度随频率的增加而减小，特别是在高于奈奎斯特频率的区域。

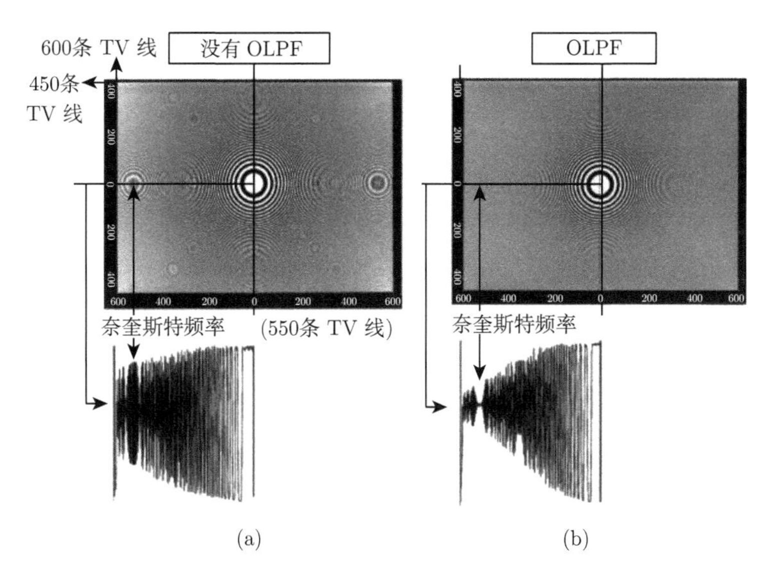

图 6.7 使用 955(H) × 550(V)，像素间距为 4.1μm 的 CCD 拍摄的 CZP 图片的示例
(a) 没有 OLPF；(b) 安装 OLPF 后

顾名思义，OLPF 是一种空间低通滤波器 [1,2]。OLPF 最常用的材料是石英晶体。利用晶体的双折射作用将入射光线分为普通光线和偏射光线两部分，如图 6.8 所示，当原始光线垂直向下传播时，偏射光线通过晶体移动一个像素间距①，相应地到达原始光线正下方像素的相邻像素。

由于奈奎斯特频率输入的一个周期是两个像素的间距，因此它具有图 6.8 中黑白线所示的空间频率。每个入射光线的强度被分为两半：一半位于像素下方，另一半位于相邻像素 (调整 OLPF 厚度使间隔距离等于像素间距)。因此，每个像素接收来自输入奈奎斯特频率分量的黑线和白线各一半的光强度，如图顶部所示。也就意味着奈奎斯特频率分量的强度均匀地分布到每个像素，或者说没有相对幅度。奈奎斯特频率分量以这种方式通过 OLPF 消失，因此错误信号大大减少，如图 6.7(b) 所示。

① 选择 OLPF 的厚度，使穿过晶体后光的移位距离等于两像素间的间距。

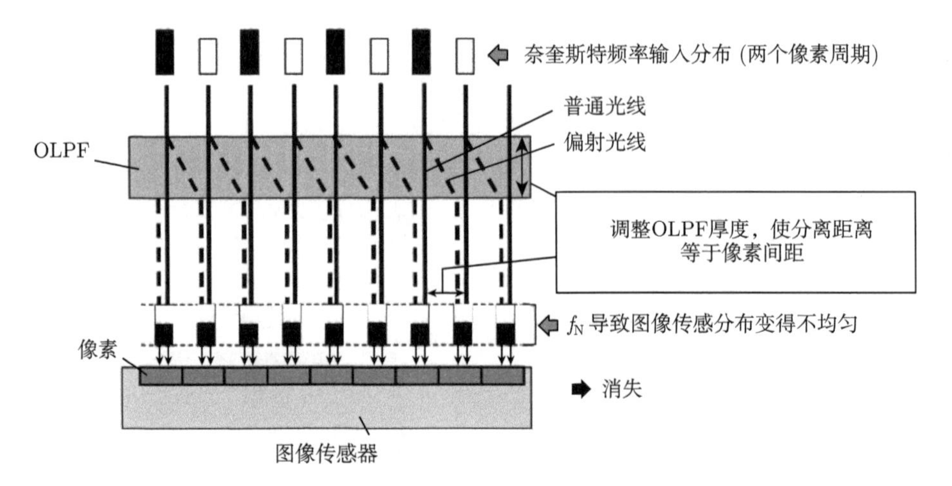

图 6.8 光学低通滤波器的原理

根据此机制不难理解，在图 6.7(b) 底部，幅度完全消失的频率其实只有一个点，其影响持续至目标频率周围，降低信号幅度。因此，通过 OLPF 消除了奈奎斯特频率分量，即出现错误信号，并且降低了其周围及高频分量信号的幅度。

关于较窄像素间距的情况，图 6.9 展示了由基于 1.8μm工艺 3096(H) × 2328(V) 像素大小且不含 OLPF 的图像传感器所采集的图片。由于全视角 CZP 图的分

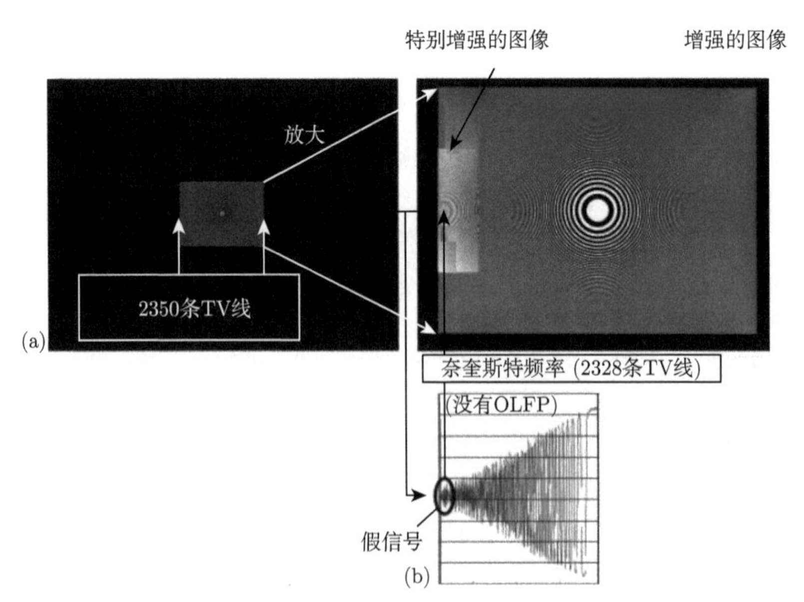

图 6.9 (a)、(b) 使用没有 OLPF 的 3096(H) × 2328(V)，1.8μm 像素的 CCD 拍摄的 CZP 照片

辨率仅为600条TV线，所以通过调整视角使CZP水平边缘的分辨率达到2350条TV线，如图6.9(a)所示，扩大后的图像显示如图6.9(b)所示。虽然没有OLPF，但由奈奎斯特频率处的混叠引起的错误信号也只存在于局部区域，且其幅度远小于图6.7中的4.1μm像素工艺传感器所采集的图片。因此，即使在镜头MTF不高的情况下，基于像素尺寸缩小技术的高分辨率传感器也实现了将奈奎斯特频率扩展至更高频区域。由于错误信号的幅值较低，所以更倾向于使用不含OLPF的数字信号处理器(digital signal processor, DSP)进行处理。虽然具体设计取决于实际应用需求，但由于一个OLPF只能作用于一个方向，图像的垂直和横向方向需要两个OLPF，对角方向仍需要两个以上OLPF，因此OLPF板的数量需要与方向数量一致。此外，减小成像系统的尺寸是未来的发展趋势，而OLPF的厚度为数百微米量级，为了有效实现更薄的成像系统，不建议使用OLPF。

6.3 时域采样

本节描述了在时域中的采样，时间信息在静止图像中体现为图像模糊，因此本节只考虑运动图像的情况。正如第1章所提到的拍摄运动图像即是以恒定的时间间隔重复拍摄静止图像。也如第4章电子快门所述，图像是在间隔时间内的曝光期间所拍摄的。

如图6.10所示为在时间轴上重复曝光的示意图，其采样的结构与图6.4中的空间采样完全相同。因此，更短的采样间距意味着更高的帧率以获取更高频的信息，也即更精确地捕获高速图像。同样，较短的曝光时间会产生较窄的采样宽度和更少的运动物体模糊，等同于空间采样中更高的MTF或幅度。在时域采样和空间采样过程中，会因混叠而出现错误信号，例如拍摄的旋转轮不旋转或反向、缓慢旋转的现象就是由于物体周期运动和曝光时序间存在同步性。

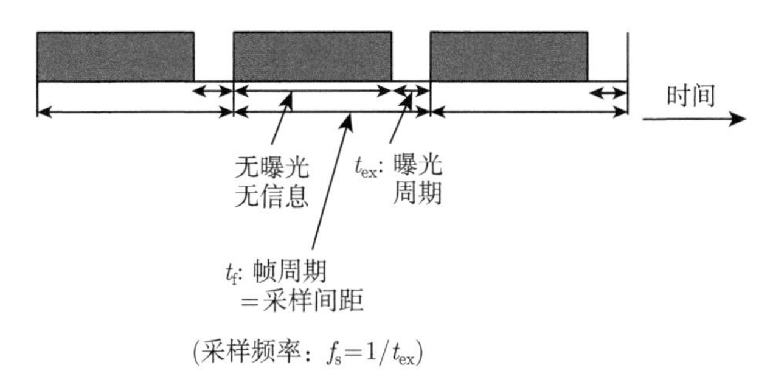

图6.10 时域采样、帧时间间隔和曝光时间的示意图

6.4 波长域采样和彩色信息

如果采用与空域和时域相同的方式来获取波长信息，则需要通过划分波长域进行采样。为了获得更高质量的波长信息，需要更高的采样频率和更窄的采样宽度。具体而言，多波段相机[①]在每个划分的波长区域捕获图像后进行合成，如图 6.11 所示。

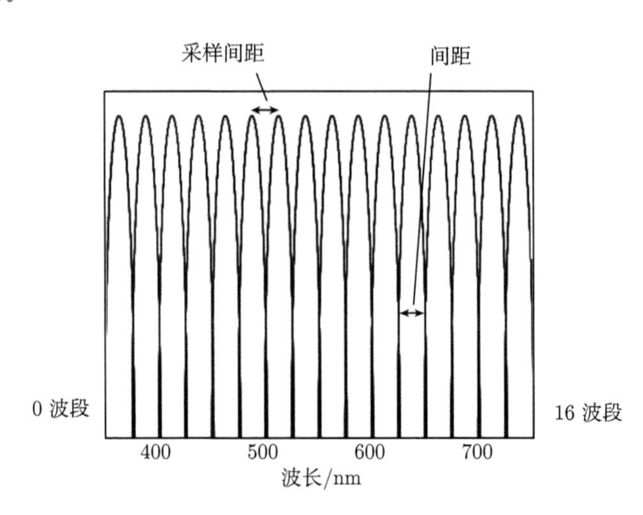

图 6.11 波长采样的波长区域划分示例

图 6.11 显示了波长区域被划分为 16 个波段的情况。在实际方法中，需准备 16 个对应不同波段响应的滤光片，每个滤光片的光谱响应与每个分割的波长区域相对应，并使用每个滤光片拍摄 16 张静止图片，然后将这 16 张图合成 1 张彩色静态图像。从这些步骤来看该系统只适用于静止物体。从这个过程可以清楚地理解，这个系统只能应用于静止的物体。因此，它的应用受到特定类型任务的限制，例如艺术品数字档案开发。由于实际原因，波段数量通常在 4 ∼ 8 个。因此，多波段摄像头系统不适用于普遍应用。

实际应用中的几乎所有成像系统都是以图 1.7 所示的拜耳 (Bayer) 彩色滤波阵列为代表的单片彩色相机。对于如广播、摄影等高端应用的高质量成像则使用三片彩色相机，其中通过棱镜将波长区域分为三部分，通过相应的传感器成像。

红色、绿色和蓝色在拜耳彩色滤波片中的光谱响应示例如图 6.12 所示。如果将其视为一种采样方式，那么它远不同于空间和时间的采样，它只有三个非常小的采样点，并且采样宽度非常宽，彼此重叠。这种方法并不是一种采样方法，而是利用人眼和大脑对颜色的感知。这里简要介绍人眼对颜色的感知。众所周知，人眼通

① 7.4.2 节中有更详细的讨论。

过视网膜处理光线。视网膜包含两种光感受器细胞：杆状细胞和锥状细胞。杆状细胞只能在非常低的光强下检测光强度，但不能感知颜色。读者可能在非常低的照明下有过辨别物体形状而不能辨别颜色的经验。另一方面，锥状细胞在相对较亮的照明下既检测光强度又检测颜色。有三种类型的锥状细胞，分别称为 S、M 和 L。

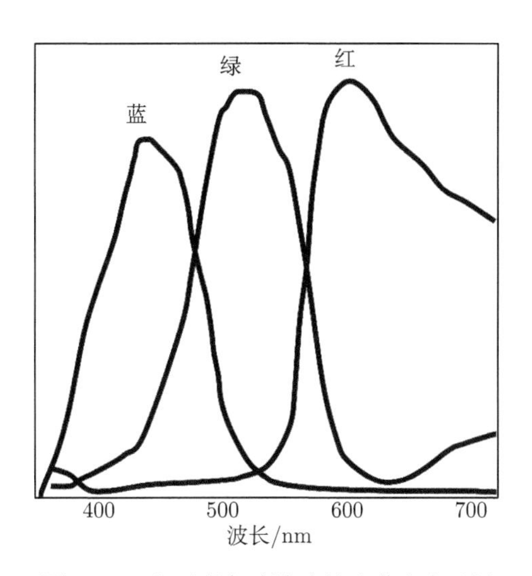

图 6.12 拜耳彩色滤波片的光谱响应示例

图 6.13 显示了视锥细胞光谱响应的波长依赖性 [3]：S、M 和 L 的响应波长范围分别为 400 ~ 500nm、500 ~ 600nm 和 550 ~ 650nm。换而言之，S、M 和 L 分别是检测紫外到蓝色、绿色到橙色以及黄绿色到红色范围的传感器。由于三种传感器的响应范围存在重叠，任何波长的入射可见光都可能激发三种类型视锥细胞中的一种，并产生参考刺激。

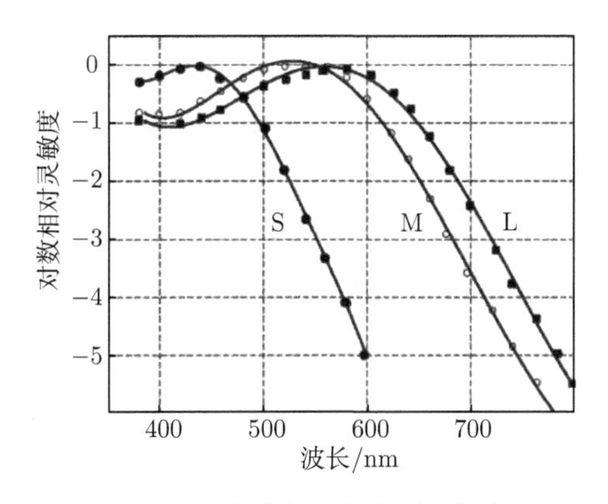

图 6.13 视锥细胞的相对灵敏度

视锥细胞通过光吸收产生的颜色刺激有助于人脑进行色彩感知。比如当黄色刺激 (波长约为 580nm) 聚焦在视网膜上时，刺激会在 L 和 M 视锥细胞中同时发生，而在 S 视锥细胞中产生较低水平的刺激，这些刺激信号传输到大脑，促进了大脑对黄色的感知。然而如果同样强度的红光和绿光同时聚焦在视网膜上的同一点，那么同样水平的刺激就会出现在视锥细胞 M 和 L 上，随后传递到大脑并促进其形成颜色感知，大脑接收到的刺激与黄色入射光情况相同，因此两种情况下，大脑都会感知到黄色。

当颜色 A 和 B 聚焦在视网膜上的同一点时，人类色觉会感知到一个不同的颜色 C，但这种感知并不同于音乐的和弦。人眼和大脑检测到来自 S、M 和 L 视锥细胞的一组刺激，并基于这些刺激将其感知为一种颜色。因此，重现色调基于光谱响应的重叠。考虑到人眼和大脑的这种机制，由三基色组成的显示设备可以呈现非常广泛的颜色范围。

现实中使用的系统是实时的，比如配备了原色或补色滤光片的单片传感器相机和三片传感器相机。在自然界中存在的是“波长”而不是“颜色”，在没有人类感知的情况下将无法定义颜色。如果将作为物理量参数的“波长”替换为人类感知的“颜色”，则很难找到信息的准确客观的物理描述。事实上，在滤波片中使用的颜色并非完全相同，例如基于原色的红、绿和蓝色，以及基于补色的青色、品红、黄色和绿色等情况 [4]。各种光源都可以被捕捉，如自然阳光、荧光灯光、白炽灯光和发光二极管 (light-emitting diode, LED)。因此，人们追求的必然是主观的颜色再现，比如感知上等效的颜色、记忆颜色和优选颜色等。

通过人类感知以获取图像的颜色信息在非可见光范围的应用常常受限。因此，为了获得精确的颜色信息，需要 R、G 和 B 的精确信号比。信号比的不准确会导致像素级别的颜色误差。图 6.14 展示了根据光强度的随机噪声变化引起的颜色误

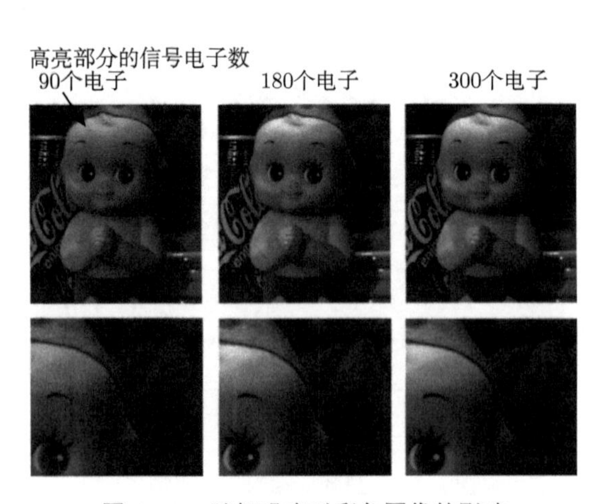

图 6.14 随机噪声对彩色图像的影响

差对图像的影响。从左到右光量逐渐增加。突出部分 (娃娃的额头) 的信号电子数量分别为 90 个、180 个和 300 个。底部图像是放大后的上述图像较暗区域。在信号电子数量为 90 个时，图像中出现明显的颜色误差，但随着照明强度的增加，信噪比增大，从而减小了颜色误差的影响。

空间、颜色和时间是在 $\langle r, c, t \rangle$ 空间中建立的坐标，作为坐标本身不会出现噪声余量，但当在某个坐标点存在光强 S 时，坐标点的信息误差会以错误信号的形式出现，如失真、伪分辨率、伪颜色、彩色噪声、模糊、滞后等。

参 考 文 献

[1] S. Nagahara, Y. Kobayashi, S. Nobutoki, T. Takagi, Development of a single pickup tube color television camera by frequency multiplexing, Journal of the Institute of Television Engineers of Japan, 26(2), 104-110, 1972.

[2] S. Nagahara, http://www.ieice-hbkb.org/files/08/08gun_04hen_02-04.pdf, pp. 116-118, October 25, 2011 (accessed January 10, 2014).

[3] B. Wandell, Foundations of color vision: Retina and brain, in ISSCC 2006 Imaging Forum—Color Imaging, pp. 1-23, February 9, San Francisco, CA, 2006, http://white.stanford.edu/~brian/ papers/ise/ISSCC-2006-Wandell-ColorForum.pdf (accessed January 10, 2014).

[4] Y. Sone, K. Ishikawa, S. Hashimoto, T. Kuroda, Y. Ohkubo, A single chip CCD color camera system using field integration mode, Journal of the Institute of Television Engineers of Japan, 37(10), 855-862, 1983.

第 7 章　提升图像质量的技术

本书说明了图像信息是由光照强度、空间、波长和时间等要素组成，而成像目标要求这些要素达到足够的水平。由于成像系统应用广泛，获得的信息并不总是相同的，并且由于成像系统的目标不同，需求也会有所不同，因此人们开发了提升图像信息要素水平的技术。本章描述了通过提高单个关键要素水平以提升成像质量的一些示例。

7.1　光强信息

光强是最重要的信息之一，其包含灵敏度和动态范围 (dynamic range，DR)。

7.1.1　灵敏度

灵敏度对于图像传感器中像素的光子收集能力非常重要。虽然到目前为止本书主要讨论了图像传感器，但实际上图像传感器往往被组装在成像系统中，而系统一般被覆盖在透明封装玻璃下，如图 7.1(a) 所示。

光的损耗主要发生在光到达硅表面之前的阶段以及光进入硅内部后转化为信号电荷的阶段。下面逐步进行解释：① 入射光经封装玻璃两面反射后减少 5% ~ 10%，如图 7.1(a) 所示，根据具体应用情况可以使用抗反射涂层来降低损耗，但由于成本较高，使用率较低。② 封装玻璃的吸收量在紫外 (ultraviolet, UV) 波段可以忽略不计。③ 光到达传感器时，部分光在片上微透镜 (on-chip lens, OCL) 的表面发生反射，可以用低反射率的材料覆盖片上微透镜以抑制光损失。④ 此外片上微透镜和彩色滤光片会吸收部分光。由于彩色滤光片只允许通过相应波长范围的入射光，而光谱响应与颜色性能直接相关，因此彩色滤光片将会接收较宽波长范围内的入射光。⑤ 光入射过程中也会被钝化层和隔离层吸收和反射。⑥ 当光到达光电二极管 (photodiode, PD) 时，可见光在硅表面会产生 30% ~ 40% 的反射，由于这种影响较大，因此通常采用 5.1.2 节中所述的抗反射 (antireflection, AR) 膜以降低反射率。⑦ 在此之前到达片上微透镜以外区域而没有进入孔圈的光也会产生损失。⑧ 当光进入硅后，光吸收会引起光电转换，产生的电子很容易与硅表面附近高密度的空穴发生复合，如图 7.1(c) 所示。从抑制暗电流的角度来看，应选高掺杂的 p^+ 层。相反，从抑制信号电荷复合的观点来看，优选表面杂质浓度低且薄的 p^+ 层。因此需要一种折中设计以平衡需求。⑨ 如图 7.1(c)

所示，在图像传感器中 n 型衬底上形成的 p 阱会向 n 型衬底放电。另外如 2.2.2 节所述，更长的 L 可以收集更深区域中产生的更多信号电荷，因此增加了长波长入射光的灵敏度。在 p 型衬底上形成的传感器，所有生成的信号电荷都能够被收集。

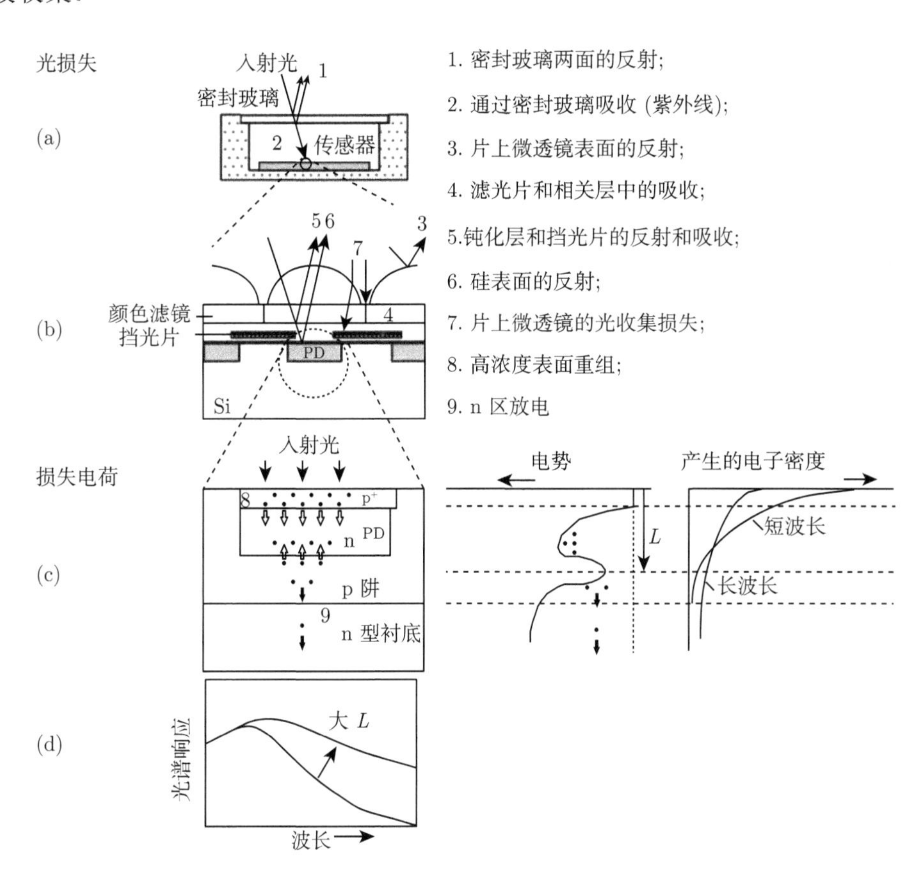

图 7.1 灵敏度损耗

(a) 封装传感器；(b) 传感器芯片；(c) PD 周围区域；(d) 光谱响应对阱深度依赖性关系图

影响灵敏度的信号电荷数与光子数的比值被称为量子效率，具体而言，信号电荷数与入射至图像区域或像素的光子数的比值称为外部量子效率，而与透过硅的光子数的比值被称为内部量子效率。

虽然影响灵敏度的因素有很多，但如图 7.1 所示，已采用了更加节省成本的技术。在第 5 章中提到的针对有效利用光子和信号电荷的技术仍在不断发展完善中，比如 20 世纪 80 年代初提出的片上微透镜、AR 膜、背照式和前照式等先进技术。同时第 5 章所述的与信噪比密切相关的降噪技术也仍在发展完善中。

7.1.2　动态范围

本节主要讨论动态范围，即传感器可以捕获的光强信息范围。动态范围定义为饱和水平下信号电子数与暗噪声信号电子数之比，如图 3.6 所示。动态范围也被定义为在灰度未饱和时可获得图像信息的最大照度与当信噪比等于 1 时的照度之比。在线性系统中，由于信号电子数与光强度成正比，因此关于动态范围的这两个定义是一致的。在线性系统中很难通过先进技术来大幅度提高动态范围，因此通常采用能够完成光电流 [1] 对数转换或多帧图像信息组合的非线性系统。但是非线性系统是根据其具体应用（尤其是彩色应用）进行复杂的信号处理，存在如图像滞后、信噪比和温度特性等问题。

下文将讨论一些关于提升动态范围的技术示例。此外，5.3.3.2 节第 3) 部分中描述的脉冲输出传感器是用于提升动态范围的方法之一。

7.1.2.1　高动态范围 CCD

在 1995 年提出的高动态范围 CCD (hyper-D CCD)[2]，是通过形成双倍容量 VCCD 而达到可传输两倍传统信号电荷包数的效果，用以处理短曝光信号或正常曝光信号，如图 7.2 所示。在正常曝光中，饱和的信号会被短曝光中的非饱和信号所取代，然后通过信号处理合成信号，因此在更高的照明条件下仍可获取图像信息，其输出图像的示例如图 7.3 所示。在相同的曝光条件下，使用传统 CCD 相机无法很好地捕捉较暗的场景，但高动态范围 CCD 相机可以很好地捕捉明和

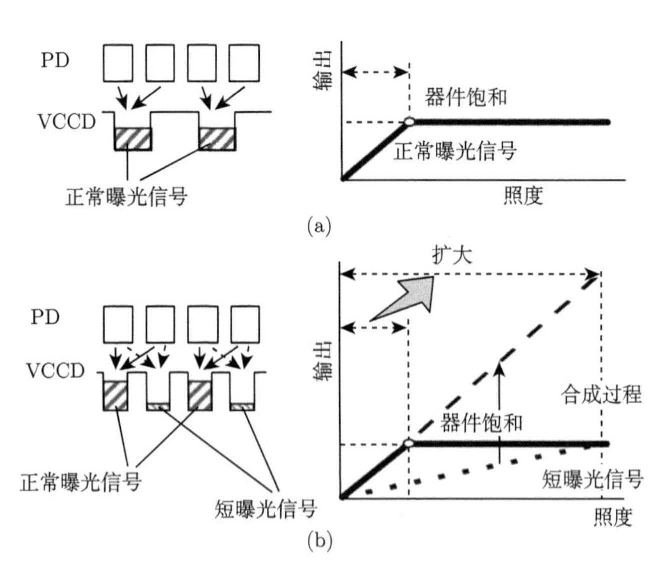

图 7.2　高动态范围 CCD 的原理图

(a) 常规 CCD；(b) 高动态范围 CCD

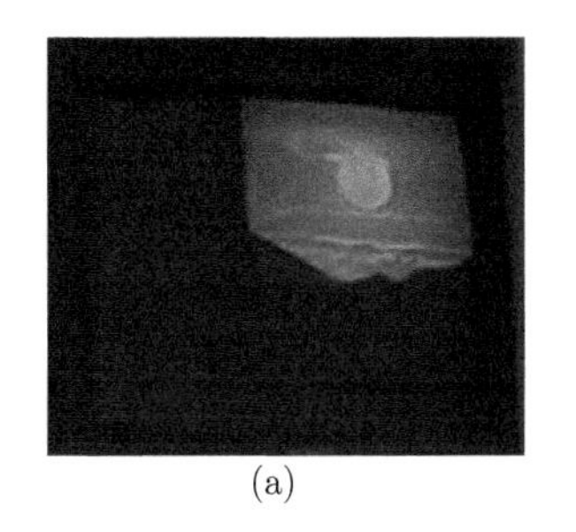

(a)

(b)

图 7.3 动态范围的示例

(a) 常规 CCD；(b) 高动态范围 CCD

暗区域。通过信号处理技术，可以改变整体图像的光强与图像信号之间的线性关系。得益于设备与电子系统的完美结合，这是一种高灵活性、高性能的成功例子，而这在早期胶片相机系统中几乎是不可能实现的。

7.1.2.2 配备横向溢出电容的 CMOS 图像传感器

这种图像传感器的工作原理 [3,4] 如图 7.4 所示，图 7.4(a) 将一个场效应晶体管 (M_3) 和一个电容器 (CS) 添加到由 PD、读出晶体管 (M_1)、复位晶体管（M_2）、放大（或驱动）晶体管（M_4）和行选择晶体管（M_5）组成的 4T 晶体管像素结构中。

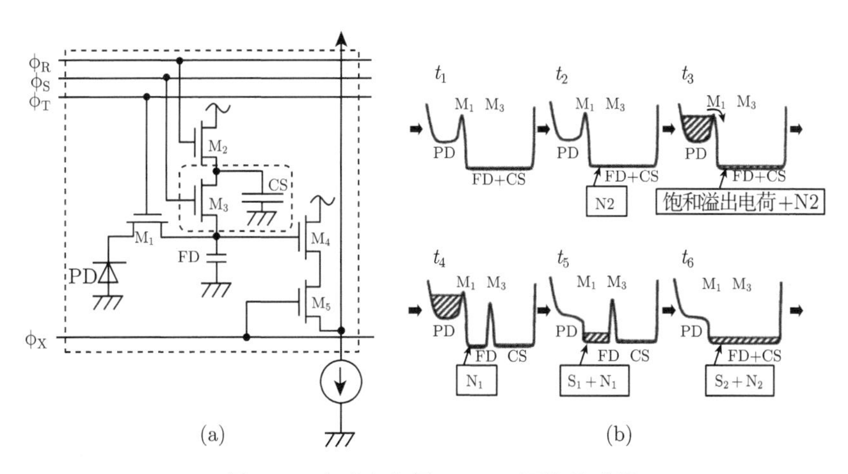

图 7.4 高动态范围 CMOS 图像传感器

(a) 像素配置；(b) 工作原理示意图 (经 Akahane, N., Sugawa, S., Adachi, S., Mori, K., Ishiuchi, T., and Mizobuchi, K., IEEE Journal of Solid-State Circuits, 41, 851-856, 2006 授权)

工作过程如图 7.4(b) 所示。在 t_1 时刻，令 M_2 和 M_3 处于导通状态，浮置扩散电容（FD）和列选管（CS）被复位以开始曝光。复位操作后，组合电容器 [FD+CS] 中的 N_2 噪声输出并存储在 t_2 时刻的片外存储器中。在曝光期间，保

持 M_3 处于导通状态，以便将来自于高照度下从 PD 溢出而产生的信号电荷存储在 FD 和 CS 中，如 t_3 时刻所示。在从 PD 读出信号电荷之前，将 M_3 设置为关断状态。此时，部分过饱和电荷和存在于 FD 中的 N_2 噪声会在 t_4 时刻输出为 N_1 噪声。接着将非过饱和信号电荷 S_1 从 PD 传输至 FD，以在 t_5 时刻输出（S_1+N_1）。对应于 S_1 的输出电压为 N_1 和（S_1+N_1）的输出电压之差。接着，在 t_3 时刻将 M_3 设置为导通状态，对过饱和信号电荷与 N_2 求和以获取（S_2+N_2），即所有信号电荷和初始噪声 N_2 的总和。通过使用（FD+CS）作为电荷数量检测电容器，在 t_6 时刻输出总信号电荷，S_2 对应的输出电压可从片外存储器中的 N_2 噪声输出电压差中获得。因为 t_6 时刻的噪声电荷量 N_2 是 t_2 时刻和曝光期间在 FD 中生成的暗电流总和，它们与 t_2 时刻的 N_2 不同，虽然需要帧存储器来存储每个像素在 t_2 时刻的 N_2，但可以通过下一帧的 N_2 来替换当前帧 N_2，以免使用额外的存储器。尽管不同的复位操作之间没有相关性，无法消除复位噪声，但是由于在过饱和的情况下信号水平较高，可以认为它对噪声具有较高的容限。

7.2 空间信息

空间位置信息的改进无异于空间分辨率的提高。提高奈奎斯特频率最直接的方法是增加像素数量。在 5.2.3.1 节中描述的像素插值阵列是通过设计不增加像素数的像素阵列以提高水平分辨率。由于扫描线数是由电视系统的格式决定的，因此不需要增加垂直分辨率。同样可以扩展到数字相机使用的具有垂直分辨率的图像传感器是像素交错阵列 CCD (pixel interleaved array CCD, PIA CCD)[5]。

真实空间中的方形和交错像素阵列如图 7.5(a) 和 (b) 所示，其中交错阵列是方形阵列以 45° 旋转后得到的。方形阵列中的垂直、水平和对角像素间距分别为 p、p 和 $p/\sqrt{2}$。相反，交错阵列的垂直和水平像素间距缩短为 $p/\sqrt{2}$，而像素间距为 p，如图 7.5(b) 所示。

根据公式 (6.1) 得到的奈奎斯特频率如图 7.5(c) 中的频率空间所示，在交错阵列中，奈奎斯特频率在垂直和水平方向上比方形阵列更高，而在对角线方向上更低。因此，方形阵列对角线方向上的高分辨率的一部分被分配到交错阵列中的垂直和水平方向。由于该结构仅以 45° 旋转，采样密度即信息密度，而权重随方向改变。

这样做当然是有意义的，Watanabe 等 [6] 报告了人眼在垂直和水平方向上具有较高的敏感性。此外，在一篇关于 PIA 的论文中 [5] 显示了垂直和水平结构的比例在大量图像的统计中高于其他角度。因此，可以根据人眼特性以及物体统计特性提高图像传感器的效率。

以上所述仅是关于单色使用的情况，即每个像素与其相邻像素具有关联，且

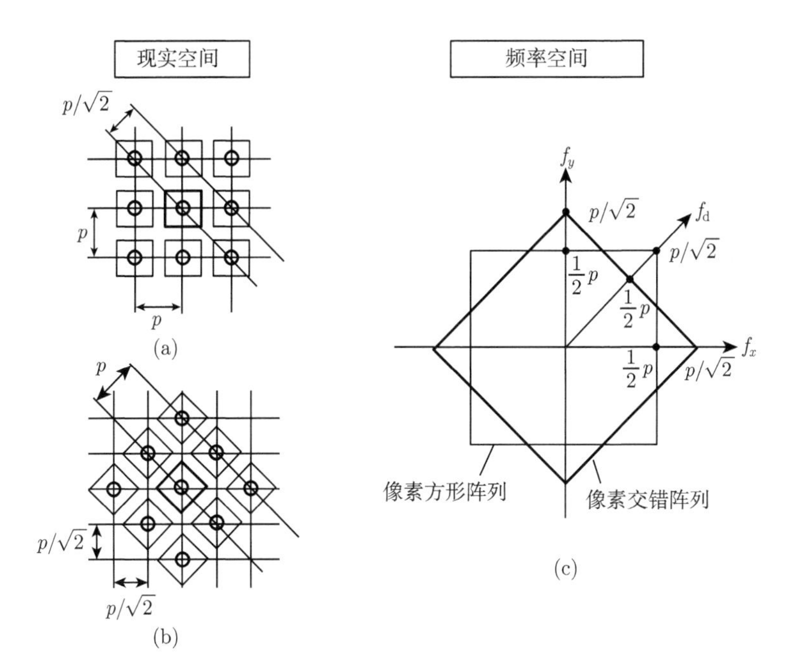

图 7.5 实空间中的像素数列和每个数列的奈奎斯特频率

(a) 像素方阵列；(b) 像素交错阵列；(c) 奈奎斯特频率

可以假设每个像素有一个合理的响应或输出。但是在单片彩色系统 (即一个像素上有一个颜色滤光片) 的情况下则完全不同。

在继续讨论之前，应先讨论一些有关人眼特性的观点。正如 6.4 节中提到的，人眼和大脑将颜色感知为锥体 S、M 和 L 的一组刺激值。其中，对感知贡献最大的，即最高敏感频率在 550nm 左右，属于绿色到黄绿色的范围。因此，对灵敏度和分辨率影响最大的像素是绿色滤光片像素，故绿色像素阵列非常重要。

首先讨论应用于方形像素阵列传感器的拜耳滤光片。G、R 和 B 中的每个奈奎斯特频率，以及之前讨论的单色情况，都是通过分析每种颜色阵列而获得的。如图 7.6(a) 所示，将绿色 (G) 像素看作是插值阵列，垂直和水平间距为 p，因此，G 像素在垂直和水平方向上的频率为 $\frac{1}{2}p$，与单色区域的频率相同，如图 7.6(b) 中的 B/W 所示。因此，方形阵列传感器与拜耳滤光阵列的组合是非常合理的。红色①(R) 和蓝色 (B) 在垂直和水平方向上的间距分别为 $2p$，奈奎斯特频率均为 $\frac{1}{4}p$，如图 7.6 所示。

相反地，在图 7.7(a) 所示的交错型像素阵列传感器和拜耳滤光阵列的组合中，G 像素阵列是一个垂直和水平方向上间距均为 $\sqrt{2}p$ 的方形阵列；因此，奈奎斯特

① 这并不奇怪，因为拜耳发明的概念 (第 1 章参考文献 [6]) 是以棋盘格的方式排列。

频率为 $p/\sqrt{2}$，如图 7.7(b) 所示，尽管对角线方向上间距高达 $\frac{1}{2}p$，但奈奎斯特频率还是下降至单色像素阵列的一半，且低于方形像素阵列传感器。由于 R 和 B 像素在垂直和水平方向上的间距也为 $\sqrt{2}p$，与 G 相同，因此奈奎斯特频率也是 $p/\sqrt{2}$。

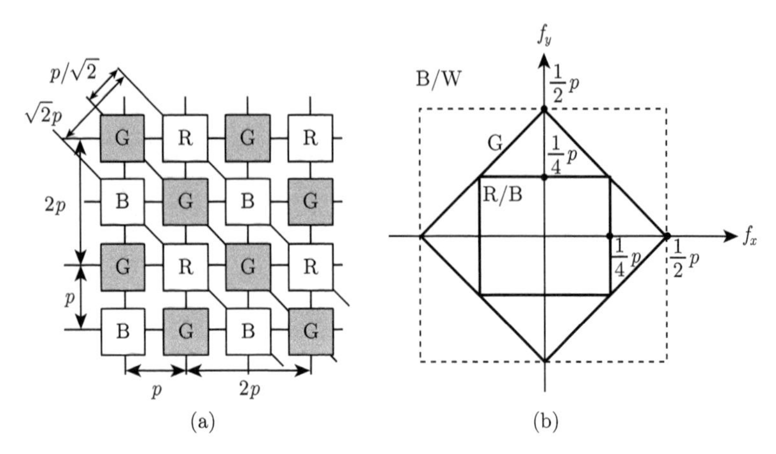

图 7.6　(a) 方形像素阵列与拜耳结构滤色器；(b) 每种颜色的奈奎斯特频率

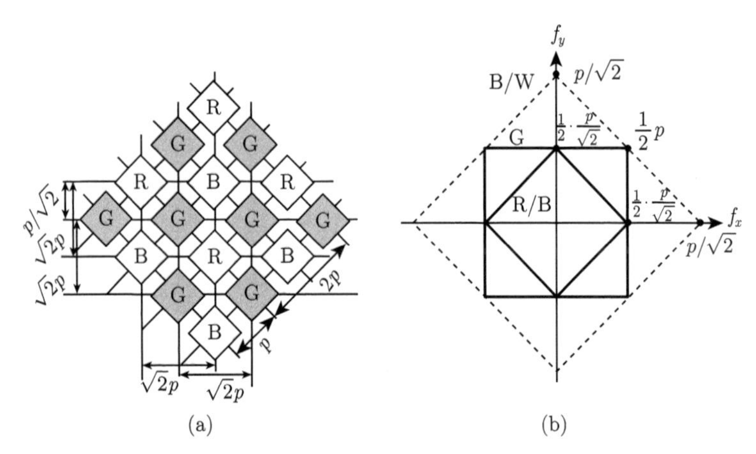

图 7.7　(a) 像素交错阵列与拜耳配置彩色滤色器；(b) 每种颜色的奈奎斯特频率

这是一种对于单色图像捕捉具有明显优势的技术，但对于单片彩色系统的色彩信息捕捉来说，情况就有所不同。

由于许多接近无色的物体与绿色滤光片的光谱响应与红色和蓝色滤光片的光谱响应存在交叠，输出图像在红、绿色波长响应的衰减并不明显。但需要一种相对复杂的信号处理方法以及更宽的颜色光谱响应重叠，这可能会降低色调的准确性。由于交错的阵列结构基本上是建立在每个像素具有适当响应水平的基础上的因此在各个点上需要很多的组合，例如每个颜色的光谱响应、色彩结构、色彩算法和亮度信号处理。因此，根据物体的色彩分布，该技术可能无法发挥作用，甚至下降到很低的水平 [7]。

拜耳阵列中 R、G、B 的像素数比例为 1:2:1；然而在摄像机应用中，通常增加 G 的比例到 1:6:1 以提高分辨率和灵敏度 [8]。

7.3 时间信息

时间信息的改进主要体现在更高的时间分辨率上。

7.3.1 基于帧的传感器

几乎所有图像传感器都采用基于帧的曝光模式，基于帧的曝光模式具有预定义的周期性和曝光周期，通过使用更高的帧率或更短的曝光时间以获得更高的时间分辨率和更高的调制传递函数 (MTF)，如 6.3 节所述。关键是如何实现更高的帧率 (f/s) 或更高的输出像素数速率 (像素/s)。基于帧的曝光模式的图像传感器的优势如下：

(1) 通过多通道并行输出；

(2) 通过列并行模数转换器 (ADC) 实现高速数字输出；

(3) 使用具有所需数量内置帧存储器的 Burst 型传感器。

7.3.1.1 并联输出型传感器

在这种方法中，由于像素信号输出由多路并行输出通道共享，因此输出频率可以通过输出通道的数量叠加而获得，如图 7.8(a) 和 (b) 所示，分别展示了 4 通道输出的 CCD 和 8 通道输出的 CMOS 图像传感器。以一个具有 128 通道并行输出的 CMOS 图像传感器为例 [9]，在顶部和底部分别有 64 个通道输出，应考虑到由输出通道特性的变化而导致的输出变化可能会引发固定模式噪声，其独立于传感器类型，因此有必要采取相关方法进行处理。

7.3.1.2 列式并联 ADC 型传感器

在 5.3.3.2 节第 2) 部分中详细描述了此类型的传感器。如前文所述，已报道了各种类型的列转换 ADC 传感器，且已实现了每秒十亿像素的高速输出性能。预计随着应用需求的扩展，传感器也会有进一步的优化。

7.3.1.3 Burst 型传感器

迄今为止描述的所有传感器都具有连续捕获和输出的功能。相比之下，Burst 型传感器配备了用于存储捕获图像信号电荷的片上帧存储器，可以避免在每帧曝光后再输出（需要驱动和输出时间）的延迟问题，以实现更高的帧率。历史上第一个 Burst 型图像传感器是在 1996 年提出的一种 CCD 图像传感器 [10]。

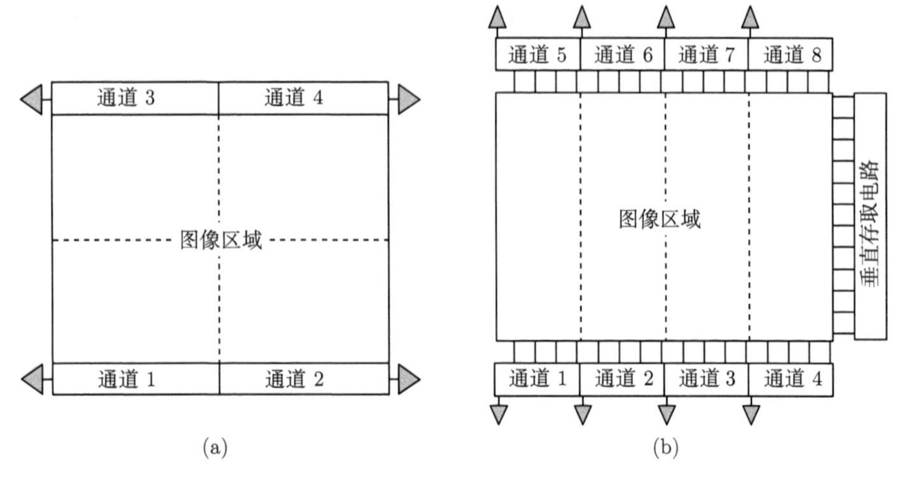

(a)　　(b)

图 7.8　并联输出型传感器的示例

(a) CCD；(b) CMOS 图像传感器

图 7.9 所示为一个 2×2 的像素结构，在光电二极管 (PD) 中产生的信号电荷被收集并存储在 G1 门下方的势阱中。它们通过 G3 门通道依次传输到像素的串–并行寄存器中，以便检测连续的帧。下一帧的信号电荷也被传送到串–并行寄存器中。当串–并行寄存器填满五帧信号后，信号电荷被并行地从串–并行寄存器传输到并行寄存器。通过重复这个操作，直至填满 5 × 6 帧存储器，持续该操作直至观察到预期的现象。在此操作过程中，当信号电荷从串–并行寄存器并行传输到并行寄存器时，位于上方像素的并行寄存器中最后一行的五个信号电荷包也会依次传输到下方像素的串–并行寄存器中。在每次将新生信号电荷依次从 PD 传输到串–并行寄存器的过程中，上述像素存储器传输的五个信号电荷也被依次传输到转储漏极 D。

由于该传感器具有一个能够在每个像素中存储 30 个信号电荷包的寄存器，因此可以捕获的图像帧数为 30。这主要与 1.1 节中所提到的时域信息中的精度和范围等因素有关。

虽然该传感器旨在实现 10^6f/s 的传输速度，但在演示时的帧率仅达到 3×10^5f/s。原位存储图像传感器 (*in situ* storage image sensor, ISIS)[12] 采用线性 CCD 型存储器以实现更高帧率 [11]。

如图 7.10 所示，在每个像素处具有 10^3 级的线性 CCD 型存储器，达到 10^6f/s 的帧率。在光栅传感器下的信号电荷以微秒级的速度传输到线性 CCD 存储器中，存储器中的信号电荷同时传输到漏极进行放电。重复此操作，直到观察到预期现象为止。2011 年，研究人员对该传感器进行了改进 [13]，通过背照式图像传感器技术实现了高灵敏度和信号倍增，且帧率高达 1.6×10^7f/s 的效果。然而它也存在一些问题，如增加系统冷却负载以降低由高频驱动 CCD（作为大型电容器）引起的热量。

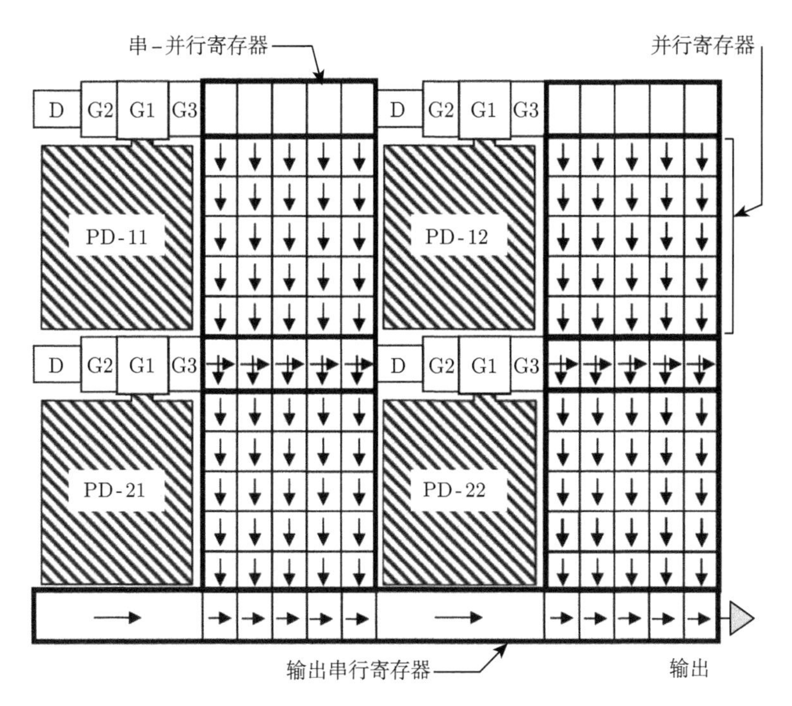

图 7.9 Burst 型 CCD(串–并行寄存器) 的像素结构

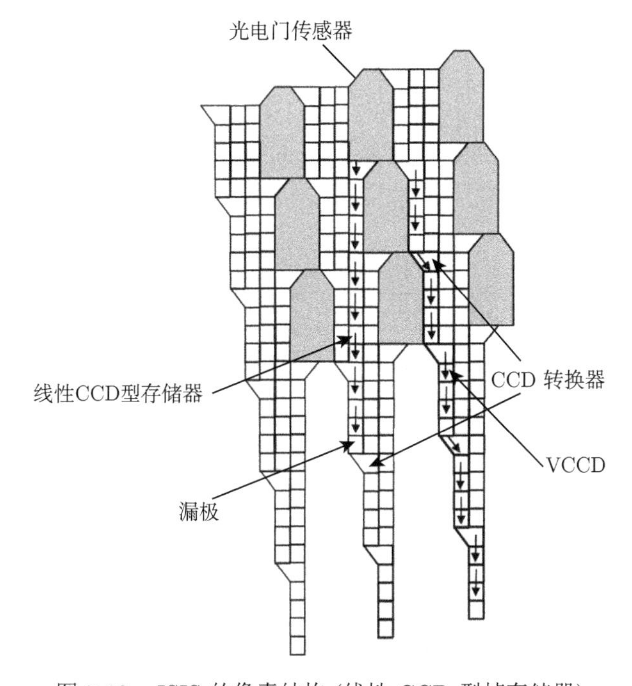

图 7.10 ISIS 的像素结构 (线性 CCD 型帧存储器)

7.3.1.4　Burst 成像模式和连续成像模式的共存类型

此外，还开发出了一种 Burst 型 CMOS 图像传感器，在 CMOS 图像传感器中形成与图像区域分离的模拟帧存储区域 [14]，如图 7.11 所示，该区域具有 400(H) × 256(V) 像素。

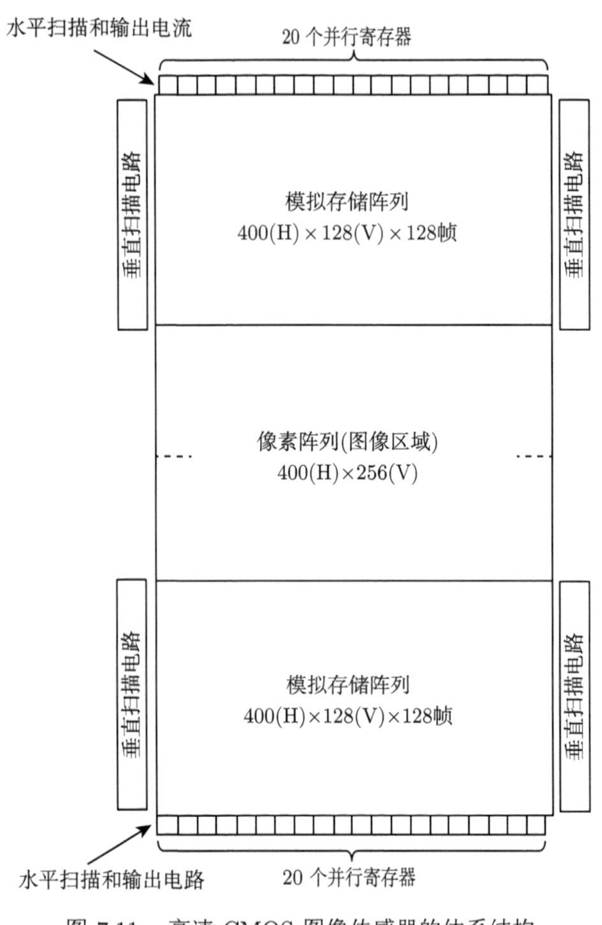

图 7.11　高速 CMOS 图像传感器的体系结构

在图像区域的顶部和底部分别形成了 128 帧/像素的帧存储器，用于临时存储。通过每列 32 个信号线将信号从图像区域高速读取到存储器中，即每次输出四个像素。每个像素内部电路中的相关双采样和保持电路具有全局快门功能。

它可以同时具有 10^5 像素数且 10^7f/s(1×10^{12} 像素/s) 帧率的 Burst 成像模式以及模拟并行输出的 10^5 个像素且 7.8kf/s(7.8×10^8 像素/s) 帧率的连续成像模式。当使用其他方式以实现高速拍摄时，这将是一个特别的图像传感器。

7.3.2 事件驱动传感器

这是本书所描述的第二个特殊的图像传感器[15]。它并非基于帧的传感器，信号电荷在固定的曝光时间内完成积分。除了光电转换外，其操作原理完全不同。

如图 7.12(a) 所示，像素由三个模块组成[16]。在 ① 的信号产生模块中，通过 PD 的光电流不是被积分而是被持续监控。连接到 PD 阴极和反馈晶体管 M_{fb} 源极节点上的电压被反相放大器放大，其输出与 M_{fb} 的栅极输入相连，实现了光电流 I 的放大和对数变换电压的输出。其输出被传输到 ② 中的放大和差分模块，并在时间上进行差分运算，只放大随时间变化的分量。其输出被传输到 ③ 中量化模块，并通过增加或减少比较器以进行监测，当观察到预期量的增加或减少时，比较器会发出“开”或“关”的脉冲信号。这些脉冲信号代表预期输入量的增加或减少，并且仅在变化时和变化像素处产生，且不显示光强度的信号。在这种情况下，该传感器类似于 5.3.3.2 节第 3) 部分中描述的脉冲输出传感器①。因此，与“几乎所有传感器”不同，这种传感器的光强或光强信息的变化是被量子化的，而时间信息是连续的。

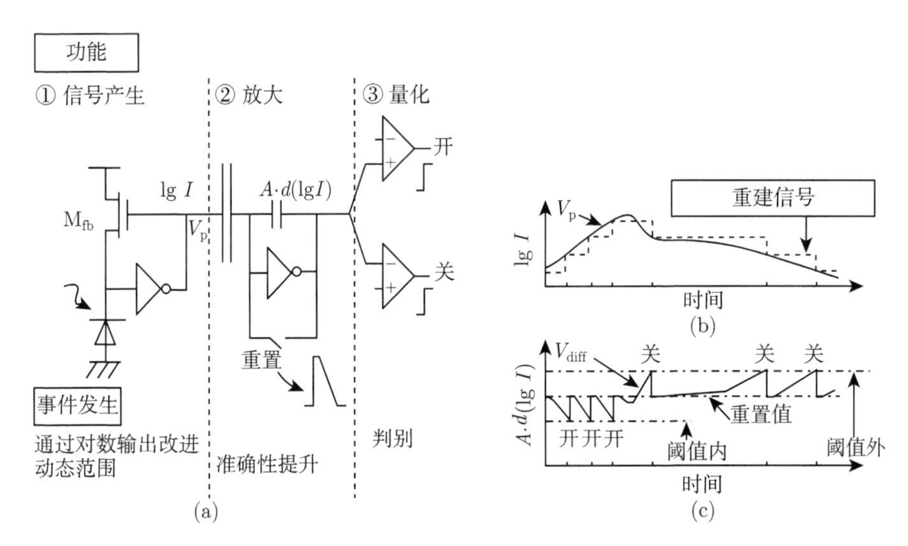

图 7.12　事件驱动传感器

(a) 像素示意图及各模块的作用；(b) lg I 及重建信号；(c) $A\cdot d(\lg I)$ 的时间转换

因此，获取的信息只是像素位置和时间，以及预定义的变化量发生时像素值的变化量。与基于帧的传感器有所不同，这种传感器的一大特点是信号仅在输入发生变化时且仅在像素处产生。因此，与基于帧的成像模式相比，冗余度大大降

① 这两个传感器都不属于基于帧的积分模式类型，但当光强度信息变化到预定量时，两者都会发出脉冲信号并重置监控积分以重新启动。

低。在量化模块中产生的信号脉冲也被用于第二模块中的复位操作，并由此开始下一电势的监测。如果第一模块的输出 (如图 7.12(b) 中实线所示) 发生变化，则第二个模块就会产生输出 $A \cdot d(\lg I)$。当它达到“开”或“关”阈值 (即预定义的变化量) 时，第三个模块会输出信号脉冲 (图 7.12(c))，且第二模块的输出被复位。从图 7.12(c) 所示的预定义变化发生时所获得的时间信息中可以得到图 7.12(b) 中虚线所示的信号，即 $\lg I$ 或 V_{p} 时间过渡的重建。在这种重建过程中，光强信息是根据放大后差分信号预定义的变化量而被量化，而时间信息则从电路所确定的分辨率高度中获得。在该传感器中，量化因子是由放大光电流 I 的时间导数的对数变换电压所输出的空间变化量。因此，传感器的信号输出不是积分信号电荷 $S(r,t)$，而是在像素单元 r_k 上的放大光电流 I 的对数变换电压输出的时差变化量达到预定量 $\pm A \cdot \Delta[\partial \lg I/\partial t]q$ 时的 T，即 $(\pm A \cdot \Delta[\partial \lg I/\partial t]q, r_k)$，其中 A 为电压放大增益。

该传感器的时间分辨率大于 10μs。通过对数输出和差分电路，动态范围可以达到 120dB。由于只有输入变化的像素才会发出信号脉冲，所以可以将运动目标看作是由这些像素所组成的簇，从而可以实时识别出运动物体。该传感器的单个像素中含有 26 个晶体管。

读者可以直接访问该传感器研究所的网站 [17]，在主页上有各种有趣的动画图像。

7.4　颜色和波长信息

“波长”是存在于自然界的物理量，而“颜色”是人眼和大脑产生的一种感知。如 6.4 节所述，由于使用现有技术很难获得具有准确物理波长信息的图像，因此在人眼观察的图像中通常使用主要颜色 R、G 和 B 或互补颜色品红、黄、青和绿以及主要颜色的三片传感器相机系统来进行主观颜色再现。

7.4.1　单片机彩色照相机系统

通过三种或四种颜色进行色彩再现是一种绝对近似。因此，通过添加具有合适光谱响应的新颜色，可以表达更细微的色彩变化；然而，这通常会带来如信噪比降低的副作用。由于系统设计需要考虑整体性能的平衡，高灵敏度是其优先考虑的方面，因此对于常见的成像系统来说，一般不采用非高灵敏度的设计。在数码相机系统中，拜耳结构的滤光片仍然占据主导地位。

7.4.2　多波段摄像机系统

单片彩色系统中像素的颜色信息由一组 R、G、B 信号表示，而多波段相机可以获得更丰富的颜色或波长信息，如 6.4 节所述。

如图 7.13 所示，在多波段相机系统中，在摄影镜头前放置一个转台，上面附着了多个彩色滤光片，并通过每种颜色拍摄静态图像。显而易见的是，理论上 99%的颜色信息可以通过这三种滤光片获得 [18]。然而，由于实现完美滤光片的组合相当困难，因此提出了一种更实用的解决方案，即通过五种市售颜色滤光片可以还原 99%的颜色信息。虽然该系统最初是为 8 波段相机开发的，但也存在 16 波段相机的例子 [19]。

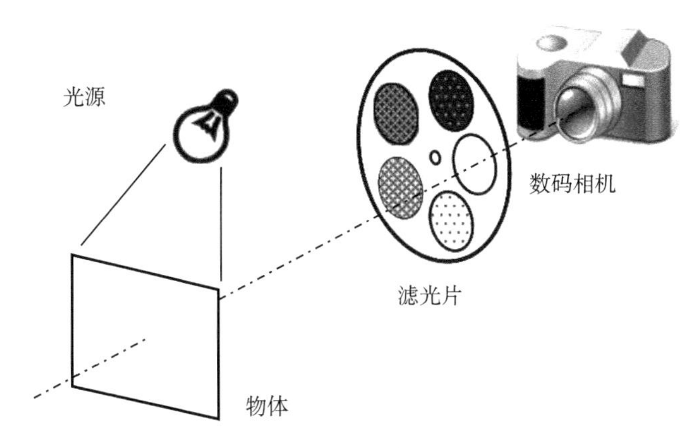

图 7.13 多波段摄像机的工作原理图

7.4.3 高光谱成像系统

高光谱成像系统提供了多波段相机的全面视角。较少波段的多波段相机的目标是获取更丰富的色彩信息，而高光谱成像系统的目标是获取精确且广泛的波长信息。高光谱成像系统可以被视为具有内置光栅 [20] 的相机，而非配备若干颜色滤光片的多波段相机。目前已经开发出具有 5nm 带宽和约 100 个波段的超光谱成像系统，并被认为是终极多波段相机。

高光谱成像的工作原理如图 7.14 所示。整个图像的线性部分穿过光学狭缝后被分光装置沿与图像传感器的入射光垂直的方向进行色散，聚焦于传感器上的某条垂直线上，可以通过扫描顶部边缘像素的最长波长到底部像素的最短波长以获取光谱。图像传感器完成对上一帧图像的读取后，会继续以相同的方式将线性图像部分移至下一个待捕捉的部分。通过从顶到底扫描二维图像，可以获得高光谱图像。由于原理与多波段相机相同，故不适合实时重构。

基于此原理，高光谱成像的目标不仅限于可见光范围。虽然必须选择光学系统和传感器，但它们的目标范围很广，包括紫外线、可见光、近红外线、红外线和远红外线成像等广泛波段。基于此，高光谱成像在农业和食品质量检查与安全、医学科学、生物技术、生命科学和遥感等领域得到广泛应用，并有望进一步发展。

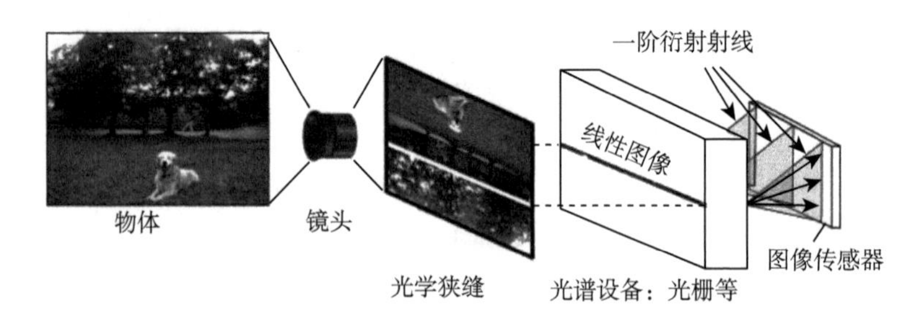

图 7.14　高光谱成像的工作原理

参考文献

[1] S. G. Chamberlain, J. P. Y. Lee, A novel wide dynamic range silicon photodetector and linear imaging array, Transaction on Electron Devices, ED-31(2), 175-182, 1984.

[2] H. Komobuchi, A. Fukumoto, T. Yamada, Y. Matsuda, T. Kuroda, 1/4 inch NTSC format hyper-D range IL-CCD, in IEEE Workshop on CCDs and Advanced Image Sensors, April 20-22, Dana Point, CA, 1995, http://www.imagesensors.org / Past%20Workshops /1995%20Workshop/1995%20Papers/02%20Komobuchi%20et%20al.pdf (accessed January 10, 2014).

[3] N. Akahane, S. Sugawa, S. Adachi, K. Mori, T. Ishiuchi, K. Mizobuchi, A sensitivity and linearity improvement of a 100dB dynamic range CMOS image sensor using a lateral overflow integration capacitor, in 2005 Symposium on VLSI Circuits, Digest of Technical Papers, pp. 62-65, June 16-18, Kyoto, Japan, 2005.

[4] N. Akahane, S. Sugawa, S. Adachi, K. Mori, T. Ishiuchi, K. Mizobuchi, A sensitivity and linearity improvement of a 100-dB dynamic range CMOS image sensor using a lateral overflow integration capacitor, IEEE Journal of Solid-State Circuits, 41(4), 851-856, 2006.

[5] T. Yamada, K. Ikeda, Y. Kim, H. Wakoh, T. Toma, T. Sakamoto, K. Ogawa, et al., A progressive scan CCD image sensor for DSC applications, Journal of Solid-State Circuits, 35(12), 2044-2054, 2000.

[6] A. Watanabe, T. Mori, S. Nagata, K. Hiwatashi, Spatial sine-wave responses of the human visual system, Vision Research, 8, 1245-1263, 1968.

[7] H. Miyahara, The picture quality improve technology for consumer video camera, Journal of ITE, 63(6), 731-734, 2009.

[8] Sony Corporation. http://www.sony.jp/ products/Consumer/handycam/PRODUCTS/special/02cmos.html (accessed January 10, 2014).

[9] B. Cremers, M. Agarwal, T. Walschap, R. Singh, T. Geurts, A high speed pipelined snapshot CMOS image sensor with 6.4Gpixel/s data rate, in Proceedings of 2009 International Image Sensor Workshop, p. 9, June 22-28, Bergen, Norway, 2009, http://www imagesensors.org/Past%20Workshops/2009%20Workshop/2009%20Papers/030-paper _cremers_cypress_gs.pdf(accessed January 10, 2014).

[10] W. Kosonocky, G. Yang, C. Ye, R. Kabra, L. Xie, J. Lawrence, V. Mastrocolla, F. Shallcross, V. Patel, 360 × 360-element very-high frame-rate burst-image sensor, in Proceedings of the IEEE Solid-State Circuits Conference Digest of Technical Papers, 11.3, pp. 182-183, February 8-10, San Francisco, CA, 1996.

[11] T. Kuroda, Private communication at Kyoto Research Laboratory, Panasonic Corporation, April 1996.

[12] T. Etoh, D. Poggemann, A. Ruckelshausen, A. Theuwissen, G. Kreider, H. Folkerts, H. Mutoh, et al., A CCD image sensor of 1Mframes/s for continuous image capturing of 103 frames, in Proceedings of IEEE International Solid-State Circuits Conference Digest of Technical Papers, 2.7, pp. 46-47, February 3-7, San Francisco, CA, 2002.

[13] T. Etoh, D. Nguyen, S. Dao, C. Vo, M. Tanaka, K. Takehara, T. Okinaka, et al., A 16Mfps 165kpixel backside-illuminated CCD, in Proceedings of IEEE International Solid-State Circuits Conference Digest of Technical Papers, 23.4, pp. 406-408, February 20-24, San Francisco, CA, 2011.

[14] Y. Tochigi, K. Hanzawa, Y. Kato, R. Kuroda, H. Mutoh, R. Hirose, H. Tominaga, K. Takubo, Y. Kondo, S. Sugawa, A global-shutter CMOS image sensor with readout speed of 1Tpixel/s burst and 780Mpixel/s continuous, in Proceedings of IEEE International Solid-State Circuits Conference Digest of Technical Papers, 22.2, pp. 382-384, February 19-23, San Francisco, CA, 2012.

[15] P. Lichtsteiner, C. Posch, T. Delbruck, A 128 × 128 120dB 30mW asynchronous vision sensor that responds to relative intensity change, in Proceedings of IEEE International Solid-State Circuits Conference Digest of Technical Papers, 27.9, pp. 508-510, February 6-9, San Francisco, CA, 2006.

[16] P. Lichtsteiner, C. Posch, T. Delbruck, A 128 × 128 120dB 15μs latency asynchronous temporal contrast vision sensor, Journal of Solid-State Circuits, 43(2), 566-576, 2008.

[17] T. Delbruck, Dynamic vision sensor (DVS): Asynchronous temporal contrast silicon retina, siliconretina, 2013. http://siliconretina.ini.uzh.ch/wiki/index.php (accessed January 10, 2014).

[18] Y. Yokoyama, T. Hasegawa, N. Tsumura, H. Haneishi, Y. Miyake, New color management system on human perception and its application to recording and reproduction of art paintings (I)—Design of image acquisition system, Journal of SPIJ, 61(6), 343-355, 1998.

[19] M. Yamaguchi, T. Teraji, K. Ohsawa, T. Uchiyama, H. Motomura, Y. Murakami, N. Ohyama, Color image reproduction based on the multispectral and multi-primary imaging: Experimental evaluation, Proceedings of SPIE, 4663, 15-26, 2002.

[20] Shin, Satori. http://www.nikko-pb.co.jp/nk_comm/mok08/html/images/1203g61.pdf (accessed January 10, 2014).

第 8 章　成像系统

前面的章节已经介绍了图像传感器的内部、功能和驱动机制。本章将讨论影响图像信息质量的因素以及传感器输出后进行的信号处理，以概述整个成像系统。

8.1　图像信息质量的退化因素

在成像系统中，自发光物体或被光源照射的物体发出的光通过透镜等光学系统聚焦在图像传感器上后，图像传感器会将光学图像信息转换为数字图像信号，如图 8.1 所示。

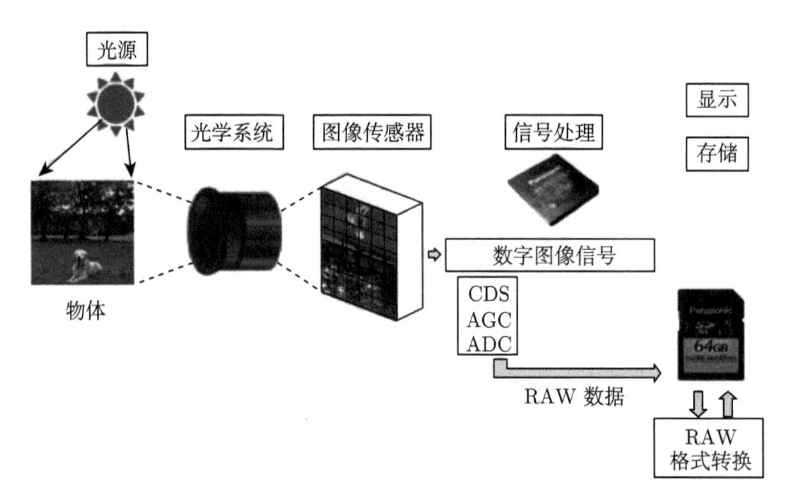

图 8.1　成像系统的整体流程

图像信号通过模拟数字转换电路进行数字化转换，并由数字信号处理器 (digital signal processing，DSP) 处理，使其成为彩色图像信号。如第 1 章所述，图像信息由四个因素组成；信息的质量直接转化为图像质量。在每个转化步骤中，对信息质量产生影响的因素都可以从噪声 (不准确性) 和范围 (限制) 两个方面来考虑 [1]。

图 8.2 显示了光源和光学器件的要素。光源的稳定性最为重要。对于周期性出现和消失的光源 (例如荧光灯)，闪烁噪声①会使图像亮度随时间发生波动，具体取决于帧频和曝光周期。光源产生的第二种噪声，即光子散粒噪声，是一种普遍噪

① 日本东部是唯一商业电力和电视系统频率不同的地区。

声，和光子数本身的方差有关，如 3.4 节所述。物体反射的光到达镜头后，会在镜头处产生阴影、杂光 (耀斑) 和低的调制传递函数 (modulation transfer function, MTF) 等现象。空间噪声与像差 (畸变)、聚焦、艾里斑以及相机抖动有关。色差是波长噪声。在红外截止滤光片中，光谱响应是波长噪声。由于光学低通滤波器只能滤除单一波长的光，这就会导致其他波长的光产生空间噪声。图像传感器中的主要光强度噪声已在第 3 章中提到，并将在图 8.3 中详细介绍。

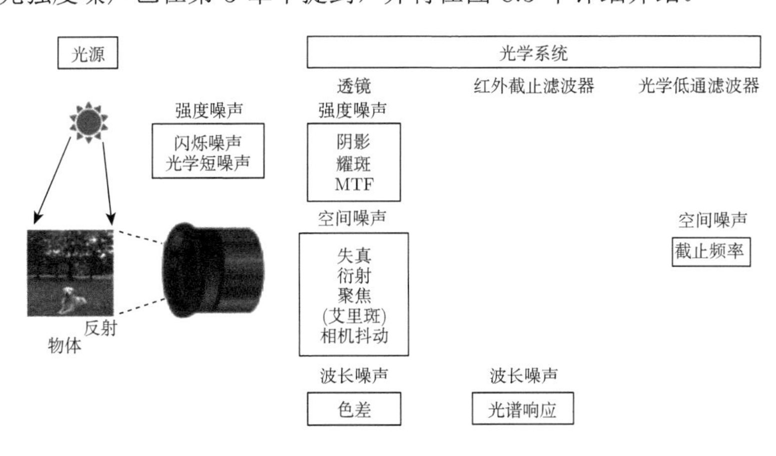

图 8.2 图像信息和质量要素：光源和光学器件

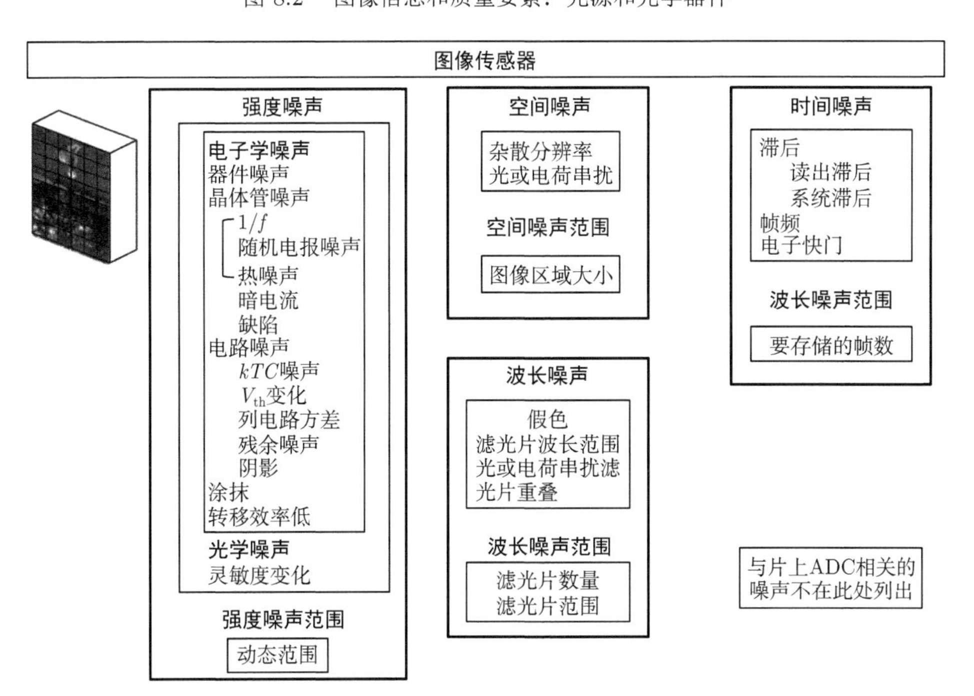

图 8.3 图像信息和质量要素：图像传感器

当进入传感器的光涉及上述噪声时，在传感器中会发生以下情况。

传感器中的强度噪声由电子学噪声和光学噪声组成。电子学噪声由器件噪声组成，包括晶体管噪声 ($1/f$ 噪声、随机电报噪声、热噪声) 和电路噪声 (kTC 噪声、与列电路方差有关的垂直噪声、相关双采样未充分消除的噪声、阴影噪声)。此外，由片上微透镜的光聚焦效应变化引起的传感器光感应灵敏度不均匀或阴影而产生的噪声也属于强度噪声。

图像传感器的动态范围限制了其可处理的信号强度水平。

在奈奎斯特频率附近的分辨率 (频率) 以及像素之间的光生信号电荷的串扰均与空间噪声有关。而空间范围是由图像的面积大小决定的，同时也取决于镜头的焦距。波长噪声与周期性空间采样造成的假色、彩色滤光片的光谱响应、光和信号电荷的串扰以及彩色滤光片之间的重叠有关。但是，彩色滤光片的光谱响应是由信噪比、色彩还原性、分辨率、算术载荷等因素综合决定的，因此不能一概而论。波长范围是指颜色可再现区域，取决于滤光片的颜色、数量以及滤色片在可见光区域或可见光区域之外的光谱响应。时间噪声与光电二极管读出时引起的滞后以及由连续帧之间的时间信息重叠而导致的系统滞后有关，这种情况目前已很少见。6.3 节中提到的周期性采样引起的混叠取决于采样频率与物体往复运动之间的关系。高速运动物体在曝光期间的图像模糊取决于曝光时间，其既属于时间噪声，也属于空间噪声。时间范围是指可以存储的帧数，这在通常情况下是没有问题的，但 Burst 型传感器除外，因为其时间范围由内置帧存储器容量决定。

接下来考虑信号处理部分。在模拟前端 (analog front-end，AFE) 中，通过相关双采样操作降低模拟输出信号中涉及的相关噪声后，根据信号电压自适应选择电压增益放大信号，并通过模数转换器 (analog-to-digital converter，ADC) 将模拟信号转换为数字信号，如图 8.4 所示。5.3.3.2 节中描述的数字输出传感器可以完成此步骤。

在数字域中的各种操作均由数字信号处理器进行处理。数字信号处理器所进行的处理并不限于彩色图像信号再现应进行的基本处理，例如去马赛克 (颜色合并)、颜色转换 (颜色矩阵)、白平衡和 Gamma 校正，而是扩展到各种校正，如缺陷校正、噪声消除或降低、色差校正和阴影校正，以改善图像的质量。

通过数字信号处理器可以实现模拟电路无法完成的高级修正处理。可以说，模拟信号时代的“淡妆”在不经意间已经变成了数字信号时代的“浓妆艳抹”。因此，在分析相机性能时，如果只考虑传感器性能而不考虑数字信号处理器的功能和性能的话，是不现实的。即使是在输出原始数据的情况下，也很少有未经任何基本校正 (如缺陷校正) 就输出数据的情况。输出的数据会转换为 TIFF 和 JPEG 等格式存储在内存中。

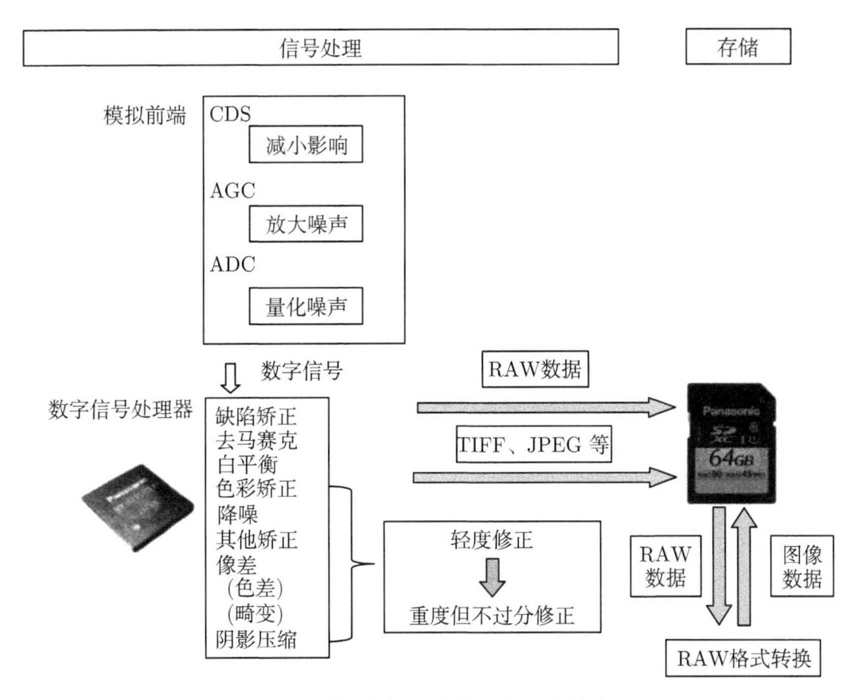

图 8.4 图像信息及质量要素：信号处理

综上所述，影响信息质量的因素有很多。理解这些因素的影响程度和优先级很重要。

8.2 信 号 处 理

回到 8.1 节中提到的主题，数字信号处理器最初应该处理什么？仅将传感器输出信号数字化并不能使其成为人眼可以处理的彩色图像信号，而是需要进行各种处理操作。下面举例概述整个过程。

选择来自传感器输出的每个颜色信号 (R、G 和 B) 并用于构建 RGB 彩色图像。然后将信号校正至恰当的亮度，并通过增强分辨率和对比度将其调整为自然色，最后将其转换为 TIFF 或 JPEG 等格式。

处理流程示例如图 8.5 所示。第一阶段，对像素数据进行线性处理；在校正缺陷、亮度和白平衡之后，进行去马赛克和颜色转换。随后进行非线性处理，例如色彩/色调转换、降噪和边缘增强。此类信号处理，是对最终图像质量有重大影响的重要操作。这就是所谓的“图像处理引擎”，相机制造商为此付出了巨大的努力。

在下面的部分中将描述图 8.5 所示处理系列中的每个元素。

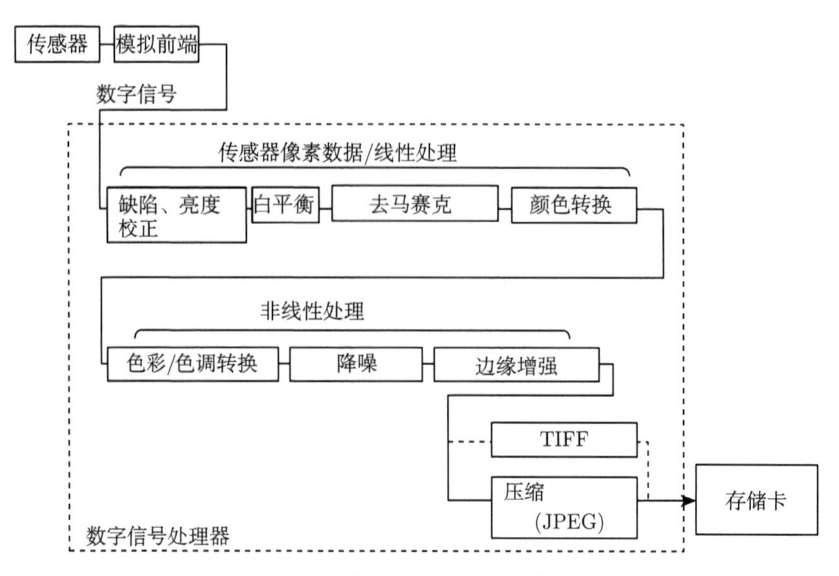

图 8.5 信号处理流的一个例子

8.2.1 缺陷、亮度校正

虽然理想的传感器是没有缺陷 (白色和黑色缺陷) 的，但如果只有零缺陷传感器才能用于成像系统，则传感器成本将相当高。因此，实际使用的传感器的缺陷水平和数量都在可校正范围内。为了校正缺陷，缺陷像素的信号将由另一个正常像素的信号或由周边正常像素获得的信号代替。在亮度校正中，信号电平将会得到调整，以便于后续处理。

8.2.2 白平衡

调节白平衡 (white balance，WB) 可以防止本应以白色显示的物体在光源的作用下显示出白色以外的色调。有两种方法可以做到这一点。一种方法是直接从传感器输出分布中获取光源的光谱分布信息，并在拍摄时调节白平衡。另一种方法是在图像采集后的信号处理过程中，通过采集信号的色彩分布来调节白平衡。由于数字信号处理器的功能已经非常先进，从成像系统尺寸、成本、拍摄时的时间和精力方面考虑，后一种方法更可取。在后一种方法中，R、G 和 B 之间的比例是根据图像像素输出总和为消色 (灰) 这一假设来调整的。但当大部分图像色彩度较高时 (例如日落时的景色)，此方法就会失效，因为这与上述的假设并不匹配。因此，大多数相机对白平衡还有其他选择。

8.2.3 去马赛克

由于在单传感器彩色相机系统中，每个像素处仅形成一种滤色，因此每个像素处只能获得一种颜色信息。另一方面，如 6.4 节中所述，人眼和大脑是通过一组 R、G 和 B 来感知颜色的。因此，每个像素都需要所有 R、G 和 B 信息来构建彩色图像，以供人类观看应用。去马赛克技术可以生成每个像素原本没有捕捉到的颜色信号。

如图 8.6 所示，传感器输出的像素信号按每种颜色进行分离，并且在用于颜色信号插值的去马赛克操作中，生成图 8.6(c) 中以 R′、G′ 或 B′ 表示的每个像素处缺少的颜色信号。这样，就得到了每个像素处的每个颜色信号。换句话说，如图 1.10(a) 所示，去马赛克操作可将从单芯片彩色相机系统获取的乱序颜色信号 (图 1.10(b)) 处理为 R、G 和 B 各自的颜色信号集。

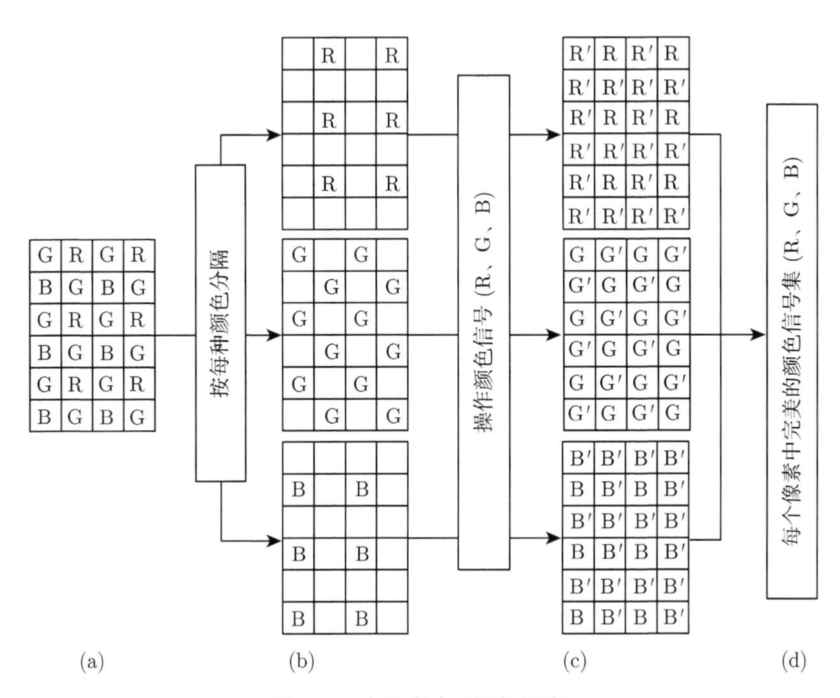

图 8.6 去马赛克 (颜色插值)

(a) 彩色滤光片阵列和像素信号；(b) 每种颜色分离；(c) 通过去马赛克创建颜色信号进行颜色插值；(d) 完成每个像素点的 RGB 集合

由于边界平滑度和色彩噪声水平等许多细微的方面是由去马赛克过程的架构决定的，因此每家相机公司都在发挥自己的聪明才智来开发这项技术。作为一种缺乏创建颜色信号的技术，通常使用颜色之间的相关关系，例如在低频域中假定红色信号的分布与绿色信号的分布成正比。但如果只是以简单的方式进行处理，则可能会在颜色边界处产生明显的颜色错误，因此需要通过详细检查图案来进行自适应处理。以图 8.7 所示的自适应处理的去马赛克为例，从色边界上是否有毛边就可以看出去马赛克的效果。诸如此类的算法是公司间差异化的另一个来源。

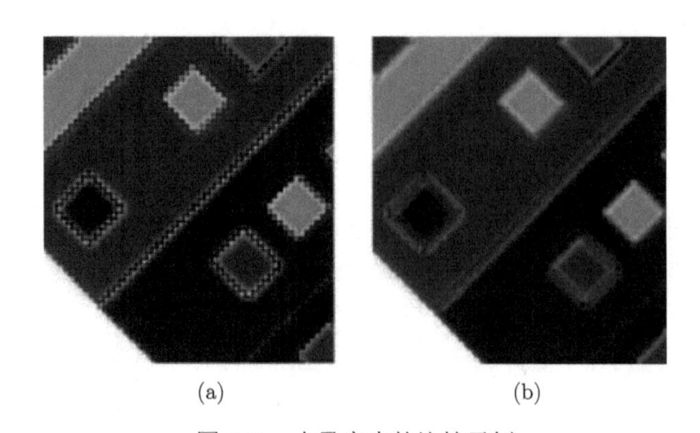

(a) (b)

图 8.7 去马赛克的比较示例

(a) 简单处理：色块边缘粗糙；(b) 自适应处理：颜色边框不抖动

8.2.4 颜色转换

颜色转换是将传感器响应的信号从一个颜色空间转换到另一个相应的颜色空间 (其中色调对于人眼感知来说是自然的) 的信号处理。采用线性 RGB 矩阵或色差矩阵进行处理。如果将 RGB 滤光片的传感器信号通过 RGB 矩阵进行转换，则信号处理的尺度会较小。

将去马赛克后像素 i 处的图像信号、转换后的 RGB 矩阵和转换后像素 i 处的图像信号分别表示为 $(r,g,b)_i$、A 和 $(R,G,B)_i$，可得下式：

$$\begin{bmatrix} R \\ G \\ B \end{bmatrix}_i = A \begin{bmatrix} r \\ g \\ b \end{bmatrix}_i \tag{8.1}$$

$$A = \begin{bmatrix} a_{11} & a_{12} & a_{13} \\ a_{21} & a_{22} & a_{23} \\ a_{31} & a_{32} & a_{33} \end{bmatrix} \tag{8.2}$$

如图 8.8 所示，滤色器和矩阵 A 的光谱响应取决于色彩还原性与信噪比、色彩分辨率、算术载荷的恰当综合。虽然滤波片每种颜色的重叠对于色彩还原性是必要的，但过多的重叠会增加矩阵 A 的非对角线元素，从而降低信噪比。

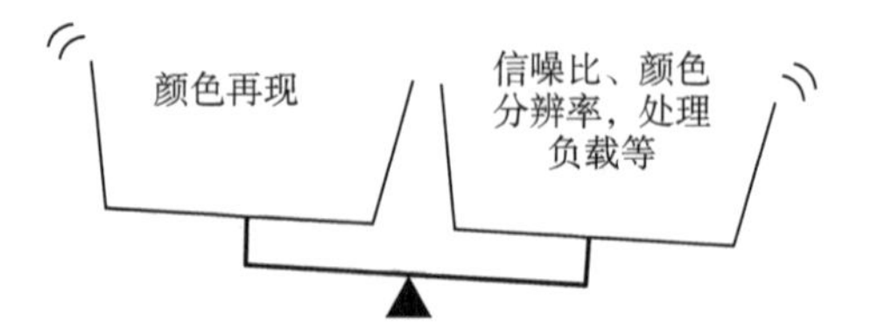

图 8.8 如何确定滤色器的响应和矩阵 A

至此，该操作已在线性处理中实现。

8.2.5 色彩和色调转换

图像信号被转换为适合人类感知的标准颜色空间。在实际应用中，最常用的方法是将图像信号转换到名为标准彩色 (standard red green blue，SRGB) 的颜色空间，这是一种适用于显示系统的全球标准。数码单反相机 (digital single lens reflex，DSLR) 通常支持 Adobe RGB(具有从绿色到蓝色的更宽色域) 和 SRGB。转换前每种颜色的动态范围为 10 $\sim$ 16 位，而在 SRGB 中则需要压缩到 8 位。因此，颜色和色调的转换采用了一种称为 Gamma 校正的非线性操作。

8.2.6 降噪

相关双采样可有效去除相关噪声，而无相关性或频率依赖性较小的噪声则可通过空间或时间梯度的平均来减少。通过数字信号处理器降噪的示例如图 8.9 所示。

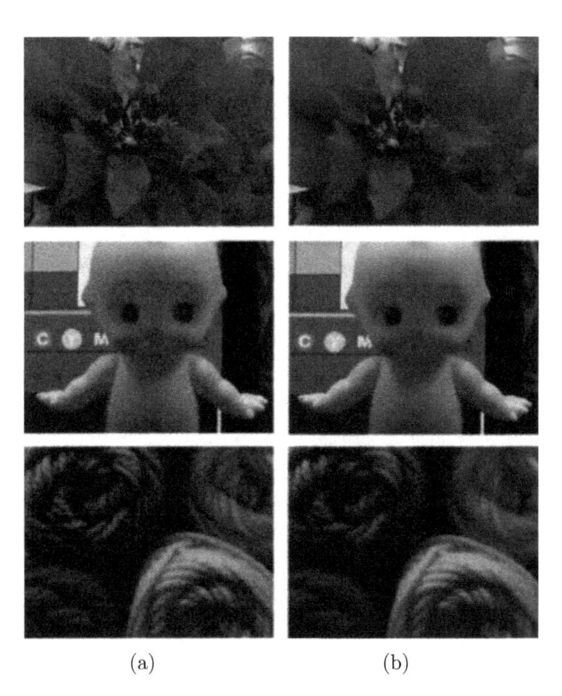

(a) (b)

图 8.9 数字信号处理器降噪实例

(a) 原始图像；(b) 降噪图像

显然，在图 8.9(a) 所示的原始图像的低信号区域 (较暗区域) 中观察到了颜色噪声。另一方面，如图 8.9(b) 所示，在经过降噪的图像中很少观察到颜色噪声。然而，降噪意味着空间或时间分辨率的降低。因此，降噪的适用范围具有一定的局限性。读者可能会遇到噪声低但清晰度不高的图像。

8.2.7 边缘增强

为了使图像更清晰，通常会使用边缘增强技术，即增加边界的对比度以增强图像的清晰度。这样，分辨率和清晰度就不同了。分辨率是指图像中的高频 (即精细) 信息，由奈奎斯特频率决定。清晰度指的是对比度，即白色和黑色之间的电平差，以及信号振幅，即 MTF 的高度。

8.2.8 图像格式

信号处理输出的图像数据以 JPEG、TIFF 和 RAW 等格式存储在存储卡等存储介质中。

8.2.9 数字信号处理器校正依赖综合征问题

如上所述，数字信号处理器是一种受欢迎的工具，它不仅可以创建图像数据，还可以弥补性能传感器的缺陷，例如降噪不足。随着数字信号处理器性能的提高，其可校正的范围也随之扩大。

图 8.10 显示了图像处理的示例，包括正常拍摄的图片、以绘画涂抹风格处理的图片以及以粗略式处理的图片 (分别为上图和下图)。似乎摄影和计算机图形学之间的界限是模糊的。虽然这很有趣，但是否应该为摄影制订某种准则?

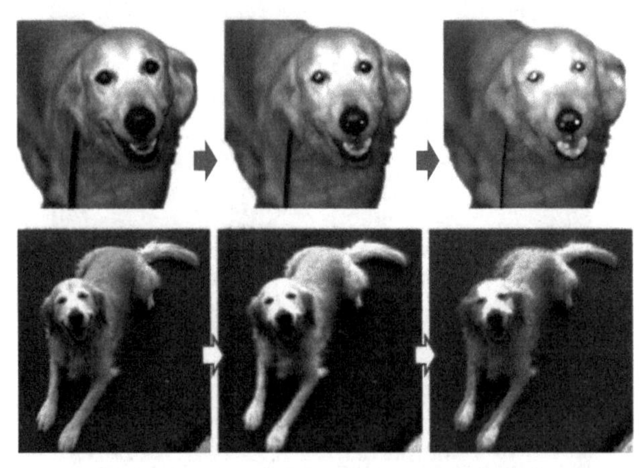

图 8.10 数字信号处理器校正依赖综合征问题 (摄影和计算机图形学之间的界限在哪里？)

8.3 三片式彩色照相机

到目前为止，本书中涉及的都是单传感器彩色相机系统，这种系统因成本低、体积小而在市场上占据绝对优势。在不考虑成本和体积的情况下，三传感器系统在对画质要求较高的应用领域中是主流选择。在此系统中，颜色分离是通过棱镜实现的，而不是像单传感器相机系统中那样通过颜色滤光片实现的。

如图 8.11 所示，光通过棱镜面的反射分别被引导到指定为 R、G 和 B 的三个光传感器上。每个传感器上均未设置滤光片。在单片传感器相机系统中，只有穿过滤光片的光才能对传感器的灵敏度产生影响。其他光线会被滤光片吸收或反射。不过，彩色滤光片的作用就是选择光线。只有 1/3 的入射光可以穿过滤光片并发挥作用，2/3 的光无法通过。

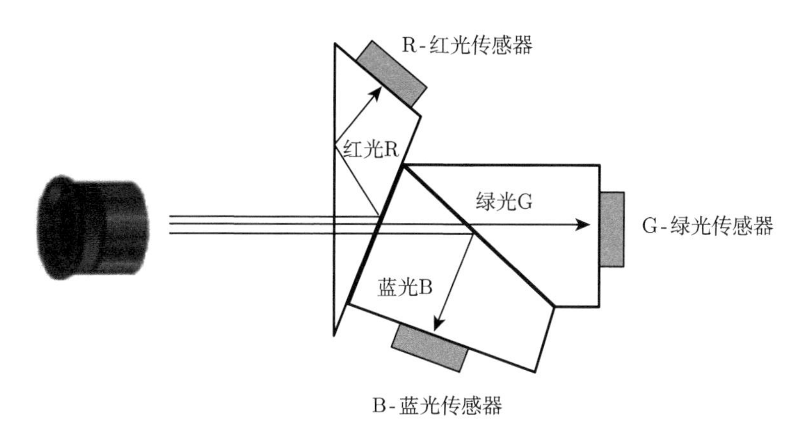

图 8.11　三传感器摄像系统示意图

在三传感器摄像机中，几乎所有光线都能到达其中一个传感器，因此不会造成浪费。在该系统中，需要对传感器进行精确对准，以便来自物体相同部分的 R、G 和 B 光能到达每个颜色传感器中的相同像素位置。

该系统的另一个优点是不需要去马赛克处理，因为 R、G 和 B 光会到达每个传感器中的每个像素。由于不需要通过去马赛克来生成信号，因此不存在产生错误信号的可能性，从而可以获得更高的图像质量。

参 考 文 献

[1] T. Kuroda, The 4 dimensions of noise, IEEE International Solid-State Circuits Conference, San Francisco, February 2007, Imaging Forum: Noise in imaging systems, pp. 1-33.

后　　记

这本书是以“什么是成像?”这一概念为核心撰写的。从这个角度出发，描述了图像信息的结构、成像系统架构以及内置的数字化坐标点对系统的影响。这本书从实际应用的角度讨论了早期的技术创新和最新的技术进展。正如历史所示，实际使用的技术经常会在下一阶段因性能和成本的原因被取代，说明了先前技术的局限性和新技术的可行性。当前技术的终极目标之一似乎是像素级的数字信号传感器。然而，在更先进的阶段，在未来，我们可能会从“像素”概念中解放出来，这个概念在现有架构下提供了轻松处理信号的好处，但也束缚了我们。人们对未来传感器中包含的功能抱有很大的期望，并且强烈希望它们在未来的某个时期能够与大脑功能集成。

高雄黑田

索　　引